www.kiehl.de

Übungsbuch Controlling

Von
Prof. Dr. Ulrich Schwarzmaier und
Christoph Mayr

2. Auflage

ISBN 978-3-470-**66392**-0 · 2. Auflage 2018

© NWB Verlag GmbH & Co. KG, Herne 2016

Kiehl ist eine Marke des NWB Verlags

Satz: Ansichtssachen, Dreieich
Druck: medienHaus Plump GmbH, Rheinbreitbach

Vorwort

Das vorliegende Arbeitsbuch ist kein Lehrbuch, sondern dient als Übungsaufgabenbuch zur Vertiefung von Lehrinhalten aus diversen Grundlagen-Vorlesungen im Bereich Rechnungswesen/Controlling. Die Übungsaufgaben umfassen ein breites Spektrum der Lehrinhalte zum Controlling; wir erheben jedoch nicht den Anspruch, das Themengebiet vollständig abzudecken.

Zu jeder Übungsaufgabe finden Sie Lösungen, teilweise mit detaillierten Lösungsschritten. Am Ende finden sich ferner drei Übungsklausuren unterschiedlicher Schwierigkeitsgrade, ebenfalls mit Musterlösungen im Lösungsteil.

Es wird ausdrücklich empfohlen, sich zunächst selbst an den jeweiligen Aufgaben zu versuchen und erst dann den Lösungstext zu sichten. Darin liegt das einfache und bewährte Prinzip: „aus Fehlern lernen". Es müssen bei den ersten Lösungsversuchen nicht auf Anhieb die Aufgaben gelöst werden. Zusammen mit dem ersten eigenen Versuch und dem Lösungsvorschlag sollte dann die jeweilige Thematik verstanden werden können.

Wir wünschen Ihnen viel Erfolg beim Durcharbeiten der Aufgaben!

Prof. Dr. Ulrich Schwarzmaier
Christoph Mayr
München, im November 2017

Feedbackhinweis

Kein Produkt ist so gut, dass es nicht noch verbessert werden könnte. Ihre Meinung ist uns wichtig. Was gefällt Ihnen gut? Was können wir in Ihren Augen verbessern? Bitte schreiben Sie einfach eine E-Mail an: **feedback@kiehl.de**

Als kleines Dankeschön verlosen wir unter allen Teilnehmern einmal pro Monat ein Buchgeschenk!

AG	Aktiengesellschaft		G	Gewinn
Afa	Absetzung für Abnutzung (Abschreibung)		ggü.	gegenüber
			GmbH	Gesellschaft mit beschränkter Haftung
AHK	Anschaffungs- und Herstellungskosten		GKV	Gesamtkostenverfahren
a. o. Ergebnis	außerordentliches Ergebnis		GKR	Gesamtkapitalrentabilität
			GuV	Gewinn- und Verlustrechnung
AV	Anlagevermögen			
BCG	Boston Consulting Group		HGB	Handelsgesetzbuch
BE	Betriebsergebnis		HK	Herstellungskosten
BSC	Balanced Scorecard			
BuG	Betriebs- und Geschäftsausstattung		IFRS	International Financial Reporting Standards
BilRUG	Bilanzregulierungsgesetz		IKR	Istkostenrechnung
			i. S.	im Sinne
CEO	Chief Executive Officer (Sprecher der Geschäftsführung)			
			K	Kosten
CFO	Chief Financial Officer (kaufmännischer Geschäftsführer)		kg	Kilogramm
			KG	Kommanditgesellschaft
C_0	Kapitalwert		l	Liter
			Lifo	Last in first out
			Lkw	Lastkraftwagen
DCF	Discounted-Cashflow		lmi	leistungsmengeninduziert
DB	Deckungsbeitrag		lmn	leistungsmengenneutral
			LuL	Lieferung und Leistung
EBIT	Earnings before Interest and Taxes (Ergebnis vor Zinsen und Steuern)			
			ME	Mengeneinheiten
EBITDA	Earnings before Interest, Taxes, Depreciation and Amortisation (Ergebnis vor Zinsen, Steuern, Abschreibungen und Goodwillabschreibungen)		MGK	Materialgemeinkosten
			Min.	Minute
			Mio.	Millionen
			MwSt.	Mehrwertsteuer
EK	Eigenkapital		NOPAT	Net Operating Profit After Taxes (Ergebnis nach Steuern, vor Zinsen)
ERP	Enterprise Ressource Planning			
ESK	Endstellenkosten		OHG	Offene Handelsgesellschaft
EVA	Economic Value Added			
			PCAOB	Public Company Accounting Oversight Board
FE	Fertige Erzeugnisse			
Fifo	First in first out		PKR	Plankostenrechnung
FGK	Fertigungsgemeinkosten		PSK	Primäre Stellengemeinkosten
F&E	Forschung und Entwicklung			

RHB	Roh-, Hilfs- und Betriebsstoff
ROI	Return on Investment
SAP	Systeme, Anwendungen, Produkte (Firmen- und Softwarename)
SEC	Security and Exchange Comission
SK	Selbstkosten
SWOT	Strengths, Weaknesses, Opportunities, Threats (Stärken, Schwächen, Chancen, Risiken)
UE	Unfertige Erzeugnisse
UKV	Umsatzkostenverfahren

UV	Umlaufvermögen
UW	Unternehmenswert
VP	Verrechnungspreis
VuV	Verwaltung(s-) und Vertrieb(-skosten)
WACC	Weighted Average Cost of Capital (gewichtete, durchschnittliche Kapitalkosten; Methode zur Bestimmung der Kapitalkosten)
WBK	Wiederbeschaffungskosten
WERE	Wareneingangs-/ Rechnungserhaltskonto

Aufgaben

1. Einführung in das Controlling

1.1 Abgrenzung strategisches Controlling – operatives Controlling

Aufgabe 1: Strategisches Controlling – operatives Controlling

Stellen Sie vier Unterschiede zwischen dem strategischen und dem operativen Controlling dar. (4 Punkte)

Lösung s. Seite 113

Aufgabe 2: Zentrales Controlling – dezentrales Controlling

Nennen Sie je fünf Aufgaben des zentralen und des dezentralen Controlling. (5 Punkte)

Lösung s. Seite 113

1.2 Organisation des Controlling

Aufgabe 3: Organisation des Controlling

Beschreiben Sie, wie das Controlling in internationalen Unternehmungen organisiert sein kann. (10 Punkte)

Lösung s. Seite 114

Aufgabe 4: Standardisierung und Differenzierung

Beschreiben Sie die Unterschiede zwischen Standardisierung und Differenzierung. Wo liegen die Vor- und Nachteile? (12 Punkte)

Lösung s. Seite 116

1.3 Instrumente des Controlling

Aufgabe 5: Instrumente des Controlling

Nennen Sie jeweils fünf Instrumente des operativen und des strategischen Controlling. (10 Punkte)

Lösung s. Seite 117

1.4 Anwendung der Instrumente in Funktionen

Aufgabe 6: Anwendung der Instrumente

Benennen Sie zu den in Aufgabe 5 genannten Instrumenten jeweils eine beispielhafte Anwendung in einem Funktionsbereich des Controlling. (10 Punkte)

Lösung s. Seite 118

Aufgabe 7: Funktionale Controllingaufgaben

Nennen Sie fünf funktionale Controllingbereiche. (5 Punkte)

Lösung s. Seite 119

Aufgabe 8: Personalcontrolling

Nennen Sie zehn Bestandteile des Personalcontrolling. (10 Punkte)

Lösung s. Seite 119

Aufgabe 9: Logistikcontrolling

Nennen Sie fünf Bestandteile des Logistikcontrolling. (5 Punkte)

Lösung s. Seite 120

Aufgabe 10: Finanzcontrolling

Nennen Sie sechs Bestandteile des Finanzcontrolling. (6 Punkte)

Lösung s. Seite 120

Aufgabe 11: Vertriebscontrolling

Nennen Sie fünf Bestandteile des Vertriebscontrolling. (5 Punkte)

Lösung s. Seite 120

Aufgabe 12: F&E-Controlling

Nennen Sie fünf Bestandteile des F&E-Controlling. (5 Punkte)

Lösung s. Seite 121

Aufgabe 13: Investitionscontrolling

Nennen Sie fünf Bestandteile des Investitionscontrolling. (5 Punkte)

Lösung s. Seite 121

2. Operatives Controlling

2.1 Wiederholung Kosten- und Leistungsrechnung

Aufgabe 14: Zwecke der Kosten- und Leistungsrechnung

Stellen Sie kurz die Zwecke der Kosten- und Leistungsrechnung dar. (6 Punkte)

Lösung s. Seite 123

Aufgabe 15: Aufbau der Kosten- und Leistungsrechnung

Stellen Sie die Kosten- und Leistungsrechnung mit ihrem dreistufigen Aufbau dar. Gehen Sie dabei auf die Aufgaben des jeweiligen Teilbereichs ein. (20 Punkte)

Lösung s. Seite 123

2.2 Kostenrechnungssysteme

Aufgabe 16: Kostenrechnungssysteme

Stellen Sie die Kostenrechnungssysteme tabellarisch dar. (10 Punkte)

Lösung s. Seite 125

Aufgabe 17: Erfüllung der Wirtschaftlichkeitskontrolle durch die Kostenrechnungssysteme

Erläutern Sie (stichwortartig), inwieweit die einzelnen Kostenrechnungssysteme den Zweck der Wirtschaftlichkeitskontrolle erfüllen. (20 Punkte)

Lösung s. Seite 125

2.2.1 Normalkostenrechnung

Aufgabe 18: Normalkostenrechnung

Bestimmen Sie im Rahmen der Normalkostenrechnung, ob bei den Kostenstellen Material, Fertigung, Verwaltung und Vertrieb im vergangenen Geschäftsjahr (2017) jeweils eine Überdeckung oder eine Unterdeckung stattgefunden hat. Alle notwendigen Informationen können Sie aus den nachfolgenden Tabellen entnehmen. (9 Punkte)

Durchschnittliche Werte der Jahre 2013 - 2016:

	Kostenstelle Material	Kostenstelle Fertigung	Kostenstelle Verwaltung und Vertrieb
Normalisierte Gemeinkosten	125.000 €	143.000 €	103.575 €
Normalisierte Bezugsgrundlage	312.500 € (Fertigungsmaterial)	110.000 € (Fertigungslöhne)	? (Herstellkosten)
Normalisierte Zuschlagssätze	?	?	?

Istwerte des Jahres 2017:

	Kostenstelle Material	Kostenstelle Fertigung	Kostenstelle Verwaltung und Vertrieb
Istgemeinkosten	118.000 €	155.000 €	114.000 €
Istbezugsgrundlage	290.000 € (Fertigungsmaterial)	120.000 € (Fertigungslöhne)	? (Herstellkosten)
Überdeckung (+) Unterdeckung (-)	?	?	?

Lösung s. Seite 126

Aufgabe 19: Erfüllung der Zwecke der Kosten- und Leistungsrechnung durch die Normalkostenrechnung

a) Inwieweit erfüllt die flexible Normalkostenrechnung auf Vollkostenbasis die Zwecke der Kostenrechnung? (4 Punkte)

b) Wo liegen die Vorteile gegenüber der Istkostenrechnung? (2 Punkte)

Lösung s. Seite 127

2.2.2 Plankostenrechnung und Abweichungsanalyse

Aufgabe 20: Erfüllung der Zwecke der Kosten- und Leistungsrechnung durch die Plankostenrechnung

a) Inwieweit erfüllt die flexible Plankostenrechnung auf Vollkostenbasis die Zwecke der Kostenrechnung? (4 Punkte)

b) Wo liegen die Unterschiede gegenüber der starren Form? (2 Punkte)

Lösung s. Seite 128

Aufgabe 21: Aufbau der Plankostenrechnung

Skizzieren Sie kurz die verschiedenen Formen der Plankostenrechnung! (4 Punkte)

Lösung s. Seite 128

Aufgabe 22: Aufbau des Betriebsergebnisses

Beschreiben Sie das Betriebsergebnis nach dem Gesamtkostenverfahren und nach dem Umsatzkostenverfahren zu Vollkosten. Tragen Sie die Bestandteile in unten stehende Konten ein. (10 Punkte)

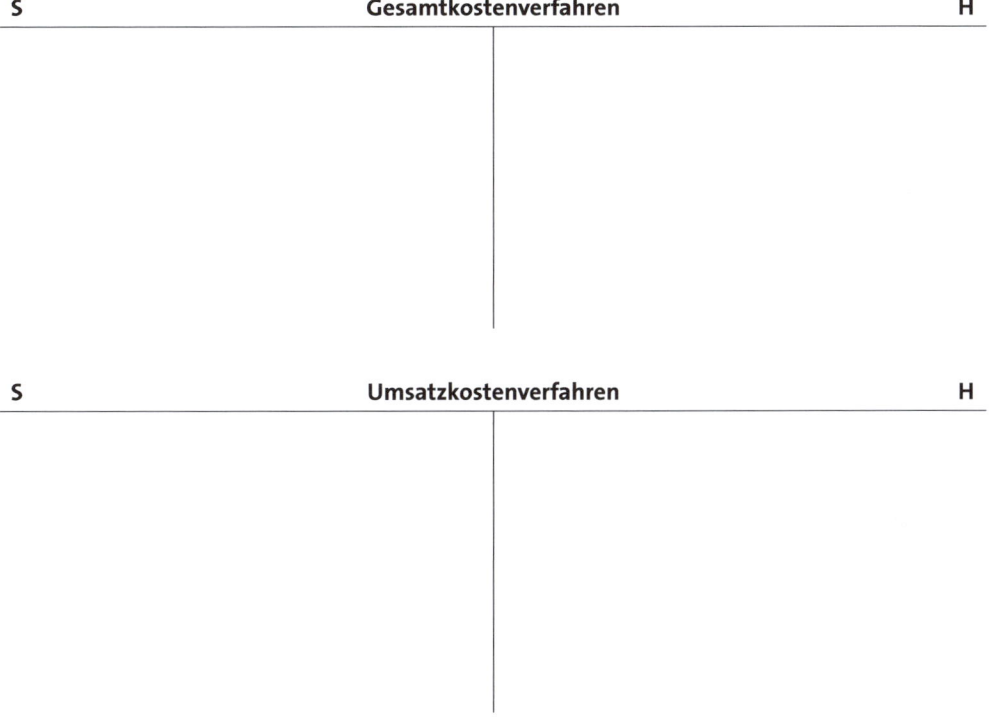

S	Gesamtkostenverfahren	H

S	Umsatzkostenverfahren	H

Lösung s. Seite 129

Aufgabe 23: Betriebsergebnis nach GKV und UKV

Stellen Sie die Unterschiede und Gemeinsamkeiten der Betriebsergebnisrechnung nach dem Gesamtkostenverfahren (GKV) und dem Umsatzkostenverfahren (UKV) dar. (10 Punkte)

Lösung s. Seite 129

Aufgabe 24: Betriebsergebnis in der Plankostenrechnung

Beschreiben Sie das Betriebsergebnis nach dem Umsatzkostenverfahren in der flexiblen Plankostenrechnung zu Vollkosten sowie nach der Grenzplankostenrechnung.

Tragen Sie die Bestandteile in unten stehende Konten ein.

Warum spricht man bei den Abweichungen und den Fixkosten der Periode in der Grenz-plankostenrechnung von der Durchbrechung des Umsatzkostenverfahrens? (10 Punkte)

S	Flexible Plankostenrechnung zu Vollkosten	H

S	Grenzplankostenrechnung	H

Lösung s. Seite 130

Aufgabe 25: Abweichungsarten

Stellen Sie kurz die verschiedenen Abweichungsarten dar. (10 Punkte)

Lösung s. Seite 131

Aufgabe 26: Abweichungsanalyse (I)

In einer Fertigungskostenstelle werden folgende Planwerte festgelegt:

Planbezugsgröße: 1.000 Maschinenstunden
Plankosten: 50.000 €, davon proportional 30.000 €

Am Ende der Abrechnungsperiode werden folgende Istwerte ermittelt:

Istbezugsgröße: 1.200 Maschinenstunden
Istkosten (i. S. der Plankostenrechnung):   70.000 €
Istkosten (i. S. der Istkostenrechnung):   78.000 €

Berechnen Sie die Verrechnungssätze, verrechneten Plankosten, die Sollkosten (auf Vollkostenbasis) sowie die ermittelbaren Abweichungen. (10 Punkte)

Lösung s. Seite 131

Aufgabe 27: Abweichungsanalyse (II)

In einer Fertigungskostenstelle werden folgende Planwerte festgelegt:

Planbezugsgröße: 1.000 Maschinenstunden
Plankosten: 50.000 €, davon proportional 30.000 €

Am Ende der Abrechnungsperiode werden folgende Istwerte ermittelt:

Istbezugsgröße: 1.200 Maschinenstunden
Istkosten (i. S. der Plankostenrechnung):   51.000 €
Istkosten (i. S. der Istkostenrechnung):   55.000 €

Berechnen Sie die Verrechnungssätze, verrechneten Plankosten, die Sollkosten auf Vollkostenbasis sowie die ermittelbaren Abweichungen.

Lösung s. Seite 131

Aufgabe 28: Abweichungsanalyse (III)

In einer Fertigungskostenstelle werden folgende Planwerte festgelegt:

Planbeschäftigung: 1.500 Maschinenstunden
Plankosten: 150.000 €, davon proportional 105.000 €

Am Ende der Abrechnungsperiode werden folgende Istwerte ermittelt:

Istbezugsgröße: 1.200 Maschinenstunden
Istkosten (i. S. der Plankostenrechnung):   136.000 €
Istkosten (i. S. der Istkostenrechnung):   139.000 €

a) Berechnen Sie die verrechneten Plankosten, die Sollkosten, die Verrechnungssätze
    sowie die ermittelbaren Abweichungen! (10 Punkte)

b) Zeigen Sie die Abweichungen in einer Grafik (5 Punkte)

Lösung s. Seite 132

2.3 Deckungsbeitragsrechnung

2.3.1 Break-even-Analyse

Aufgabe 29: Deckungsbeitrag und Gewinnschwelle

Was ist ein Deckungsbeitrag? Wo liegt die Gewinnschwelle? (6 Punkte)

Lösung s. Seite 133

Aufgabe 30: Break-even-Point

Die variablen Stückkosten eines Produkts belaufen sich auf 200 €. Bei einer Produktionsmenge von 10.000 Stück betragen die Gesamtkosten 2,5 Mio. €. Der Verkaufspreis wird 280 € betragen.

Ermitteln Sie die Break-even-Menge! (5 Punkte)

Lösung s. Seite 134

Aufgabe 31: Break-even-Analyse – Beispiel: Fernseher-Produktion

In einem Unternehmen werden 2 Mio. Fernseher produziert und abgesetzt. Die Kapazitätsgrenze liegt bei 2,5 Mio. Stück. Die Fernseher werden jeweils zu einem Preis von 1.500 € verkauft. Die Fixkosten der Periode betrugen 700 Mio. €; die variablen Kosten lagen bei 500 €/Stück.

a) Wie hoch war der Gewinn der Periode? (4 Punkte)

b) Wie viele Fernseher muss das Unternehmen verkaufen, um die Gewinnschwelle zu erreichen? (4 Punkte)

Lösung s. Seite 135

2.3.2 Einstufige und mehrstufige Deckungsbeitragsrechnung

Aufgabe 32: Mehrstufige Deckungsbeitragsrechnung

Die Wintersport GmbH stellt vier Produkte in zwei Produktgruppen her. Der folgenden Tabelle können Sie die Produkte, ihre Kosten, Absatzpreise und die geplanten Absatzmengen entnehmen:

Produktgruppe	Ski		Surfbretter	
Produkt	Racer	Slalom	Profi	Allrounder
Absatzpreis (€)	350	280	300	200
Absatzmenge (Stück)	10.000	8.000	4.000	6.000
Material (€/Stück)	100	90	80	60
Lohn (€/Stück)	50	30	40	25
Variable Gemeinkosten (€/Stück)	30	25	25	20
Produktfixkosten (€)	580.000	360.000	250.000	290.000

Unternehmensfixkosten entstehen in Höhe von 720.000 €. Für die Produktgruppe Ski entstehen Fixkosten in Höhe von 760.000 €, für die Produktgruppe Surfbretter in Höhe von 680.000 €.

Stellen Sie die Betriebsergebnisrechnung nach der mehrstufigen Deckungsbeitrags-rechnung auf und ermitteln Sie die Deckungsbeiträge sowie den Deckungsbeitrag I je Stück und in Prozent des Umsatzes. Berechnen Sie auch die Umsatzrendite und inter-pretieren Sie das Ergebnis. (15 Punkte)

Produktgruppe	Ski		Surfbretter	
Produkt	Racer	Slalom	Profi	Allrounder
= DB I				
DB I je Stück				
DB I (%)				
= DB II				
= DB III				
Betriebsergebnis				

Lösung s. Seite 135

2.3.3 Dispositive Entscheidungen

Aufgabe 33: Versagen von Vollkostenrechnungen

Nennen Sie (stichwortartig) typische Probleme der Vollkostenrechnung. (12 Punkte)

Lösung s. Seite 136

Aufgabe 34: Make-or-Buy (I)

Für ein neues Erzeugnis soll eine Make-or-Buy-Entscheidung getroffen werden.

Die Produktionsperiode für das neue Erzeugnis wird mit fünf Jahren geplant. Für diesen Zeitraum soll ein möglicher Fremdbezug geprüft werden.

Es liegen für die zu treffende Entscheidung folgende relevante Kosten und Preise vor:

1. Eigenfertigung

► Abschreibungen für Betriebsmittel: 1.250.000 €/Periode (Jahr)

► Stücklohn-Kosten: 20 €/Stück

▸ Materialkosten: 40 €/Stück

▸ Durchschnittliche Kosten für diverse Werkzeuge und Vorrichtungen: 350.000 €/Jahr

2. Fremdbezug

Preis für das beste Lieferanten-Angebot: 70 €/Stück (Lieferung frei Haus)

Die genaue Produktionsstückzahl für das Stufenprodukt ist noch nicht bekannt; sie beträgt jedoch für die Planungsperiode nach Erfahrungen der vergangenen Jahre ca. 80.000 Stück.

a) Wie sieht die Entscheidung aus, wenn die Maschinen, Werkzeuge und Vorrichtungen erst beschafft werden müssten? Wo liegt die kritische Menge, ab der Sie sich für Eigenfertigung entscheiden? (8 Punkte)

b) Wie sieht die Entscheidung aus, wenn die Maschinen, Werkzeuge und Vorrichtungen bereits vorhanden sind? (2 Punkte)

Lösung s. Seite 136

Aufgabe 35: Make-or-Buy (II)

Ein Unternehmen stellt als Vorprodukt für seine Omnibusse Motoren her. Die Kalkulation pro Stück sieht folgendermaßen aus:

▸ Fertigungseinzelkosten: 500 €

▸ Fertigungsgemeinkosten: 300 €

▸ Materialeinzelkosten: 600 €

▸ Materialgemeinkosten: 300 €

▸ Herstellkosten: 1.700 €

▸ Verwaltungs- und Vertriebsgemeinkosten: 500 €

70 % der Materialgemeinkosten und der Fertigungsgemeinkosten sind erfahrungsgemäß fix.

Der Einkäufer Schlau kommt nun mit einem Angebot eines Zulieferers, der genau diesen Motor für 1.500 €/Stück anbietet. Für die nächste Periode werden 10.000 Stück an Bedarf prognostiziert.

a) Für was entscheiden Sie sich – für die Eigenfertigung oder für das Angebot des Zulieferers? (4 Punkte)

b) Welche Gründe – abgesehen von den Kosten – könnten für die Entscheidung noch eine Rolle spielen? (4 Punkte)

c) Wie ist der Sachverhalt langfristig zu beurteilen, wenn der Zulieferer für 1.500 €/1.800 € anbietet? (2 Punkte)

Lösung s. Seite 137

Aufgabe 36: Make-or-Buy (III)

Ein Maschinenbauunternehmen hat bisher Messing-Ventile, die in eigene Erzeugnisse eingebaut werden, zu einem Listenpreis von 83 € fremdbezogen. Das Unternehmen hat freie Kapazitäten zur Verfügung, die es ihm gestatten, die Ventile unter folgenden Bedingungen selbst zu fertigen:

► Materialaufwand je Stück: 12,90 €

► Löhne für Schneiden, Drehen, Fräsen, Bohren und Gewindeschneiden je Stück: 36,35 €.

An Gemeinkosten werden verrechnet: 14 % Materialgemeinkosten; davon gelten 25 % als variabel. An Fertigungsgemeinkosten werden 180 % verrechnet; davon gelten 35 % als variabel.

Soll das Maschinenbauunternehmen die Messing-Ventile weiter fremdbeziehen oder selbst fertigen? (6 Punkte)

Lösung s. Seite 137

Aufgabe 37: Make-or-Buy (IV)

Ein Maschinenbauunternehmen hat bisher Messing-Ventile, die in eigene Erzeugnisse eingebaut werden, zu einem Listenpreis von 83 € fremdbezogen.

Das Unternehmen könnte grundsätzlich aufgrund freier Kapazitäten solche Messing-Ventile selbst herstellen, müsste dafür jedoch jedes Jahr Lizenzgebühren für das patentierte Produktionsverfahren in Höhe von 100.000 € zahlen.

Als weitere Kosteninformationen für die Herstellung der Messing-Ventile liegen vor:

► Materialaufwand je Stück: 12,90 €

► Löhne für Schneiden, Drehen, Fräsen, Bohren und Gewindeschneiden je Stück: 36,35 €.

An Gemeinkosten werden verrechnet: 14 % Materialgemeinkosten; davon gelten 25 % als variabel. An Fertigungsgemeinkosten werden 180 % verrechnet; davon gelten 35 % als variabel.

Soll das Maschinenbauunternehmen die Messing-Ventile weiter fremdbeziehen oder selbst fertigen, wenn 5.000 Stück pro Jahr benötigt werden? (8 Punkte)

Lösung s. Seite 138

Aufgabe 38: Programmplanung (I)

Für die Produktionsprogrammplanung wurden folgende Daten erhoben:

Produkt	Maximaler Absatz (Stück)	Variable Stückkosten (€/Stück)	Gesamte Stückkosten (€/Stück)	Absatz- preis (€/Stück)	Deckungs- beitrag (€/Stück)	Stück- gewinn (€/Stück)
A	1.000	20	26	44	24	18
B	1.500	22	25	30	8	5
C	1.100	35	40	32	-3	-8
D	1.200	30	55	50	20	-5
E	800	25	30	31	6	1
Summe	5.600					

Die Fixkosten betragen 50.000 € pro Monat.

a) Errechnen Sie den Erfolg bei Durchführung des angegebenen Programms. (3 Punkte)

b) Wie verändert sich der Erfolg bei Eliminierung von Produkt C? (3 Punkte)

c) Wie verändert sich der Erfolg bei zusätzlicher Eliminierung von Produkt D? (2 Punkte)

Lösung s. Seite 138

Aufgabe 39: Programmplanung (II)

Ein Unternehmen produziert in einem Teilbereich sechs Erzeugnisse, die in drei Produktionsstellen bearbeitet werden. In der nachstehenden Tabelle sind die vorläufigen Produktions-, Absatz- und Kostendaten der Produkte für einen Durchschnittsmonat des aktuellen Planjahres angegeben:

Produkt- art	Absatz- menge (Stück/ Monat)	Verkaufs- preis (€/Stück)	Stückkosten (€/Stück)		Bearbeitungszeiten (Min./Stück)		
			propor- tional	gesamt	Stelle 1	Stelle 2	Stelle 3
1	400	1.200	500	850	26	35	20
2	600	900	450	700	15	20	28
3	800	700	250	450	10	15	12
4	300	1.500	800	1.250	42	50	35
5	400	1.000	600	850	15	10	22
6	200	1.600	750	1.250	26	34	28

a) Welche Produkte sind mit welchen Mengen in das Produktionsprogramm aufzunehmen, wenn die drei Produktionsstellen über ausreichende Kapazitäten verfügen? (2 Punkte)

b) Bestimmen Sie das Produktionsprogramm, wenn die Kapazität der Stelle 2 auf 570 Std./Monat begrenzt wird. (6 Punkte)

c) Welche Erfolgseinbuße verursacht der Engpass? (2 Punkte)

Lösung s. Seite 139

Aufgabe 40: Zusatzaufträge (I)

Ein Einprodukt-Unternehmen, das über eine Kapazität von 40.000 Stück/Monat verfügt, arbeitet mit einem Beschäftigungsgrad von 50 %. Die fixen Kosten betragen 100.000 €/Monat, die variablen Kosten 60.000 €/Monat. Der Verkaufspreis liegt bei 10 €/Stück.

Es besteht nun die Möglichkeit, im Rahmen eines Exportauftrages einmalig weitere 10.000 Stück des Erzeugnisses zum Preis von 5 €/Stück abzusetzen.

Würden Sie die Annahme dieses Zusatzauftrages befürworten? (10 Punkte)

Lösung s. Seite 141

Aufgabe 41: Zusatzaufträge (II)

Wo liegt die Gefahr bei der Annahme von Zusatzaufträgen unter der Vollkostengrenze? (5 Punkte)

Lösung s. Seite 141

2.4 Prozesskostenrechnung

Aufgabe 42: Prozesskostenrechnung

Nennen Sie die Gründe für die Entwicklung der Prozesskostenrechnung. (8 Punkte)

Lösung s. Seite 142

Aufgabe 43: Prozesse

Nennen Sie Beispiele für Tätigkeiten/Prozesse in den folgenden Bereichen:

► Einkauf
► Buchhaltung
► Materialwirtschaft/Lager
► Versand
► Personal.

(15 Punkte)

Lösung s. Seite 142

Aufgabe 44: Effekte der Prozesskostenrechnung (I)

Nennen Sie kurz die drei Effekte, die in der Prozesskostenrechnung im Vergleich zur traditionellen Zuschlagskalkulation auftreten. (3 Punkte)

Lösung s. Seite 143

Aufgabe 45: Effekte der Prozesskostenrechnung (II)

Erläutern Sie jeweils kurz (an einem Beispiel) den Allokationseffekt, den Komplexitätseffekt und den Degressionseffekt in der Prozesskostenrechnung im Vergleich zur traditionellen Zuschlagskalkulation. (15 Punkte)

Lösung s. Seite 144

Aufgabe 46: Prozesskostensätze (I)

Im Lager der Fahrrad AG finden folgende Vorgänge statt. Ermitteln Sie die Prozesskostensätze, die Umlagesätze und die Gesamtprozesskostensätze für die folgende Kostenstelle Lager.

Prozess	Cost Driver	Plan-prozess-menge	Plan-prozess-kosten (€)	Plan-prozess-kostensatz (lmi)	Umlage-satz (lmn) (€)	Gesamt-prozess-kostensatz (€)
Ein- und Auslagern	Anzahl Lagerungen	40.000	400.000			
Kommis-sionieren	Anzahl Verpa-ckungseinheiten	5.000	80.000			
Lkw beladen	Anzahl Lkw	800	120.000			
Abteilung leiten			60.000			

(8 Punkte)

Lösung s. Seite 145

Aufgabe 47: Prozesskostensätze (II)

In der Abteilung Personalwesen finden die in der unten stehenden Tabelle aufgeführten Prozesse statt.

Ermitteln Sie die Prozesskostensätze, die Umlagesätze und die Gesamtprozesskostensätze für die Personalstelle.

Prozess	Cost Driver	Plan-prozess-menge	Plan-prozess-kosten (€)	Plan-prozess-kostensatz (lmi)	Umlage-satz (lmn) (€)	Gesamt-prozess-kostensatz (€)
Bestätigung von Bewerbungs-eingängen	Anzahl Bestätigungen	2.000	160.000			
Bewerbungs-gespräche	Anzahl Gespräche	100	40.000			
Tests	Anzahl Tests	50	50.000			
Abteilung leiten			40.000			

Lösung s. Seite 146

Aufgabe 48: Traditionelle Zuschlagskalkulation und Prozesskostenkalkulation

In einem Unternehmen werden zwei Produkte A und B mit Materialeinzelkosten von 10 € bzw. 20 € pro Stück hergestellt. Die Fertigungseinzelkosten betragen bei Produkt A 5 € und bei Produkt B 4 € pro Stück.

In der traditionellen Kosten- und Leistungsrechnung sollen für die Materialgemeinkos-ten des Lagers 50 % und die Fertigungsgemeinkosten 20 % als Zuschlagssätze auf die Einzelkosten verrechnet werden.

Man überlegt, auf die Prozesskostenrechnung zu wechseln und die Kosten der Materi-alstelle anhand der Beschaffungsvorgänge zu verteilen.

Für Produkt A und B fallen jeweils zwei Beschaffungsvorgänge an; pro Beschaffungs-vorgang rechnet man mit Kosten in Höhe von 4 €.

a) Berechnen Sie die Herstellkosten nach der traditionellen Kostenrechnung. (4 Punkte)

b) Berechnen Sie die Herstellkosten mit der Prozesskostenrechnung. (7 Punkte)

c) Wie wird der Effekt für die Materialstelle genannt? (1 Punkt)

d) Welche weiteren Effekte kennen Sie? (2 Punkte)

e) Kalkulieren Sie die Kosten der Kommissionierung eines Kundenauftrags im Vertrieb.

Traditionelle Kostenrechnung: 3 % Zuschlag (als Teil der Vertriebsgemeinkosten) auf die Herstellkosten

Prozesskostenrechnung: 40 € je Auftragsposition

Berechnen Sie die Kommissionierungskosten in der traditionellen Kalkulation, die Prozesskosten und den Effekt. Wie nennt man diesen? (6 Punkte)

Auftrag	Herstell-kosten gesamt (€)	Anzahl Auftrags-positionen	Kommissionie-rungskosten der traditionellen Kostenrechnung (€)	Prozesskosten Kommis-sionierung (€)	Effekt (€)
A	10.000	1			
B	10.000	10			

Lösung s. Seite 146

Aufgabe 49: Fertigungsplanung – Beispiel: Spielzeugauto

Ein Hersteller von ferngesteuerten Spielzeugautos hat den Prozess der Fertigungsplanung und -steuerung beleuchtet und möchte in diesem Bereich die Kosten nicht mehr nach dem System der Zuschlagskalkulation auf die Produkte verrechnen. Als zentraler Kostentreiber wurde nach eingehender Analyse die Zahl der Bauplanpositionen identifiziert. Zur zukünftigen Kalkulation der Produkte per Prozesskostenrechnung liegen folgende Kosteninformationen im Bereich Fertigungsplanung vor:

Personalkosten:	350.000 €
Sachkosten:	200.000 €
sonstige Kosten:	150.000 €
Summe	**700.000 €**

Die aus vier Varianten bestehende Produktpalette des Unternehmens lässt sich wie folgt beschreiben:

	Fertigungs-Einzelkosten (€)	Produktionsmenge (Stück)	Bauplanpositionen pro Auto
Produkt A	20	20.000	20
Produkt B	20	10.000	30
Produkt C	30	10.000	50
Produkt D	50	2.000	100

a) Wie hoch sind die Gemeinkosten der Fertigungsplanung für jedes der vier Produkte bei Anwendung der Zuschlagskalkulation? (3 Punkte)

b) Wie hoch sind die Gemeinkosten der Fertigungsplanung für jedes der vier Produkte bei Anwendung der Prozesskostenrechnung? (6 Punkte)

Lösung s. Seite 147

Aufgabe 50: Fertigungsplanung – Beispiel: Fahrrad

Ein Hersteller von Fahrrädern hat den Prozess der Fertigungsplanung und -steuerung beleuchtet und möchte in diesem Bereich die Kosten nicht mehr nach dem System der Zuschlagskalkulation auf die Produkte verrechnen. Als zentraler Kostentreiber wurde nach eingehender Analyse die Zahl der Bauplanpositionen identifiziert. Zur zukünftigen

Kalkulation der Produkte per Prozesskostenrechnung liegen folgende Kosteninformationen im Bereich Fertigungsplanung vor:

Personalkosten:	150.000 €
Sachkosten:	100.000 €
sonstige Kosten:	50.000 €
Summe	**300.000 €**

Die aus vier Varianten bestehende Produktpalette des Unternehmens lässt sich wie folgt beschreiben:

	Fertigungs-Einzelkosten (€)	Produktionsmenge (Stück)	Bauplanpositionen pro Fahrrad
Produkt A	30	2.000	20
Produkt B	40	1.000	45
Produkt C	60	500	80
Produkt D	80	250	100

a) Wie hoch sind die Gemeinkosten der Fertigungsplanung für jedes der vier Produkte bei Anwendung der Zuschlagskalkulation? (3 Punkte)

b) Wie hoch sind die Gemeinkosten der Fertigungsplanung für jedes der vier Produkte bei Anwendung der Prozesskostenrechnung? (6 Punkte)

Lösung s. Seite 148

2.5 Target-Costing

Aufgabe 51: Target-Costing – Beispiel: Outdoor-Produkte

Das Unternehmen Regenrein produziert Trekkingzelte und möchte eine völlig neue Generation für extreme Wetterbedingungen auf den Markt bringen. In einer Marktanalyse wurde die Bedeutung der einzelnen Funktionen dieses Produkts aus Sicht der Kunden erhoben.

Funktion	Teilgewicht in %
F1 Auf- und Abbauleichtigkeit	25
F2 Mechanische Dichte und Stabilität	30
F3 Platz	25
F4 Transportabilität (Gewicht und Größe)	20
Summe	100

Die neu entwickelten Trekkingzelte bestehen aus den vier Produktkomponenten Gestell, Plane, Verpackungssack und Heringe. Die Beiträge (in Prozent) dieser Komponenten zur Erfüllung der von den Kunden gewünschten Produktfunktionen werden folgendermaßen eingeschätzt:

Komponente	F1	F2	F3	F4
Gestell	50	15	40	25
Plane	35	70	40	30
Verpackungssack	5	5	15	40
Heringe	10	10	5	5

Aufgrund einer ersten Kalkulation schätzt man die erreichbaren Kosten für die einzelnen Komponenten folgendermaßen ein:

Kosten Gestell	Kosten Plane	Kosten Verpackungssack	Kosten Heringe
35 €	55 €	15 €	10 €

a) Stellen Sie die Tabelle zur Berechnung der Teilnutzen in Prozent und in Euro auf. Die Kunden gaben bei einer Befragung an, für das neuartige Trekkingzelt 200 € ausgeben zu wollen. Nach Abzug von MwSt., Verwaltungskosten, Gewinn und Rabatten verbleiben Allowable Costs in Höhe von 100 €.

Berechnen Sie für jede Produktkomponente ihr Teilgewicht. Dieses soll unter Berücksichtigung der Beiträge zur Funktionserfüllung die Bedeutung der einzelnen Produktkomponenten für das Endprodukt zum Ausdruck bringen. (5 Punkte)

b) Ermitteln Sie für jede Produktkomponente den zugehörigen Zielkostenindex. (3 Punkte)

c) Interpretieren Sie die Ergebnisse. (2 Punkte)

Lösung s. Seite 148

Aufgabe 52: Target-Costing – Beispiel: Mobiltelefon

Der Mobiltelefonhersteller Telcom möchte ein gänzlich neues Modell eines Mobiltelefons auf den Markt bringen. Dazu werden umfangreiche Marktforschungen durchgeführt. Die Geschäftsleitung entscheidet sich für die Entwicklung des Modells „T2014".

Mithilfe der Ingenieure konnte der Einfluss der Komponenten auf die relevanten Funktionen ermittelt werden:

Funktionen/ Komponenten	Display- auflösung	Design	Stand-by-Zeit	Größe/ Volumen
Gehäuse	10 %	55 %		15 %
Akku	5 %		75 %	30 %
Display und Technik	85 %	30 %	25 %	25 %
Tastatur/Touchpad		15 %		30 %
	100 %	100 %	100 %	100 %

Den folgenden Ergebnissen der Marktforschung können Sie entnehmen, wie die Kunden den Anteil der einzelnen Funktionen am Gesamtnutzen bewerten.

Nutzenbewertung aus Kundensicht	
Displayauflösung	35 %
Design	13 %
Stand-by-Zeit	30 %
Größe/Volumen	22 %
Summe	100 %

Bei gegebener Technik kalkulieren die Entwickler folgende Herstellkosten (ohne Gemeinkosten) pro Einheit für die vier Komponenten:

Gehäuse	55 €
Akku	154 €
Display und Technik	184 €
Tastatur/Touchpad	32 €

Ermitteln Sie im Rahmen des Target-Costing die jeweiligen Zielkostenindizes der einzelnen Produktkomponenten und geben Sie mit Berücksichtigung der Ergebnisse daraus eine Empfehlung bezüglich der Kalkulation der jeweiligen Kostenbestandteile der Komponenten ab. (10 Punkte)

Lösung s. Seite 149

Aufgabe 53: Target-Costing – Beispiel: Winzer

Winzer Nullpromille besitzt eine Sektkellerei und möchte eine neue Edelmarke in sein Sortiment aufnehmen und in seinem Verkaufsladen vertreiben. Sein Verkaufsmitarbeiter und gleichzeitig Marketingexperte überzeugt ihn, dass der Sekt höchstens 20 € kosten darf, da er sonst von den Kunden nicht gekauft wird. Die aktuellen Produktionskosten belaufen sich auf 22 €. Außerdem will der Winzer eine Gewinnmarge von 10 % erreichen.

a) Wie hoch ist der Target-Price? (1 Punkt)

b) Wie hoch ist der Target-Profit? (2 Punkte)

c) Wie hoch sind die Allowable Costs? (3 Punkte)

d) Wie hoch sind die Drifting Costs? (2 Punkte)

e) Wie hoch ist das Target-Gap? (2 Punkte)

Lösung s. Seite 150

Aufgabe 54: Target-Costing – Beispiel: Saubermach AG

Die Saubermach AG möchte ein neues Wischsystem auf den Markt bringen; es besteht aus den vier Komponenten Eimer, Stiel, Wischbezug und (Aus)Wringer.

Laut einer Befragung sind für die Kunden die Funktionen Wischleistung, Ergonomie/ Handhabung, Umweltverträglichkeit und Stabilität/Haltbarkeit als Nutzen von Bedeutung. Die Teilgewichte/Nutzen dieser Funktionen werden von den Kunden folgendermaßen erwartet:

Kundenwunsch	Gewichtung
Wischleistung	45 %
Ergonomie/Handhabung	30 %
Umweltverträglichkeit	5 %
Stabilität/Haltbarkeit	20 %

Die einzelnen Komponenten tragen folgendermaßen zu den einzelnen Nutzen bei (in Prozent):

Kundenwunsch	Gewichtung	Komponenten			
		Eimer	Stiel	Wisch-bezug	Wringer
Wischleistung		5	5	60	30
Ergonomie/Handhabung		30	50	10	10
Umweltverträglichkeit		20	20	40	20
Stabilität/Haltbarkeit		20	20	40	20
Teilnutzen in Prozent					
	Summe				
Allowable Costs	15,00 €				
Drifting Costs laut Einzelkalkulation (HK)	17,00 €	2,80 €	2,90 €	7,80 €	3,50 €
Kostenanteil		16 %	17 %	46 %	21 %
Zielkostenindex					

a) Errechnen Sie die Teilnutzen und die Allowable Costs für die einzelnen Komponenten, wenn die Allowable Costs in Summe für das ganze System 15 € betragen. (5 Punkte)

b) Errechnen Sie bei gegebenen Drifting Costs und tatsächlichem Kostenanteil laut Kalkulation den Zielkostenindex und interpretieren Sie die Ergebnisse. (5 Punkte)

Lösung s. Seite 151

Aufgabe 55: Target-Costing – Beispiel: Ski

Die Blissard AG möchte ein neues Skimodell auf den Markt bringen, wobei sie davon ausgeht, dass der erzielbare Preis bei 500 € liegt. Das Modell besteht aus den Komponenten Belag, Bindung, Stahlkante und Oberfläche.

Laut Marktforschungsergebnissen sind für die Kunden die Funktionen Fahreigenschaft, Design, Sicherheit und Image als Nutzen von Bedeutung. Die Teilgewichte/Nutzen dieser Funktionen werden folgendermaßen von den Kunden erwartet:

Kundenwunsch	Gewichtung
Fahreigenschaft	60 %
Design	10 %
Sicherheit	20 %
Image	10 %

Die einzelnen Komponenten tragen folgendermaßen zu den einzelnen Nutzen bei (in Prozent):

Kundenwunsch	Gewichtung	Komponenten			
		Belag	Bindung	Stahl-kante	Ober-fläche
Fahreigenschaft		30	10	20	40
Design		10	20	0	70
Sicherheit		10	50	10	30
Image		5	15	0	80
Teilnutzen in Prozent					
	Summe				
Allowable Costs	500 €				
Drifting Costs laut Einzelkalkulation (HK)	530 €	80 €	150 €	40 €	260 €
Kostenanteil					
Zielkostenindex					

a) Errechnen Sie die Teilnutzen und die Allowable Costs für die einzelnen Komponenten, wenn die Allowable Costs in Summe für das ganze System 500 € betragen. (5 Punkte)

b) Errechnen Sie bei gegebenen Drifting Costs und tatsächlichem Kostenanteil laut Kalkulation den Zielkostenindex und interpretieren Sie die Ergebnisse. (5 Punkte)

c) Erläutern Sie die Vor- und Nachteile des Target-Costing. (5 Punkte)

Lösung s. Seite 152

Aufgabe 56: Target-Costing – Beispiel: Füllfederhalter (I)

Der Füllfederhalter-Hersteller „Adler" möchte ein gänzlich neues hochpreisiges Luxus-Modell eines Füllfederhalters auf den Markt bringen. Dazu werden umfangreiche Marktforschungen durchgeführt. Die Geschäftsleitung entscheidet sich für die Entwicklung des Modells „FF2016".

Mithilfe der Ingenieure konnte der Einfluss der Komponenten auf die relevanten Funktionen ermittelt werden:

Funktionen/ Komponenten	Schriftbild	Design	Schnelles Öffnen	Auslauf- sicherheit
Gehäuse	20 %	65 %		15 %
Feder	5 %		90 %	10 %
Mechanismus	75 %	30 %	10 %	35 %
Kappe		5 %		40 %
	100 %	100 %	100 %	100 %

Den folgenden Ergebnissen der Marktforschung können Sie entnehmen, wie die Kunden den Anteil der einzelnen Funktionen am Gesamtnutzen bewerten.

Nutzenbewertung aus Kundensicht	
Schriftbild	40 %
Design	30 %
Schnelles Öffnen	20 %
Auslaufsicherheit	10 %
Summe	100 %

Bei gegebener Technik kalkulieren die Entwickler folgende Herstellkosten (ohne Gemeinkosten) pro Einheit für die vier Komponenten:

Gehäuse	25 €
Feder	45 €
Mechanismus	70 €
Kappe	8 €

Ermitteln Sie im Rahmen des Target-Costing die jeweiligen Zielkostenindizes der einzelnen Produktkomponenten und geben Sie mit Berücksichtigung der Ergebnisse daraus eine Empfehlung bezüglich der Kalkulation der jeweiligen Kostenbestandteile der Komponenten ab. (10 Punkte)

Lösung s. Seite 153

Aufgabe 57: Target-Costing – Beispiel: Füllfederhalter (II)

Sie beraten den Füllfederhalterhersteller Adler aus Aufgabe 56. Für dieses Unternehmen hatten Sie in einem ersten Auftrag Empfehlungen für die Komponentengestaltung anhand der von Ihnen ermittelten Zielkostenindizes gegeben:

- Gehäuse: 0,29 : 0,17 = 1,7 → nachbessern
- Feder: 0,21 : 0,3 = 0,7 → abspecken
- Mechanismus: 0,445 : 0,47 = 0,95 → so belassen
- Kappe: 0,055 : 0,05 = 1,1 → nachbessern

Das Unternehmen möchte wissen, wie viel die Produktionskosten der einzelnen Komponenten nun betragen sollen, damit das Funktionsempfinden (die Erwartungshaltung) der zahlungskräftigen Kunden an den Luxus-Füllfederhalter perfekt getroffen wird, ohne dass die Gesamtkosten sich ändern.

Geben Sie an, wie viel jede Komponente unter diesen Voraussetzungen kosten soll. (6 Punkte)

Lösung s. Seite 153

2.6 Kennzahlen und Kennzahlensysteme

2.6.1 Kennzahlen

Aufgabe 58: Kennzahlen (I)

Ihnen sind die folgenden Kennzahlen eines Unternehmens bekannt:

- Eigenkapital: 30 Mio. €
- Fremdkapital: 39 Mio. €
- Umsatzerlöse: 72 Mio. €
- Materialaufwand: 30 Mio. €
- Personalaufwand: 15 Mio. €
- Abschreibungen: 8 Mio. €
- Zinsaufwand: 3 Mio. €
- Steuern: 4 Mio. €.

Berechnen Sie den

a) EBIT
b) EBITDA
c) Steuersatz.

(jeweils 2 Punkte)

Lösung s. Seite 154

Aufgabe 59: Kennzahlen (II)

Nachfolgend sehen Sie die Strukturbilanzen von 2013 und 2014 des Unternehmens Fast-Trade AG.

AKTIVA	2013	PASSIVA	
	in €		in €
AV	750.000	EK	340.000
UV	440.000	FK	850.000
▸ Vorräte	180.000	▸ FK langfristig	700.000
▸ Forderungen	60.000	▸ FK mittelfristig	100.000
▸ Liquide Mittel	200.000	▸ FK kurzfristig	50.000
	1.190.000		1.190.000

AKTIVA	2014	PASSIVA	
	in €		in €
AV	850.000	EK	615.000
UV	510.000	FK	745.000
▸ Vorräte	250.000	▸ FK langfristig	500.000
▸ Forderungen	120.000	▸ FK mittelfristig	110.000
▸ Liquide Mittel	140.000	▸ FK kurzfristig	135.000
	1.360.000		1.360.000

a) Analysieren und bewerten Sie Deckungsgrade und Finanzierung des Anlagevermögens anhand einer geeigneten Kennzahl für die Jahre 2013 und 2014. Wie interpretieren Sie das Ergebnis? Nehmen Sie auch Bezug auf die Entwicklung der Kennzahl! (7 Punkte)

b) Analysieren und bewerten Sie die Zahlungsfähigkeit des Unternehmens anhand einer geeigneten Kennzahl für die Jahre 2013 und 2014. Wie interpretieren Sie das Ergebnis? Nehmen Sie auch Bezug auf die Entwicklung der Kennzahl! (8 Punkte)

Lösung s. Seite 154

Aufgabe 60: Kennzahlen (III)

Analysieren und bewerten Sie nun für die Fast-Trade AG mithilfe der Bilanzen aus Aufgabe 59 mit geeigneten Kennzahlen die Kapitalstruktur sowie den Verschuldungsgrad des Unternehmens. Gehen Sie bei der Beurteilung der Kennzahlen auch auf deren Entwicklung ein. (10 Punkte)

Lösung s. Seite 157

Aufgabe 61: Kennzahlen (IV)

In der folgenden Tabelle sind die Geschäftszahlen eines Unternehmens aus dem Jahr 2014 dargestellt:

Umsatzerlöse	5.200.300 €
Sonstige betriebliche Erträge	80.000 €
Materialaufwand	800.000 €
Personalaufwand	1.800.000 €
Abschreibungen	540.000 €
Zinsaufwand	50.000 €

Der Steuersatz beträgt 30 %.

Ermitteln Sie anhand dieser Informationen die Wertschöpfung mithilfe

a) der additiven Methode

b) der subtraktiven Methode.

(jeweils 3 Punkte)

Lösung s. Seite 158

Aufgabe 62: Free Cashflow

	in T€
EBIT 2014	120
Finanz- und Beteiligungsergebnis	50
Ergebnis vor Steuern	
Steuern 30 %	
Jahresüberschuss nach Steuern	119
Abschreibungen	60
Veränderung der Pensionsrückstellungen	25
ggf. weitere nicht zahlungswirksame Rückstellungsbildungen	20
Cashflow from Operations	
Veränderung Working Capital	
Investitionen	100
Free Cashflow (Fundsflow)	

Working Capital	2014	2013
Bestände	1.300	1.700
+ Forderungen aus Lieferung und Leistung	500	250
- Verbindlichkeiten aus Lieferung und Leistung	200	250

Working Capital =
(Worin ist das Geld im Unternehmen gebunden?)
     Bestände
+   Forderungen aus Lieferung und Leistung
-   Verbindlichkeiten aus Lieferung und Leistung

Bestimmen Sie den Free Cashflow. (10 Punkte)

Lösung s. Seite 159

Aufgabe 63: Finanzierungsbedarf

Bestimmen Sie den Finanzierungsbedarf für folgenden Geschäftsplan, den Sie hierfür vervollständigen müssen. (20 Punkte)

Werte in T€	Periode 0	Periode 1	Periode 2	Periode 3	Periode 4	Periode 5
Kasse alt						
+ Cashflow from Operations						
+/- Veränderung Working Capital		25	0	-5	-10	20
- Investitionen		60	200	70	90	50
= Free Cashflow (Fundsflow)						
- Dividende (10 % vom Jahresüberschuss)						
- Rückzahlung Verbindlichkeiten		15				
Kasse neu	100					
Finanzierungbedarf						

Sicherheitsbestand Kasse: 50

Steuersatz: 30 %

Der Finanzierungsbedarf wird so schnell wie möglich zurückgezahlt.

	Periode 1	Periode 2	Periode 3	Periode 4	Periode 5
Ergebnis vor Steuern	50	80	20	100	120
Abschreibungen	50	70	80	70	60
Veränderung Rückstellungen	10	10	10	10	10
Ergebnis nach Steuern					
Cashflow from Operations					

Lösung s. Seite 160

Aufgabe 64: Kennzahlen – Beispiel: Notgroschen GmbH

Der Geschäftsbericht der Notgroschen GmbH weist für das Jahr 2014 folgende Zahlen aus:

2014 IST in €	
Umsatz	29.000.000
Betriebliche Aufwendungen davon Abschreibungen	26.000.000 1.200.000
Sonstige Erträge	700.000
Zinsaufwand	5 % auf die Bilanzsumme
Steuersatz	30 %

Das Unternehmen weist in 2014 folgende Bilanz aus:

AKTIVA	Bilanz 2014 IST		PASSIVA
	in €		in €
Patente	2.000.000	EK	
Gebäude	4.000.000		
Maschinen	3.000.000	Rückstellungen	2.000.000
Sonstiges AV	500.000	Schulden	5.500.000
UV	5.000.000		

a) Ermitteln Sie den Jahresüberschuss sowie das Ergebnis vor Steuern. (8 Punkte)

b) Vervollständigen Sie die Bilanz und ermitteln Sie die Eigenkapitalrentabilität und die Gesamtkapitalrentabilität. (5 Punkte)

c) Wie hoch sind EBIT und Cashflow? (2 Punkte)

Lösung s. Seite 161

Aufgabe 65: Geschäftsergebnis – Beispiel: Pleite GmbH

Die Pleite GmbH weist für das Jahr 2012 folgendes Geschäftsergebnis aus:

2012 IST in €	
Umsatz	9.900.000
Betriebliche Aufwendungen davon Abschreibungen	8.000.000 300.000
Betriebliche Erträge	150.000
Zinsaufwand	5 % auf verzinsliche Darlehen
Steuersatz	30 %

Das Unternehmen weist in 2012 folgende Bilanz aus:

AKTIVA	Bilanz 2012 IST		PASSIVA
	in €		in €
Patente	500.000	EK	
Gebäude	4.000.000		
Maschinen	3.000.000	Rückstellungen	2.200.000
Sonstiges AV	500.000	Verbindlichkeiten	4.100.000
		davon aus LuL	1.100.000
UV	3.500.000	Rest Darlehen	

a) Ermitteln Sie den Jahresüberschuss sowie das Ergebnis vor Steuern. (8 Punkte)

b) Vervollständigen Sie die Bilanz und ermitteln Sie die Eigenkapitalrentabilität und die Gesamtkapitalrentabilität. (4 Punkte)

c) Wie hoch sind EBIT, EBITDA und Cashflow? (3 Punkte)

Lösung s. Seite 162

Aufgabe 66: Kennzahlenrechnung

Am Ende eines Geschäftsjahres legt ein Industrieunternehmen die folgende Bilanz vor:

AKTIVA	Schlussbilanz 2015		PASSIVA
	in T€		in T€
Sachanlagen	50.000	Gezeichnetes Kapital	20.000
Finanzanlagen	5.000	Rücklagen	15.000
Lagerbestand		Gewinn	
Forderungen aus LuL	20.000	Darlehen	40.000
Kasse, Bank			
		Lieferverbindlichkeiten	12.000
			107.000

Im selben Geschäftsjahr wird die folgende Gewinn- und Verlustrechnung vorgelegt (in T€):

Umsatzerlöse	98.000 €
Bestandsänderungen	
Aktivierte Eigenleistungen	5.000 €
Materialaufwand	30.000 €
Personalaufwand	15.000 €
Abschreibungen	11.500 €
Sonstige betriebliche Aufwendungen	18.500 €
Zinserträge	500 €
Zinsaufwendungen	1.000 €
Sonstige Erträge	500 €

Ergebnis vor Ertragsteuern
Steuern vom Einkommen und Ertrag
Jahresüberschuss

Aus dem Lagerbereich sind die folgenden Daten bekannt (in Stück):

► Zwischenlager Anfangsbestand:	9.000
► Zwischenlager Endbestand:	14.000
► Ausgangslager Anfangsbestand:	9.000
► Ausgangslager Endbestand:	1.000

Das Unternehmen ist eine Kapitalgesellschaft. Die Ertragssteuer betrage im Berichtszeitraum 20 %.

a) Ergänzen Sie die fehlenden Daten der obigen Gewinn- und Verlustrechnung und Bilanz. (5 Punkte)

b) Berechnen Sie die drei Liquiditätskennziffern. (4 Punkte)

c) Berechnen Sie die Anlageintensität, die Fremdkapital-Quote und die Eigenkapitalrentabilität und nehmen Sie zur Bedeutung dieser Kennziffern Stellung. (5 Punkte)

d) Wie hoch ist die Veränderung des Working Capital, wenn die Forderungen im Vorjahr 15.000 € betrugen und die Verbindlichkeiten 10.000 €? (2 Punkte)

Lösung s. Seite 163

Aufgabe 67: Kennzahlen mit Free Cashflow und EVA

Folgende Daten eines Unternehmens sind bekannt:

	in T€
Eigenkapital	150.000
Fremdkapital	450.000
Fremdkapitalzinssatz nach Steuern	8 %
Umsatz	1.900.000
Betriebsergebnis der Kostenrechnung	170.000
Gewinn vor Ertragsteuern	75.000
Gewinn nach Steuern	30.000
Abschreibungen	20.000
Veränderung Pensionsrückstellung	5.000
Veränderung Working Capital	-8.000
Investitionen der Periode	30.000
Kapitalkostensatz für Eigenkapital nach Steuern	12 %

a) Ermitteln Sie

- die Umsatzrendite

- die Eigenkapitalrentabilität

- die Gesamtkapitalrentabilität

- den operativen Cashflow

- den Free Cashflow

- den EBIT

- den EBITDA

- den WACC

- das neutrale Ergebnis (Unterschied des BE der KLR zum BE der GuV)

- das Finanzergebnis

- den EVA

- den Steuersatz.

(12 Punkte)

b) Wie beurteilen Sie die Rentabilität des Kapitals im Vergleich zum WACC? (2 Punkte)

c) Was sagt der operative Cashflow aus? (3 Punkte)

d) Für was kann der Free Cashflow verwendet werden? (4 Punkte)

Lösung s. Seite 164

Aufgabe 68: Geschäftsergebnis

Gegeben seien folgende Unternehmensdaten:

2014 IST in €	
Umsatz	9.000.000
Betriebliche Aufwendungen	8.000.000
davon Abschreibungen	200.000
Sonstige Erträge	120.000
Zinsaufwand	160.000
Steuersatz	30 %

Das Unternehmen weist in 2014 folgende Bilanz aus:

AKTIVA	Bilanz 2014 IST		PASSIVA
	in €		in €
Patente	1.000.000	EK	
Gebäude	3.000.000		
Maschinen	2.000.000	Rückstellungen	2.000.000
Sonstiges AV	500.000	Verbindlichkeiten	3.500.000
UV	4.000.000		

a) Ermitteln Sie den Jahresüberschuss sowie das Ergebnis vor Steuern. (7 Punkte)

b) Vervollständigen Sie die obige Bilanz und ermitteln Sie die Eigenkapitalrentabilität und die Gesamtkapitalrentabilität. (4 Punkte)

c) Wie hoch sind EBIT und Cashflow? (2 Punkte)

d) Wie hoch sind die Eigenkapital-Quote und der Anlagendeckungsgrad A? (2 Punkte)

Lösung s. Seite 165

Aufgabe 69: Kennzahlen (V)

Nennen Sie zwei Kennzahlen, die Sie mit der Kennzahl „Wertschöpfung" bilden können und erläutern Sie die Aussagekraft dieser Kennzahlen. (6 Punkte)

Lösung s. Seite 166

Aufgabe 70: Kennzahlen (VI)

In einem Unternehmen liegen die folgenden Daten vor:

	in T€
Eigenkapital	80.000
Fremdkapital	160.000
Fremdkapitalzinssatz	6 %
Umsatz	200.000
Gewinn vor Ertragsteuern	25.000
Gewinn nach Steuern	20.000
Abschreibungen	4.000
Veränderung Pensionsrückstellung	2.000
Veränderung Working Capital	-4.000
Investitionen der Periode	3.000
Kapitalkostensatz für Eigenkapital nach Steuern	12 %

Ermitteln Sie die folgenden Kennzahlen:

a) Umsatzrendite

b) Eigenkapitalrentabilität

c) Gesamtkapitalrentabilität

d) Cashflow

e) Free Cashflow

f) EBIT

g) EBITDA

h) WACC

i) Wie beurteilen Sie die Rentabilität des Kapitals im Vergleich zum WACC?

(9 Punkte, 1 Punkt je Aufgabenteil)

Lösung s. Seite 167

Aufgabe 71: Ergebnisse GuV – Beispiel: Rollkufen AG

Das Unternehmen Rollkufen AG produziert Inlineskater und Schlittschuhe. In 2014 wurden 300.000 Inliner zum Preis von 70 € verkauft, von denen 50.000 Stück bereits in der Vorperiode hergestellt waren.

700.000 Schlittschuhe wurden für den Winter vorproduziert, davon wurden erst 500.000 Stück zum Preis von 50 € verkauft.

Folgende Aufwendungen sind in der Periode angefallen:

Personalkosten:	18.000.000 €
Materialkosten:	24.000.000 €
Mietaufwendungen:	940.000 €

Zinsaufwendungen:	1.100.000 €
Zinserträge aus Anleihen:	220.000 €
Abschreibungen auf Sachanlagen:	3.000.000 €
Versicherungsbeiträge:	520.000 €
Fremdleistungskosten:	6.500.000 €

Ansonsten sind die unten aufgeführten Geschäftsvorfälle angefallen, die in den obigen Daten noch nicht berücksichtigt sind.

Fälle:

1. Laut Plankalkulation betragen die Herstellungskosten/Stück der Schlittschuhe 29 €, anteilige Verwaltungskosten 5 €/Stück, davon 3 € auf die Produktion bezogen, Vertriebskosten 6 €/Stück.

   Die Nachkalkulation ergab Herstellungskosten pro Stück von 30 €.

   Die Planherstellungskosten für die Inlineskater betragen 55 €/Stück, die Istherstellungskosten für Material und Fertigung 58 €, die anteiligen Verwaltungskosten der Produktion 3 €, wobei 1 € auf Forschungsarbeiten für neue Rollen verwendet wurden, und die gesamten Verwaltungskosten 6 €/Stück. Die Vertriebskosten betragen 5 €/Stück.

   Nach HGB wird die Wertuntergrenze benutzt.

2. Bei der Inventur wurde festgestellt, dass 5.000 Schlittschuhe fehlen.

3. Anfang Januar kommen noch Rechnungen im Wert von 60.000 € rein; darüber hinaus fehlen noch Rechnungen über 30.000 € für das abgelaufene Geschäftsjahr, die wegen des Buchungsschlusses nicht mehr berücksichtigt werden können.

4. In obigen Daten ist der Kauf einer Maschine zum 01.07. im Wert von 1,8 Mio. € noch nicht enthalten. Die Maschine hat laut Hersteller eine gewöhnliche Nutzungsdauer von 8 Jahren, neueste Schätzungen gehen jedoch von 10 Jahren aus.

   Nach HGB soll die Anlage degressiv 30 % abgeschrieben werden; bei IFRS schreibt das Unternehmen linear ab. Außerdem wird von einem Restverkaufserlös von 0,2 Mio. € ausgegangen.

5. Für das nächste Jahr wird Ende Dezember eine neue Marke im Wert von 1,5 Mio. € zugekauft, die dann als Zweitmarke genutzt werden soll.

6. In den Ausbau der eigenen Marke hat man dieses Jahr 50.000 € an Vertriebskosten investiert, die in oben genannten Personalkosten enthalten sind.

7. Der Buchhaltungsleiter stellt noch 3 % der Forderungen in Höhe von 5 Mio. € als Pauschalwertberichtigung zurück.

8. Der Ertragssteuersatz liegt bei 30 %.

Stellen Sie den EBIT nach dem Gesamtkostenverfahren, das Ergebnis vor Steuern und den Jahresüberschuss nach HGB dar.

Wie sieht das Ergebnis nach IFRS aus? (30 Punkte)

Lösung s. Seite 168

Aufgabe 72: Ergebnisse GuV – Beispiel: Prahlerei AG

Die Prahlerei AG, ein Hersteller von Nobeluhren, weist für das Geschäftsjahr 2014 folgende Daten aus:

Umsatzerlöse:	12.000 Stück à 800 €
Personalkosten:	3.800.000 €
Materialkosten:	3.750.000 €
Mietaufwendungen:	140.000 €
Kalkulatorische Zinsen:	55.000 €
Zinsen für ein Darlehen:	40.000 €
Abschreibungen auf Sachanlagen:	270.000 €
Steuern und Versicherungen:	60.000 €
Fremdleistungskosten:	1.430.000 €

Ansonsten sind folgende Geschäftsvorfälle angefallen, die in den obigen Daten noch nicht berücksichtigt sind:

1. Der Ertragssteuersatz liegt bei 30 %.

2. Beim Brand einer Maschine am 15.06. des Jahres hat die Versicherung nur 80 % der Schadensumme von 100.000 € übernommen.

3. In der ersten Dezemberwoche findet normalerweise die jährliche Wartung der Maschinen statt. Aufgrund der guten Auftragslage hat sich die Geschäftsleitung entschlossen, die Wartung erst in der 2. Februarwoche durchführen zu lassen. Es liegt hierfür ein Kostenvoranschlag der Wartungsfirma über 25.000 € vor.

4. Es wurden in der Periode 15.000 Uhren hergestellt. Laut Kalkulation betragen die Herstellungskosten/Stück 600 €. Anteilige Verwaltungskosten werden mit 50 €/ Stück beziffert.

5. Am 03.01.2012 kommt noch eine Rechnung der Werbeagentur für die Werbekampagne in 2011 über 150.000 € herein.

6. In obigen Aufwendungen sind noch Kosten für ein selbsterstelltes Patent in Höhe von 50.000 € enthalten, das am 01.07. erteilt wurde und seitdem genutzt wird (die Nutzungsdauer wird auf 5 Jahre geschätzt).

Stellen Sie den EBIT nach dem Gesamtkostenverfahren, das Ergebnis vor Steuern und den Jahresüberschuss dar. Weisen Sie dabei einen möglichst hohen Gewinn aus. Basis soll der Einzelabschluss nach HGB sein. (25 Punkte)

Lösung s. Seite 171

Aufgabe 73: Ergebnisse GuV – Beispiel: Moss AG

Die Moss AG, ein Hersteller von Anzügen der gehobenen Kategorie, weist für das Geschäftsjahr 2014 folgende Daten aus:

Umsatzerlöse:	40.000 Stück à 600 €
Personalkosten:	9.200.000 €

Materialkosten:	8.000.000 €
Mietaufwendungen:	440.000 €
Zinsaufwand für ein Bankdarlehen:	100.000 €
Zinserträge aus Anleihen:	140.000 €
Abschreibungen auf Sachanlagen:	1.100.000 €
Versicherungsbeiträge:	260.000 €
Fremdleistungskosten:	3.500.000 €

Ansonsten sind folgende Geschäftsvorfälle angefallen, die in den obigen Daten noch nicht berücksichtigt sind:

1. Der Ertragssteuersatz liegt bei 40 %.

2. Ein nahegelegener Fluss ist bei der Schneeschmelze Anfang März über die Ufer getreten und hat ein Lagergebäude überschwemmt. Der Schaden am Gebäude beträgt 180.000 €. Ferner sind Anzüge im Wert von 400.000 € (800 Stück) nass geworden, die wohl nicht mehr verkauft werden können. Die Versicherung zahlte nur 60 % des Gebäudeschadens, dafür aber 600 € pro Anzug als Entschädigung.

3. Vertriebsleiter Findig hatte die Idee, die nassen Anzüge als 2. Wahl zum Sonderpreis von 300 € zu verkaufen. Dazu mussten aber noch Bügel- und Aufbereitungsarbeiten im Wert von 50 € pro Anzug durch eine fremde Mangelfirma durchgeführt werden. Die Anzüge werden innerhalb von 2 Stunden verkauft.

4. In der letzten Dezemberwoche findet normalerweise die jährliche Wartung der Maschinen statt. Aufgrund der guten Auftragslage hat sich die Geschäftsleitung entschlossen, die Wartung erst im April durchführen zu lassen. Es liegt hierfür ein Kostenvoranschlag der Wartungsfirma über 75.000 € vor.

5. Es wurden in der Periode 38.000 Anzüge hergestellt. Laut Kalkulation betragen die Herstellungskosten/Stück 500 €. Anteilige, auf die Produktion entfallende Verwaltungskosten werden mit 50 €/Stück beziffert. In den vergangenen Jahren wurden immer die Steuern bei der Bewertung der Vermögensgegenstände optimiert.

6. Der Buchhaltungsleiter erkennt am 10.01., dass für das vorangegangene Geschäftsjahr noch Rechnungen im Wert von ca. 250.000 € fehlen. Er muss aufgrund des Termindrucks beim Jahresabschluss jedoch nun die Kreditorenbuchhaltung schließen.

7. In obigen Daten ist der Kauf einer Maschine zum 01.07. im Wert von 1,5 Mio. € noch nicht enthalten. Die Maschine hat laut Hersteller eine gewöhnliche Nutzungsdauer von 10 Jahren; man glaubt jedoch bei der Moss AG, dass die Anlage 15 Jahre genutzt werden kann. Es soll linear abgeschrieben werden. Die Anlage wird tatsächlich am 01.10. in Betrieb genommen.

8. Bei der Inventur wurde festgestellt, dass Tuchstoffe im Wert von 40.000 € fehlen.

Stellen Sie den EBIT nach dem Gesamtkostenverfahren, das Ergebnis vor Steuern und den Jahresüberschuss nach HGB dar.

Wie sieht das Ergebnis nach IFRS aus? (30 Punkte)

Lösung s. Seite 173

Aufgabe 74: Vor- und Nachteile von Kennzahlen

Stellen Sie kurz die Vor- und Nachteile von Kennzahlen dar. (8 Punkte)

Lösung s. Seite 175

2.6.2 Kennzahlensysteme

Aufgabe 75: ROI-Baum (I)

Wie verändert sich jeweils der ROI?

a) Der Umsatz und die Kosten (Herstellkosten) steigen jeweils um 20 %; die Forderungen steigen um 10 %.

b) Das Eigenkapital wird durch Einlage in Kasse um 150.000 € erhöht.

c) Das Unternehmen kauft eine neue Maschine für 100.000 € und nimmt hierfür eine Verbindlichkeit auf. Die Abschreibung der Periode beträgt 10.000 €.

d) Eine Maschine wird für 60.000 € bar verkauft; der Buchwert beträgt 50.000 €. Es werden Verbindlichkeiten zurückbezahlt.

(10 Punkte, jeweils 2,5 Punkte pro Aufgabenteil)

Werte in T€

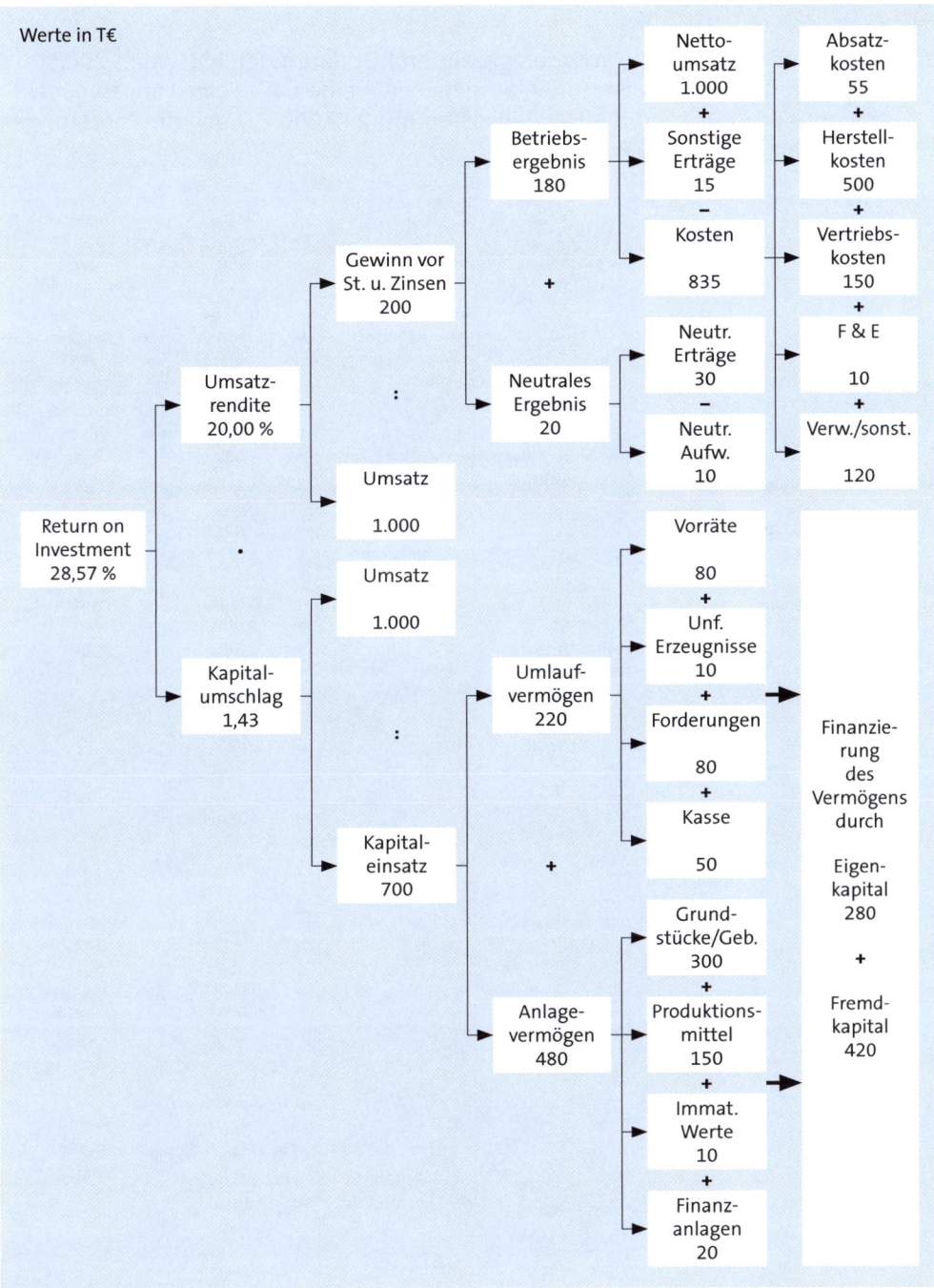

Bilanzsumme: 700 T€
EK-Quote: 40 %

Lösung s. Seite 176

Aufgabe 76: ROI-Baum (II)

a) Wie verändert sich für den unten gezeigten ROI-Baum der ROI, wenn 200.000 € zusätzlich für Werbemaßnahmen ausgegeben werden. Als Folge steigen der Umsatz um 400.000 € und die Herstellkosten um 240.000 €. Auch die Forderungen steigen um 80.000 €. (6 Punkte)

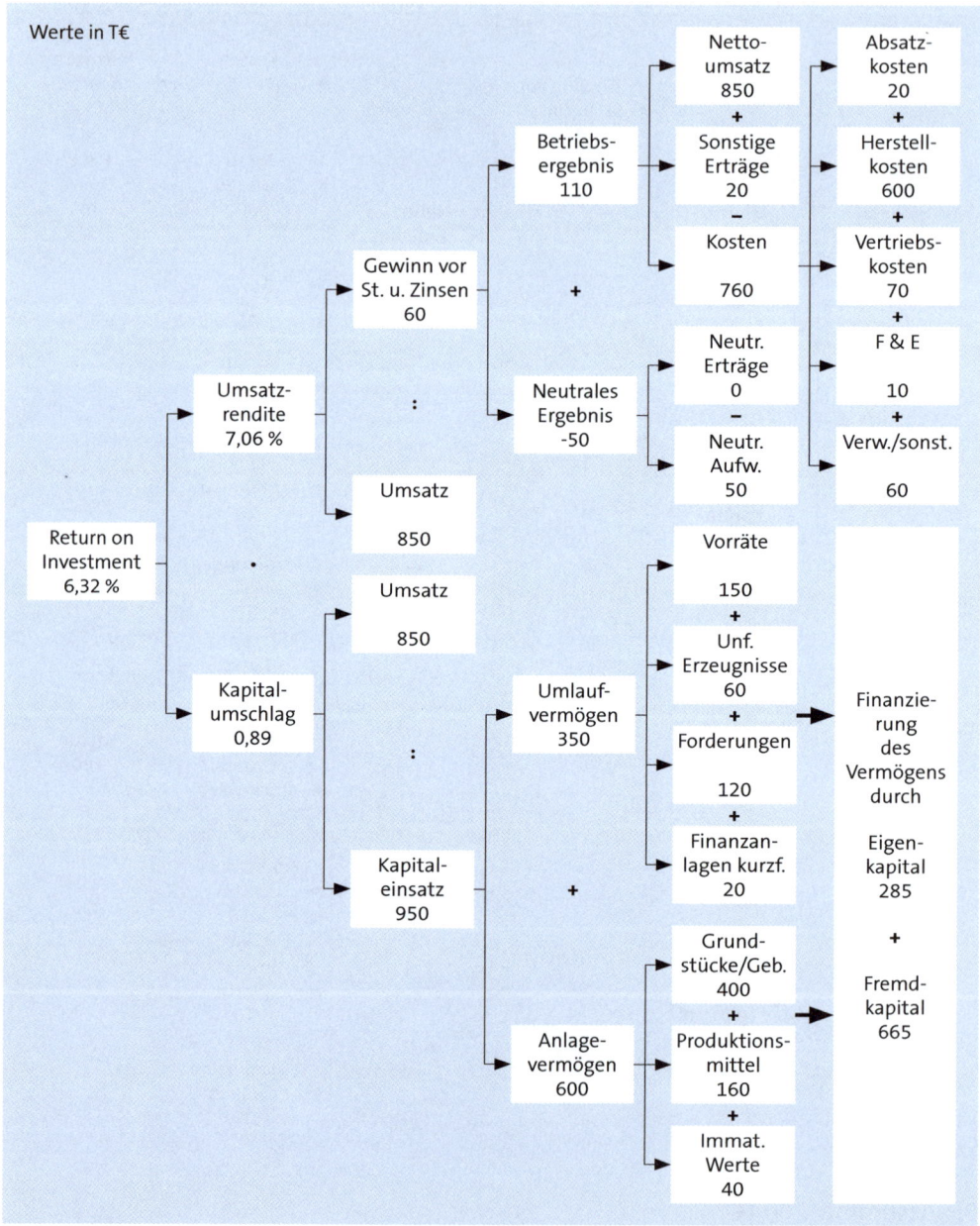

b) Es soll ein ROI von 10 % durch den Verkauf von Grundstücken erreicht werden. Gelingt dies?

Bilanzsumme: 950 T€
EK-Quote: 30 %

Lösung s. Seite 181

Aufgabe 77: ROI-Baum (III)

Wie verändert sich jeweils der auf der Folgeseite abgebildete ROI-Baum?

a) Der Umsatz und die Kosten (HK) steigen um jeweils 30 %; die Forderungen steigen um 15 %.

b) Kauf von Rohstoffen für 100.000 € durch Bezahlung in bar

c) Kauf von Rohstoffen für 100.000 € durch Aufnahme einer Verbindlichkeit

d) Kauf und Verbrauch von Rohstoffen für 100.000 € durch Aufnahme einer Verbindlichkeit (unfertige Erzeugnisse wurden noch nicht zurückgemeldet)

e) Kauf einer Maschine im Juli für 200.000 €, finanziert durch ein Darlehen; Afa über fünf Jahre; Darlehen über zwei Jahre mit 10 % Zinsen

(jeweils 2 Punkte pro Aufgabenteil)

Werte in T€

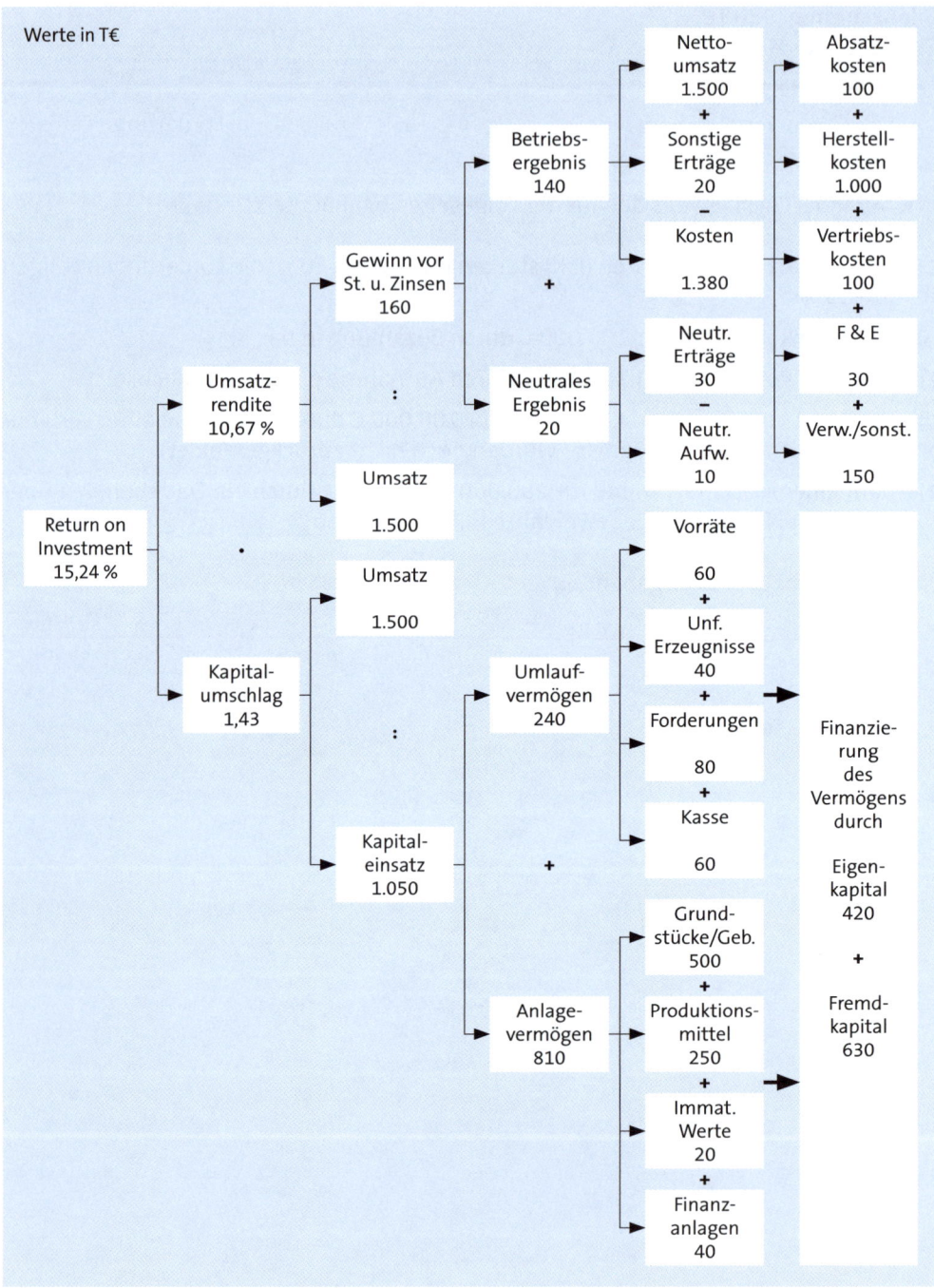

Bilanzsumme: 1.050 T€
EK-Quote: 40 %

Lösung s. Seite 183

Aufgabe 78: ROI-Baum (IV)

Wie verändert sich jeweils der auf der Folgeseite abgebildete ROI-Baum?

a) Der Umsatz und die Kosten (HK) steigen jeweils um 20 %; die Forderungen steigen um 30 %.

b) Reduktion der Verbindlichkeiten um 100.000 € durch Bezahlung aus der Kasse

c) Kauf und Lagerung von Rohstoffen für 50.000 € durch Barzahlung

d) Kauf und Verbrauch von Rohstoffen für 200. 000 € durch Aufnahme einer Verbindlichkeit

e) Kauf einer Maschine im Juli für 200.000 €, finanziert durch ein Darlehen; Afa über fünf Jahre; Darlehen über zwei Jahre mit 10 % Zinsen

(jeweils 2 Punkte pro Aufgabenteil)

Werte in T€

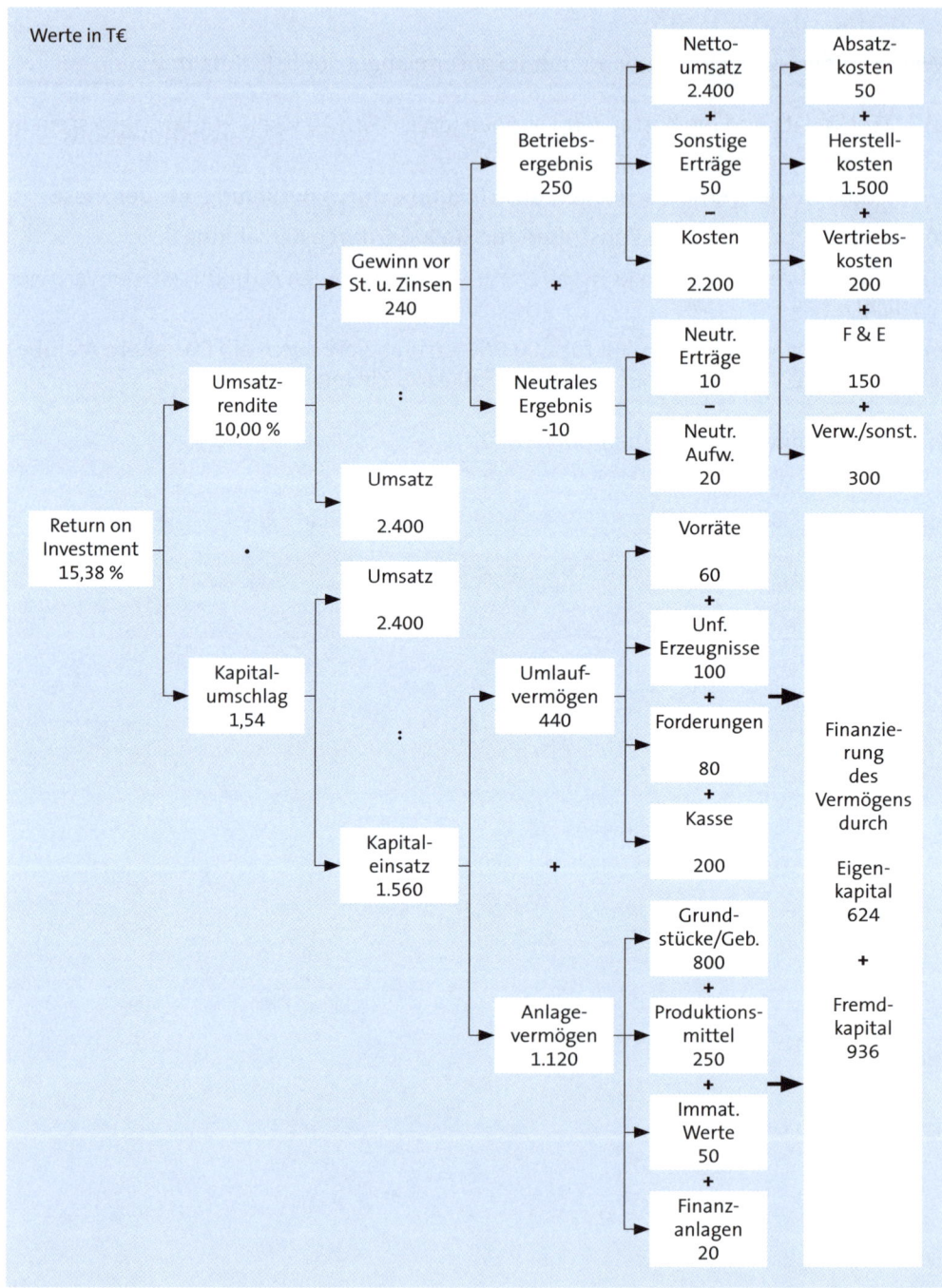

Bilanzsumme: 1.560 T€
EK-Quote: 40 %

Lösung s. Seite 188

Aufgabe 79: ROI-Baum (IV)

Welcher ROI und welche Umsatzrentabilität ergeben sich, wenn Umsatzerlösen von 850.000 € folgende Beträge gegenüber stehen:

- Umsatzerlöse: 850.000 €, Herstellungskosten: 500.000 €, Verwaltungsaufwand: 150.000 €, Vertriebsaufwand 50.000 €

- Anlagevermögen: 600.000 €, Umlaufvermögen: 200.000 €

  (davon RHB: 50.000 €, Erzeugnisse: 30.000 €, Kasse 20.000 €, Forderungen 100.000 €, Grundstücke 300.000 €, Anlagen: 250.000 €, Fuhrpark: 30.000 €, Finanzanlagen 20.000 €).

Gegeben sei die Baumstruktur auf der Folgeseite:

(8 Punkte)

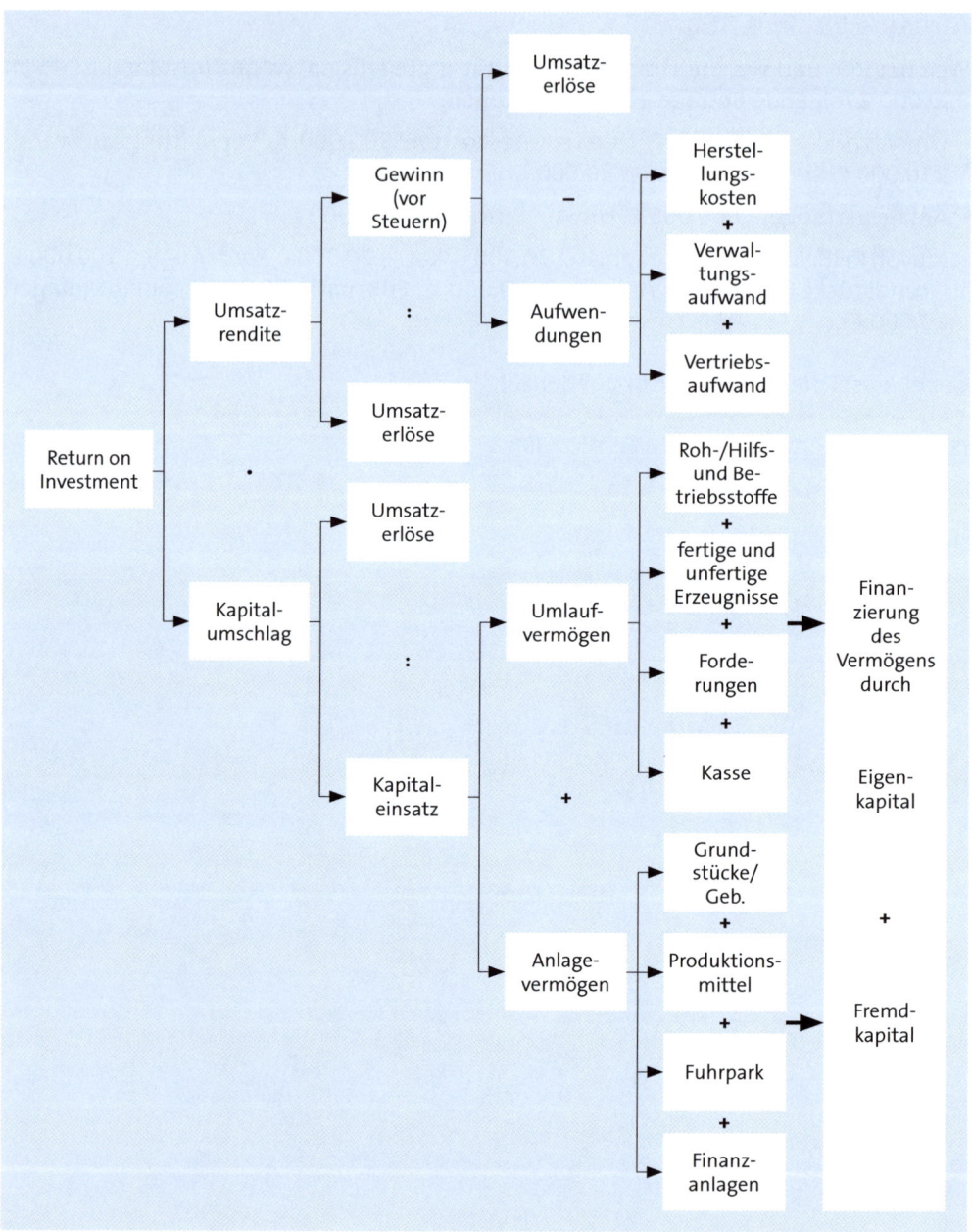

Lösung s. Seite 193

Aufgabe 80: EVA (I)

Erläutern Sie kurz die Aussagekraft der Kennzahl EVA (Economic Value Added).

In welchem Zusammenhang stehen die Kennzahlen EVA und WACC (Weighted Average Cost of Capital)? (4 Punkte)

Lösung s. Seite 194

Aufgabe 81: EVA (II)

Ihnen sind die folgenden Kennzahlen bekannt:

- Eigenkapital: 40 Mio. €
- Fremdkapital: 35 Mio. €
- betriebsnotwendiges Anlagevermögen: 20 Mio. €
- betriebsnotwendiges Umlaufvermögen: 55 Mio. €
- Gewinn vor Steuern: 15 Mio. €
- kalkulatorischer Zinssatz für Eigenkapital: 12 %
- Zinssatz für Fremdkapital: 8 %
- Steuersatz: 20 %

Berechnen Sie den Economic Value Added (EVA). (8 Punkte)

Lösung s. Seite 194

Aufgabe 82: EVA (III)

Ihnen sind die folgenden Kennzahlen bekannt:

- Eigenkapital: 30 Mio. €
- Fremdkapital: 39 Mio. €
- betriebsnotwendiges Anlagevermögen: 40 Mio. €
- betriebsnotwendiges Umlaufvermögen: 29 Mio. €
- Umsatzerlöse: 72 Mio. €
- Materialaufwand: 30 Mio. €
- Personalaufwand: 15 Mio. €
- Abschreibungen: 8 Mio. €
- Zinsaufwand: 3 Mio. €
- Steuersatz: 30 %
- kalkulatorischer Zinssatz für Eigenkapital: 12 %

Berechnen Sie den Economic Value Added (EVA). (8 Punkte)

Lösung s. Seite 195

Aufgabe 83: EVA (IV)

Ihnen sind die folgenden Kennzahlen bekannt:

- ► Eigenkapital: 50 Mio. €
- ► betriebsnotwendiges Anlagevermögen: 60 Mio. €
- ► betriebsnotwendiges Umlaufvermögen: 44 Mio. €
- ► Umsatzerlöse: 110 Mio. €
- ► Materialaufwand: 50 Mio. €
- ► Personalaufwand: 25 Mio. €
- ► Abschreibungen: 9 Mio. €
- ► Zinsaufwand: 5 Mio. €
- ► Steuersatz: 30 %
- ► kalkulatorischer Zinssatz für Eigenkapital: 11 %

Berechnen Sie den Economic Value Added (EVA). (8 Punkte)

Lösung s. Seite 196

2.7 Planung/Budgeting

2.7.1 Operative Planung

Aufgabe 84: Operative Planung und Budgetierung

Stellen Sie den Unterschied und die Gemeinsamkeiten zwischen Budgetierung und operativer Planung dar. (10 Punkte)

Lösung s. Seite 197

Aufgabe 85: Ablauf der operativen Planung

Beschreiben Sie die operative Planung/Budgetplanung und den betreffenden Prozess. (10 Punkte)

Lösung s. Seite 197

Aufgabe 86: Der Controller im operativen Planungsprozess

Beschreiben Sie die Rolle des Controllers im operativen Planungsprozess. (10 Punkte)

Lösung s. Seite 198

2.7.2 Budgetierung

Aufgabe 87: Budgetierung – Beispiel: Putzlappen

Die betrachtete Unternehmung fertigt Putzlappen aus den Materialien Baumwolle (M1) und Polyesterfaser (M2). Insgesamt werden zwei Varianten von Tüchern (Variante

A und Variante B) gefertigt. Im Rahmen der Budgeterstellung stehen Ihnen folgende Informationen zur Verfügung:

Produkt	Absatz-menge (ME)	Absatz-preis (€/ME)	Anfangs-bestand (ME)	Sollend-bestand (ME)	Materialbedarf (kg/ME)	
					M1	M2
Tuch A	500.000	1	50.000	10.000	0,2	0,1
Tuch B	300.000	1,5	100.000	200.000	0,4	0,2

Die Anfangs- und Sollendbestände der beiden relevanten Materialarten und die Materialpreise lauten:

Material	Anfangsbestand (kg)	Sollendbestand (kg)	Preis (€/kg)
M1	0	5.000	0,5
M2	10.000	5.000	1

a) Ermitteln Sie aufgrund dieser Daten den Produktionsaktionsplan für die Tücher A und B. (4 Punkte)

b) Ermitteln Sie aufgrund dieser Daten das Beschaffungsbudget für die Materialien M1 und M2 wert- und mengenmäßig. (4 Punkte)

Lösung s. Seite 199

Aufgabe 88: Budgetierung – Beispiel: Bohrer

Die Bohrloch AG, Hersteller von Schlagbohrmaschinen, möchte für 2014 den operativen Plan erstellen. Das Unternehmen fertigt einen Bohrer in der Premiumklasse (P), ein Modell in der Mittelklasse (M) und ein Billigmodell (B), welches von einem Zulieferer für 70 €/Stück inkl. Transportkosten geliefert wird. Für 2013 werden folgende Daten erwartet, die als Basis für die Budgeterstellung zur Verfügung stehen:

Produkt	Absatzmenge (ME)	Absatzpreis (€/ME)	Erwarteter Endbestand 2013 (ME) = Anfangsbestand 2013
Bohrer P	2.000	180	500
Bohrer M	5.000	140	200
Bohrer B	8.000	80	600

Für 2014 soll der Preis von P auf 200 € erhöht werden. Dafür rechnet man mit einem Absatzrückgang von 10 %. Bei M erwartet man bei einem Preisrückgang auf 120 € einen Mengenanstieg von 30 % und bei B bei gleichem Preis sogar einen Mengenanstieg von 15 %. Zur Working Capital-Optimierung sollen die Endbestände halbiert werden bis zum Jahresende 2014.

a) Bestimmen Sie den Umsatz-, Absatz- und Produktionsplan sowie den Beschaffungsplan für Produkt B. (6 Punkte)

b) Für die Bohrer P und M liegen die variablen Herstellungskosten/Stück bei 120 € bzw. 80 € (auch für 2014). Ferner sind in 2013 fixe Herstellungskosten in Höhe von insgesamt 200.000 € angefallen, die gleichmäßig auf die gefertigten Produkte verteilt werden. Diese werden in 2014 voraussichtlich um 5 % ansteigen. (Fixe) Verwaltungs- und Vertriebskosten werden in 2013 wohl 200.000 € betragen und wahrscheinlich in 2014 um 10 % steigen.

Wie hoch ist das Betriebsergebnis in 2013 und 2014 nach dem Umsatzkostenverfahren? (9 Punkte)

Lösung s. Seite 199

Aufgabe 89: Budgetierung – Beispiel: Apfelschorle

Die betrachtete Unternehmung fertigt Apfelsaftschorle aus Mineralwasser und Apfelsaft. Insgesamt werden zwei Varianten von Saftmischungen (Variante A und Variante B) gefertigt. Im Rahmen der Budgeterstellung stehen Ihnen folgende Informationen zur Verfügung:

Produkt	Absatz- menge (Flaschen)	Absatz- preis (€/Flasche)	Anfangs- bestand (Flaschen)	Sollend- bestand (Flaschen)	Materialbedarf (l/Flasche)	
					Mineral- wasser	Apfelsaft
A	65.000	1	10.000	5.000	0,25	0,75
B	46.000	1,5	1.000	5.000	0,1	0,9

Die Anfangs- und Sollendbestände der beiden relevanten Materialarten und die Materialpreise lauten:

Material	Anfangsbestand (l)	Sollendbestand (l)	Preis (€/l)
Mineralwasser	2.000	1.000	0,1
Apfelsaft	1.000	1.000	0,5

a) Ermitteln Sie aufgrund dieser Daten den Umsatz- und den Produktionsaktionsplan für die Varianten A und B. (4 Punkte)

b) Ermitteln Sie aufgrund dieser Daten das Beschaffungsbudget für die Materialen wert- und mengenmäßig. (4 Punkte)

c) Wie ändern sich die Beschaffungskosten, wenn die Absatzmengen bei beiden Produkten 50.000 Flaschen betragen? (4 Punkte)

Lösung s. Seite 201

Aufgabe 90: Budgetierung – Beispiel: Fahrräder

Die Firma Radl GmbH stellt zwei verschiedene Modelle von Fahrrädern her. Das Modell „Stadtbike" wird für 400 € verkauft, das Modell „Gelände" für 450 €. Das Marketingteam geht davon aus, dass die Absatzmenge in 2013 für „Stadtbike" 3.000 Stück beträgt und für „Gelände" 2.000 Stück. Zu Beginn des Jahres sind 200 Modelle „Stadtbike" auf Lager und 100 Modelle „Gelände". Um Kundenbestellungen schneller ausführen zu können, soll der Lagerbestand für beide Modelle zum Ende der Planungsperiode jeweils 250 Stück betragen. Des Weiteren sind folgende Angaben bekannt:

	Materialkosten (€/Stück)	Fertigungskosten (€/Stück)
Stadtbike	100	130
Gelände	120	150

Die Versandkosten betragen 5 % vom Umsatz; die Verwaltungs- und Vertriebskosten belaufen sich auf 200.000 €, darin enthalten sind Abschreibungen in Höhe von 50.000 €.

a) Ermitteln Sie für die Planungsperiode 2013 den Produktionsaktionsplan, das Umsatzbudget und das Herstellkostenbudget. (6 Punkte)

b) Wie hoch sind Gewinn und Cashflow bei einem erwarteten Steuersatz von 30 %? (5 Punkte)

c) Berechnen Sie den Gewinn/Stück und die Umsatzrendite/Stück. (4 Punkte)

Lösung s. Seite 202

Aufgabe 91: Budgetplanung (I)

Ein Unternehmen plant das Budget für das Folgejahr. Die Kostenvorgabe für die Abteilungen Marketing und Werbung koppeln Sie grundsätzlich an die Gesamtumsätze, die Sie für das Jahr planen. Sie übernehmen daher das Verhältnis zwischen Planerlösen und Marketing bzw. Werbung der Vorperiode, in der Sie Erlöse in Höhe von 28.000.000 € eingeplant hatten.

Dieses Geschäftsjahr rechnet Ihr Unternehmen mit Gesamterlösen von 32.000.000 €.

In der Verwaltung können Sie durch die Einführung von SAP eine Kosteneinsparung von 8 % realisieren. Das Budget für die Abteilung der Produktentwicklung legen Sie pragmatisch in Abhängigkeit der Umsätze fest: Da das angewendete Verfahren Ihres Betriebes bereits sehr profitabel ist, beträgt das Budget der Produktentwicklung 0,7 % der geplanten Umsätze.

Zusätzlich liegen Ihnen folgende Informationen vor:

Budgetbereich	Kostenbudget Vorjahr in Euro
Marketing	800.000
Werbung	600.000
Verwaltung	500.000
Produktentwicklung	196.000

Bestimmen Sie das Budget für die Abteilungen sowie das Gesamtbudget. (6 Punkte)

Lösung s. Seite 203

Aufgabe 92: Budgetplanung (II)

Bestimmen Sie die Budgets für Ihr Unternehmen für die Abteilungen Marketing, Werbung, Verwaltung und Produktentwicklung nach dem Ansatz der Fortschreibungsbudgetierung. Die Kostenvorgabe für Marketing und Werbung koppeln Sie grundsätzlich an die Gesamtumsätze, die Sie für das Jahr planen. Sie übernehmen daher das Verhältnis zwischen Planerlösen und Marketing bzw. Werbung der Vorperiode, in der Sie Erlöse in Höhe von 27.000.000 € eingeplant hatten.

Dieses Geschäftsjahr rechnet Ihr Unternehmen mit Gesamterlösen in Höhe von 34.000.000 €. In der Verwaltung können Sie durch die Einführung von SAP eine Kosteneinsparung von 8 % realisieren. Das Budget für die Abteilung der Produktentwicklung legen Sie pragmatisch in Abhängigkeit der Umsätze fest: Da das angewendete Verfahren Ihres Betriebes bereits sehr profitabel ist, beträgt das Budget der Produktentwicklung 0,9 % der geplanten Umsätze.

Zusätzlich liegen Ihnen folgende Informationen vor:

Budgetbereich	Kostenbudget Vorjahr in Euro
Marketing	1.000.000
Werbung	500.000
Verwaltung	900.000
Produktentwicklung	245.000

Berechnen Sie die neuen Budgets und das neue Gesamtbudget für das Folgejahr. (6 Punkte)

Lösung s. Seite 203

2.7.3 Schwachstellen der Planung/Budgetierung

Aufgabe 93: Schwachstellen der traditionellen Planung/Budgetierung und Verbesserungsmaßnahmen

Erläutern Sie die Schwachstellen sowie die daraus resultierenden Verbesserungsmaß-nahmen der traditionellen Budgetierung. (15 Punkte)

Lösung s. Seite 204

2.7.4 Neuere Ansätze der Budgetierung

Aufgabe 94: Neue Ansätze der Budgetierung

Welche neueren Ansätze der Budgetierung gibt es? Erläutern Sie diese kurz. (10 Punkte)

Lösung s. Seite 204

2.8 Reporting/Berichtswesen inkl. Frühwarnsysteme

Aufgabe 95: Kriterien für ein gutes Reporting

Nennen Sie acht Kriterien für ein gutes Reporting. (8 Punkte)

Lösung s. Seite 205

Aufgabe 96: ERP-System (Enterprise Ressource Planning)

Was sind ERP-Systeme? Stellen Sie Aufbau sowie Vor- und Nachteile dar. (10 Punkte)

Lösung s. Seite 206

Aufgabe 97: Kenngrößen und Kategorien im monatlichen Reporting

Sie werden beauftragt, ein Formblatt für das monatliche Berichtswesen in Ihrem Konzern zu entwickeln.

Welche Kenngrößen nehmen Sie auf, welche Kategorien (Vergleichskategorien/Spalten) würden Sie für diese Kenngrößen vorschlagen? (10 Punkte)

Lösung s. Seite 207

Aufgabe 98: Reporting: Anforderungen und Besonderheiten

Sie werden beauftragt, das Reporting in Ihrem internationalen Konzern zu überprüfen und gegebenenfalls zu überarbeiten. Auf was achten Sie? Was sind die relevanten Kriterien? (10 Punkte)

Lösung s. Seite 207

Aufgabe 99: Frühwarnsysteme

a) Warum installieren Unternehmen Frühwarnsysteme? (2 Punkte)

b) Beschreiben und bewerten Sie drei Arten von Frühwarnsystemen. (6 Punkte)

c) Beschreiben Sie drei Aspekte der Ausgestaltung von Frühwarnsystemen. (3 Punkte)

d) Nennen Sie zwei Kriterien für die Auswahl von Indikatoren bei einem indikatoren-basierten Frühwarnsystem. (2 Punkte)

Lösung s. Seite 207

2.9 Währung/Inflation

2.9.1 Inflation

Aufgabe 100: Inflation

Beschreiben Sie den Begriff „Inflation". Benennen Sie zwei Problembereiche hinsichtlich international tätiger Unternehmen bezüglich des Themas Inflation. (4 Punkte)

Lösung s. Seite 209

Aufgabe 101: Arten der Inflation

Unterscheiden Sie Inflationsarten anhand der Aspekte „Zeit" und „Ausmaß". (5 Punkte)

Lösung s. Seite 209

Aufgabe 102: Scheingewinne

a) Beschreiben Sie den Sachverhalt von Scheingewinnen und erläutern Sie, inwieweit dieser Sachverhalt problematisch werden könnte. (5 Punkte)

b) Nennen Sie zwei Lösungsansätze zum Umgang mit Scheingewinnen. (2 Punkte)

c) Inwieweit ist bei folgendem Sachverhalt ein Scheingewinn entstanden? (3 Punkte)

Der Warenbestand zu Beginn des Jahres (1.000 Stück à 6 €) wird veräußert zu 7,50 €/Stück. Die Wiederbeschaffung der 1.000 Stück erfordert 8 €/Stück (= 8.000 €).

Lösung s. Seite 209

2.9.2 Währungskursdifferenzen

Aufgabe 103: Währungskursverluste (I)

Wodurch entstehen Währungskursverluste? Wann entstehen diese? (10 Punkte)

Lösung s. Seite 210

Aufgabe 104: Währungskursverluste (II)

Zeigen Sie anhand eines Beispiels den Ablauf eines Auftrages für die Lieferung eines Produktes, welches in Fremdwährung fakturiert wird auf. Welche Daten erscheinen in der Buchhaltung? Ab wann entstehen tatsächliche Kursverluste, die Sie auf einem Konto Kursverluste finden? (15 Punkte)

Lösung s. Seite 211

Aufgabe 105: Währungskursverluste aus der Umrechnung von Fremdwährungen (I)

Gegeben sei der Umsatz der amerikanischen Tochtergesellschaft vom Oktober 2012 sowie das Betriebsergebnis inklusive der Vorjahresdaten. Alle Daten sollen in das Monatsergebnis des Konzerns zu 100 % einfließen. Der Monatsbericht des Konzerns wird in Euro erstellt.

Berechnen Sie den Kurseffekt, wenn der aktuelle Kurs bei 1 US-\$ = 0,75 € und der Vorjahreskurs bei 1 US-\$ = 0,85 € lag. (8 Punkte)

	lfd. Jahr TUS-\$	Vorjahr TUS-\$
Umsatz	800	700
Betriebsergebnis	50	50

Lösung s. Seite 212

Aufgabe 106: Währungskursverluste aus der Umrechnung von Fremdwährungen (II)

Gegeben sei der Umsatz der amerikanischen Tochtergesellschaft vom Dezember 2012 sowie das Betriebsergebnis inklusive der Vorjahresdaten. Alle Daten sollen in das Monatsergebnis des Konzerns zu 100 % einfließen. Der Monatsbericht des Konzerns wird in Euro erstellt.

Berechnen Sie den Kurseffekt, wenn der aktuelle Kurs bei 1 US-\$ = 0,75 € und der Vorjahreskurs bei 1 US-\$ = 0,80 € lag. (8 Punkte)

Nehmen Sie Stellung zu der Aussage des Vorstands, dass bei gleichem Ergebnis der Umsatz um 240.000 € oder 33,3 % gesteigert wurde. (2 Punkte)

	lfd. Jahr TUS-\$	Vorjahr TUS-\$
Umsatz	1.200	900
Betriebsergebnis	80	80

Lösung s. Seite 212

Aufgabe 107: Währungskursverluste aus der Umrechnung von Fremdwährungen (III)

Gegeben sei der Umsatz der amerikanischen Tochtergesellschaft vom Dezember 2012 sowie das Betriebsergebnis inklusive der Plandaten. Alle Daten sollen in das Monatsergebnis des Konzerns zu 100 % einfließen. Der Monatsbericht des Konzerns wird in Euro erstellt.

Berechnen Sie den Kurseffekt, wenn der aktuelle Kurs bei 1 US-$ = 0,9 € und der Plankurs bei 1 US-$ =1 € lag. Vergleichen Sie die Jahreswerte mit dem Plan. (8 Punkte)

	lfd. Jahr TUS-$	Plan TUS-$
Umsatz	1.350	1.000
Betriebsergebnis	160	150

Lösung s. Seite 212

3. Strategisches Controlling

3.1 Strategische Planung

Aufgabe 108: Werte und Wertewandel

Was sind Werte? Und was ist ein Wertewandel? (10 Punkte)

Lösung s. Seite 213

Aufgabe 109: Beispiele für Werte

Nennen Sie fünf eher traditionelle Werte und fünf eher „neue" Werte. (10 Punkte)

Lösung s. Seite 213

Aufgabe 110: Werte im Unternehmen

Wo finden sich Werte im Unternehmen schriftlich fixiert? (4 Punkte)

Lösung s. Seite 214

Aufgabe 111: Zusammenhang Vision, Leitbild, Unternehmenskultur und strategische Planung

Zeigen Sie den Zusammenhang zwischen Visionen, Missionen, Geschäftsgrundsätzen und Leitsätzen auf. (10 Punkte)

Lösung s. Seite 214

Aufgabe 112: Unternehmenskultur, Unternehmensidentität und Wertemanagement

Beschreiben Sie den Zusammenhang zwischen Unternehmensidentität, Unternehmenskultur und Wertemanagement. Welche Rolle spielen Visionen und Missionen? (10 Punkte)

Lösung s. Seite 215

Aufgabe 113: Strategische Planung

Erläutern Sie Ziele, Aufgaben und Ablauf der strategischen Planung. (15 Punkte)

Lösung s. Seite 217

3.1.1 SWOT-Analyse

Aufgabe 114: SWOT-Analyse (I)

Beschreiben Sie kurz die SWOT-Analyse innerhalb der strategischen Planung. (12 Punkte)

Lösung s. Seite 218

Aufgabe 115: SWOT-Analyse (II)

Wofür steht SWOT? (2 Punkte)

Lösung s. Seite 219

Aufgabe 116: Potenzialanalyse

Beschreiben Sie Vorgehen und Ziele der Potenzialanalyse. (10 Punkte)

Lösung s. Seite 219

3.1.2 Portfolio-Analyse

Aufgabe 117: BCG-Matrix (I)

Sie sind in der strategischen Abteilung des international tätigen Textilherstellers Good Look AG tätig, der in seinem Produkt-Portfolio aktuell die folgenden Produkte anbietet: Jeans, Freizeitbekleidung, Business-Bekleidung und Bademoden.

In den jeweiligen Märkten sind das Unternehmen Good Look AG und vier Wettbewerber verantwortlich für 100 % der Umsätze. Die Angaben über die für das Jahr 2015 erwarteten Marktanteile der jeweiligen Unternehmen sowie die Angaben der jeweiligen Gesamtmärkte für die Jahre 2014 und 2015 und die Umsätze der Good Look AG können Sie den folgenden Tabellen entnehmen.

Marktanteile 2015 (Prognose)					
	Good Look AG	**Geier Moden AG**	**D&B AG**	**KUK AG**	**K&N AG**
Jeans	?	28 %	19 %	13 %	20 %
Freizeitbekleidung	?	11 %	12 %	18 %	20 %
Bademoden	?	19 %	42 %	9 %	12 %
Business-Bekleidung	?	7 %	24 %	4 %	25 %

Gesamtmarktentwicklung in Mio. € (Prognose)		
	2014	2015
Jeans	202	235
Freizeitbekleidung	85	95
Bademoden	104	92
Business-Bekleidung	151	172

Umsatz Good Look AG in Mio. € (Prognose)	
	2015
Jeans	47
Freizeitbekleidung	37,05
Bademoden	16,56
Business-Bekleidung	68,8

Ihr Vorstand möchte in einem bald stattfindenden Meeting die Gestaltung des Produkt-Portfolios für die nächsten Jahre diskutieren.

a) Erstellen Sie auf Basis der angegebenen Zahlen für die Situation im Jahr 2015 ein Produkt-Portfolio in Form eines Marktanteils-/Marktwachstumsportfolios (BCG-Matrix: grafische Darstellung)! (12 Punkte)

b) Leiten Sie aufgrund der daraus gewonnenen Erkenntnisse und Ihrer Kenntnisse über das Produktlebenszykluskonzept jeweils eine Handlungsempfehlung für die einzelnen Bereiche (Jeans, Freizeitbekleidung, Business-Bekleidung und Bademoden) ab. (4 Punkte)

Lösung s. Seite 219

Aufgabe 118: BCG-Matrix (II)

Sie sind im strategischen Management des international tätigen Reiseanbieters FORYOU AG tätig, welcher aus vier dezentral organisierten Geschäftsbereichen besteht: Erlebnisreisen, Wellnessreisen, Billigreisen und Luxusreisen. In den jeweiligen Märkten sind das Unternehmen FORYOU AG und vier Wettbewerber verantwortlich für 100 % der Umsätze.

Die Angaben über die für das Jahr 2015 erwarteten Marktanteile der Konkurrenz-Unternehmen sowie die Angaben über die jeweiligen Gesamtmärkte für die Jahre 2014 und 2015 und die Umsätze 2015 der FORYOU AG können Sie den folgenden Tabellen entnehmen. Ihr Vorstand möchte in einem bald stattfindenden Meeting die Gestaltung des Produkt-Portfolios für die nächsten Jahre diskutieren.

Prognostizierte Marktanteile 2015					
	FORYOU AG	**TRAVEL AG**	**D&B AG**	**KUK AG**	**K&N AG**
Erlebnisreisen	?	26 %	12 %	33 %	15 %
Wellnessreisen	?	15 %	24 %	9 %	32 %
Billigreisen	?	18 %	40 %	14 %	16 %
Luxusreisen	?	5 %	27 %	7 %	21 %

Gesamtmarktentwicklung in Mio. €		
	2014	2015 (voraussichtlich)
Erlebnisreisen	422	485
Wellnessreisen	185	172
Billigreisen	205	230
Luxusreisen	304	344

Umsatz FORYOU AG in Mio. €	
	2015 (voraussichtlich)
Erlebnisreisen	67,9
Wellnessreisen	34,4
Billigreisen	27,6
Luxusreisen	137,6

a) Erstellen Sie auf Basis der angegebenen Zahlen für die Situation im Jahr 2015 ein Produkt-Portfolio in Form eines Marktanteils-/Marktwachstumsportfolios (BCG-Matrix: grafische Darstellung!). Geben Sie Ihre Rechenschritte für die Ermittlung der jeweiligen Koordinaten der einzelnen Geschäftsbereiche in Ihrer Grafik an. (12 Punkte)

b) Leiten Sie aufgrund der daraus gewonnenen Erkenntnisse und Ihrer Kenntnisse über das Produktlebenszykluskonzept jeweils eine Handlungsempfehlung für die einzelnen Bereiche (Erlebnisreisen, Wellnessreisen, Billigreisen und Luxusreisen) ab! (4 Punkte)

Lösung s. Seite 221

3.1.3 GAP-Analyse

Aufgabe 119: Ziele der GAP-Analyse

Was bewegt Unternehmen, GAP-Analysen durchzuführen? Nennen Sie drei Beweggründe! (3 Punkte)

Lösung s. Seite 223

Aufgabe 120: GAP-Analyse

Unterscheiden Sie die differenzierte GAP-Analyse von der einfachen GAP-Analyse!

Was ist die Aufgabe des Controllers bei der Durchführung einer GAP-Analyse? (6 Punkte)

Lösung s. Seite 224

3.2 Investitionsrechnungen

Aufgabe 121: Investitionsarten

Welche Arten von Investitionen kennen Sie? (8 Punkte)

Lösung s. Seite 224

Aufgabe 122: Definition und Zweck von Investitionen

Was sind Investitionen? Was ist der Sinn von Investitionen? (6 Punkte)

Lösung s. Seite 224

Aufgabe 123: Bilanzielle Behandlung von Investitionen

Wo sind Investitionen buchhalterisch zu finden? Welche Bilanzpositionen sind betroffen? (6 Punkte)

Lösung s. Seite 225

Aufgabe 124: Abschreibungsursachen

Welche Abschreibungsursachen kennen Sie? (6 Punkte)

Lösung s. Seite 225

Aufgabe 125: Sinn und Zweck von Abschreibungen

Erläutern Sie den Sinn und Zweck von Abschreibungen. (5 Punkte)

Lösung s. Seite 225

Aufgabe 126: Abschreibungsarten

Erläutern Sie die Abschreibungsarten. (5 Punkte)

Lösung s. Seite 225

Aufgabe 127: Bilanzielle und kostenrechnerische Abschreibungen

Beschreiben Sie die Unterschiede und Gemeinsamkeiten bei der Berechnung kostenrechnerischer und bilanzieller Abschreibungen. (10 Punkte)

Lösung s. Seite 226

Aufgabe 128: Ablaufschritte einer Investition im Unternehmen

Beschreiben Sie die Ablaufschritte einer (großen Sach-)Investition in einem Unternehmen. (10 Punkte)

Lösung s. Seite 226

Aufgabe 129: Verfahren zur Investitionsrechnung

Nennen Sie die Verfahren zur Investitionsrechnung und beschreiben Sie deren Unterschiede. (12 Punkte)

Lösung s. Seite 227

3.2.1 Statische Verfahren

Aufgabe 130: Statische Investitionsrechnung (I)

Beurteilen Sie die beiden alternativen Investitionsprojekte anhand der Kostenvergleichsrechnung, der Rentabilitätsrechnung und der statischen Amortisationsrechnung.

	Alternative A	Alternative B
Anschaffungskosten (€)	500.000	800.000
Nutzungsdauer (Jahre)	8	10
Kapazität (Stück/Jahr)	50.000	75.000
Restwert (€)		50.000
Abschreibungen (€/Jahr)		
Zinsen (€/Jahr)		
Gehälter (€/Jahr)	40.000	70.000
Sonstige Fixkosten (€/Jahr)	100.000	180.000
Summe Fixkosten		
Variable Löhne (€/Stück)	8	5
Sonstige variable Kosten (€/Stück)	4	2

a) Errechnen Sie die durchschnittlichen linearen Abschreibungen und die durchschnittlichen Zinsen bei einem Zinssatz von 8 %. (4 Punkte)

b) Ermitteln Sie die vorteilhaftere Alternative nach der Kostenvergleichsmethode bei einer Produktion von 25.000 Stück und einer Produktion von 50.000 Stück. (6 Punkte)

c) Bei welcher Kapazität sind die Stückkosten der Alternativen gleich hoch? (4 Punkte)

d) Welche Alternative wählen Sie nach der Rentabilitätsrechnung, wenn Sie die Produktion und den Verkauf von 25.000 Stück und einen Verkaufspreis von 34 €/Stück sowie einen Steuersatz von 20 % zugrunde legen? (3 Punkte)

e) Welche Alternative wählen Sie nach der statischen Amortisationsrechnung, wenn Sie den Gewinn von Aufgabe d) sowie die Methode der linearen Abschreibung und den Steuersatz von 20 % zugrunde legen? (3 Punkte)

Lösung s. Seite 227

Aufgabe 131: Statische Investitionsrechnung (II)

Für zwei Investitionsprojekte wurden folgende Daten ermittelt:

	Alternative A	Alternative B
Anschaffungskosten (€)	1.600.000	2.000.000
Restwerterlös (€)	200.000	240.000
Nutzungsdauer (Jahre)	4	4
Fixkosten (€/Jahr) (ohne Kapitalkosten und Betriebsmittelkosten)	600.000	550.000
Variable Kosten (€/Stück)	40	35
Nettoerlöse (€/Stück)	150	160
Kalkulatorischer Zinssatz (%)	6 %	6 %
Absatzmenge (Stück/Jahr)	10.000	10.000

a) Berechnen Sie die Gesamtkosten der Investition. (7 Punkte)

b) Berechnen Sie den Gewinn/den Verlust der Investition. (2 Punkte)

c) Wie hoch ist die Rentabilität? (4 Punkte)

d) Wie viele Jahre beträgt die (statische) Amortisationsdauer? (3 Punkte)

Lösung s. Seite 229

Aufgabe 132: Statische Investitionsrechnung (III)

Beurteilen Sie die beiden alternativen Investitionsprojekte anhand der Kostenvergleichsrechnung, der Rentabilitätsrechnung und der statischen Amortisationsrechnung.

	Alternative A	Alternative B
Anschaffungskosten (€)	320.000	740.000
Nutzungsdauer (Jahre)	4	7
Kapazität (Stück/Jahr)	40.000	60.000
Restwert (€)	20.000	40.000
Abschreibungen (€/Jahr)		
Zinsen (€/Jahr)		
Gehälter (€/Jahr)	50.000	100.000
Sonstige Fixkosten (€/Jahr)	80.000	150.000
Summe Fixkosten		
Variable Löhne (€/Stück)	7	4
Sonstige variable Kosten (€/Stück)	4	2

a) Errechnen Sie die durchschnittlichen linearen Abschreibungen und die durchschnittlichen Zinsen bei einem Zinssatz von 6 %. (4 Punkte)

b) Ermitteln Sie die vorteilhaftere Alternative nach der Kostenvergleichsmethode bei einer Produktion von 30.000 Stück und 40.000 Stück. (6 Punkte)

c) Bei welcher Kapazität sind die Stückkosten der Alternativen gleich hoch? (4 Punkte)

d) Welche Alternative wählen Sie nach der Rentabilitätsrechnung, wenn Sie die Produktion und den Verkauf von 40.000 Stück und einen Verkaufspreis von 25 €/Stück sowie einen Steuersatz von 30 % zugrunde legen? (3 Punkte)

   Wie sieht es bei 60.000 Stück aus? (3 Punkte)

e) Welche Alternative wählen Sie nach der statischen Amortisationsrechnung, wenn Sie den Gewinn von Aufgabe d) sowie die Methode der linearen Abschreibung und den Steuersatz von 30 % zugrunde legen? (3 Punkte)

Lösung s. Seite 230

3.2.2 Dynamische Verfahren

Aufgabe 133: Kapitalwertmethode

Berechnen Sie den Kapitalwert und den Ertragswert folgender Zahlungsreihe (alle Werte in Euro) und interpretieren Sie das Ergebnis. (6 Punkte)

t0	t1	t2	t3
-4.000	-200	-1.190	-338
	2.400	2.400	3.000

Der Kalkulationszinsfuß sei i = 10 %.

Lösung s. Seite 232

Aufgabe 134: Discounted-Cashflow als besonderer Kapitalwert

Über die zukünftigen Zahlungsströme eines Unternehmens liegen Ihnen die folgenden Informationen vor:

Cashflow im Jahr 2016:   1.450.000 €
Cashflow im Jahr 2017:   1.480.000 €
Cashflow im Jahr 2018:   1.550.000 €
Cashflow im Jahr 2019:   1.560.000 €

Der potenzielle Verkaufserlös des Unternehmens zum 31.12.2019 würde 40,55 Mio. € betragen. Berechnen Sie den heutigen (2015) Unternehmenswert mithilfe der Discounted-Cashflow-Methode, wenn Sie eine Kapitalverzinsung von 7 % annehmen. (6 Punkte)

Lösung s. Seite 233

Aufgabe 135: Interner Zinsfuß (I)

Als Reiseunternehmer planen Sie die Anschaffung eines neuen Busses. Ihnen stehen als Investitionsobjekte zwei Alternativen zur Auswahl: Das Komfortmodell KR2020 und das Luxusmodell LR2020.

In der folgenden Tabelle sehen Sie die relevanten Zahlen zu den beiden Investitionsobjekten. Entscheiden Sie mittels der Internen-Zinsfuß-Methode, für welches der beiden Bus-Modelle Sie sich entscheiden sollten. Beide Reisebusse haben eine Nutzungsdauer von fünf Jahren und sind danach wertlos. Der Kalkulationszinssatz in Ihrem Unternehmen beträgt 10 %. Zur Berechnung des Internen Zinsfußes können Sie als untere Zinsgrenze 8 % und als obere Zinsgrenze 12 % verwenden. (12 Punkte)

	KR2020	**LR2020**
Anschaffungswert	150.000 €	170.000 €
Überschuss Jahr 1	35.000 €	40.000 €
Überschuss Jahr 2	40.000 €	45.000 €
Überschuss Jahr 3	45.000 €	50.000 €
Überschuss Jahr 4	45.000 €	50.000 €
Überschuss Jahr 5	45.000 €	50.000 €

Lösung s. Seite 233

Aufgabe 136: Interner Zinsfuß (II)

Sie planen, in erneuerbare Energien zu investieren und möchten einen Solarpark errichten. Aufgrund der Garantiezahlungen aus dem „Erneuerbare Energien-Gesetz" wissen Sie schon jetzt, in welcher Höhe Zahlungsüberschüsse in den nächsten fünf Jahren anfallen. Nach fünf Jahren ist die Anlage abgenutzt und wertlos. Da Sie die Investition als Geldanlage verstehen und Ihnen alternative Anlageformen mit Verzinsungen von 6 % zur Verfügung stehen, würden Sie nur in den Solarpark investieren, wenn der Interne Zinsfuß nicht schlechter ist als 6 %.

Wie groß dürfen die Bereitstellungskosten (Anschaffung + Installation) des Solarparks höchstens sein, wenn Sie die Überschüsse aus der folgenden Tabelle für Ihre Entscheidung berücksichtigen? (8 Punkte)

Überschuss Jahr 1	125.000 €
Überschuss Jahr 2	125.000 €
Überschuss Jahr 3	120.000 €
Überschuss Jahr 4	120.000 €
Überschuss Jahr 5	115.000 €

Lösung s. Seite 234

Aufgabe 137: Dynamische Amortisationsrechnung (I)

Sie planen, in erneuerbare Energien zu investieren und möchten einen Solarpark errichten. Aufgrund der Garantiezahlungen aus dem „Erneuerbare Energien-Gesetzt" wissen Sie schon jetzt, in welcher Höhe Zahlungsüberschüsse in den nächsten fünf Jahren anfallen. Nach fünf Jahren ist die Anlage abgenutzt und wertlos.

Überschuss Jahr 1	125.000 €
Überschuss Jahr 2	125.000 €
Überschuss Jahr 3	120.000 €
Überschuss Jahr 4	120.000 €
Überschuss Jahr 5	115.000 €

Nach harten Verhandlungen haben Sie sich mit dem Hersteller von Solaranlagen auf Bereitstellungskosten für Ihren Solarpark von 408.000 € geeinigt. Sie erwarten Kapitalkosten von 6 %.

Ermitteln Sie nun, nach wie vielen Jahren sich die Investition amortisiert hat. Wenden Sie bitte die dynamische Amortisationsrechnung an. (7 Punkte)

Lösung s. Seite 235

Aufgabe 138: Dynamische Amortisationsrechnung (II)

Sie möchten in eine Maschine investieren. Als Kapitalkosten setzt Ihr Unternehmen stets 11 % an.

Mit dieser Maschine können Sie einen neu ausgehandelten, exklusiven Lieferantenvertrag bedienen. Sie wissen, dass Sie aufgrund dieses Lieferantenvertrags mit sechs Jahren Laufzeit mit festen Abnahmekapazitäten und vertraglich fixierten Preisen die folgenden Einzahlungsüberschüsse erwarten können.

Überschuss Jahr 1	230.000 €
Überschuss Jahr 2	240.000 €
Überschuss Jahr 3	250.000 €
Überschuss Jahr 4	250.000 €
Überschuss Jahr 5	250.000 €
Überschuss Jahr 6	230.000 €

Die Geschäftsleitung fordert für neue Investitionen, dass diese stets nach $2/3$ der Nutzungsdauer amortisiert sind. Wie viel darf die Maschine kosten, dass Ihre Investitionsentscheidung positiv ausfällt? (7 Punkte)

Lösung s. Seite 236

3.3 Balanced Scorecard

Aufgabe 139: Beschreibung der Balanced Scorecard

Skizzieren Sie kurz das Konzept der Balanced Scorecard (BSC). Gehen Sie dabei insbesondere auf die Ziele der BSC, ihre grundsätzliche Struktur und Maßnahmenorientierung ein. (6 Punkte)

Lösung s. Seite 237

3.4 Erfahrungskurvenkonzept

Aufgabe 140: Fragestellungen im Rahmen der Erfahrungskurvenanalyse

Formulieren Sie zwei strategische Fragestellungen und eine operative Fragestellung, die vom Controlling im Rahmen einer Erfahrungskurvenanalyse beantwortet werden müssen! (3 Punkte)

Lösung s. Seite 237

Aufgabe 141: Erfahrungskurve

In der folgenden Tabelle sehen Sie die Produktionsmengen der einzelnen Jahre mit den entsprechenden Iststückkosten. Als Controller/in werden Sie von der Unternehmensleitung beauftragt, zu prüfen, ob das Kostensenkungspotenzial bei einer bisher bekannten Kosteneinsparrate von 17 % genutzt werden konnte. Überprüfen Sie dies anhand der folgenden Daten und erläutern Sie das Ergebnis. (6 Punkte)

	Startjahr 2010	2011	2012	2013	2014
Produktionsmenge	1.000	1.900	2.000	3.400	7.800
Iststückkosten	120,00 €	94,40 €	76,20 €	64,80 €	55,60 €

Lösung s. Seite 238

Aufgabe 142: Fixkostendegression und Lernkurve

Stellen Sie den Unterschied zwischen Fixkostendegression und Lernkurve dar. (6 Punkte)

Lösung s. Seite 238

3.5 ABC-Analyse

Aufgabe 143: ABC-Analyse

Sie wurden von der Geschäftsleitung angewiesen, zur Entscheidungsfindung über die zukünftigen Geschäftsfelder des Unternehmens eine ABC-Analyse der aktuell angebotenen Produkte durchzuführen. (10 Punkte)

In der folgenden Tabelle sehen sie die relevanten Informationen.

Artikel	Verkaufte Menge (Stück)	Verkaufspreis (€/Stück)
Unterwäsche Damen	2.140	10
Unterwäsche Herren	1.200	8
Jeans Damen	530	65
Jeans Herren	780	60
Oberbekleidung Damen	380	35
T-Shirts Herren	2.350	14
Sneaker Herren	230	85
Sneaker Damen	180	95
Kleider	189	125
Sweatshirts Herren	340	65

Lösung s. Seite 239

Aufgabe 144: ABC/XYZ-Analyse

In einem Unternehmen ist die folgende Materialliste gegeben:

Artikel-ID	Durchschn. Verbrauchsmenge pro Periode	Standard-abweichung (Stück)	Einkaufspreis (€/Stück)	Durchschn. Beschaffungswert je Periode (€)
1	200	78	10,00	2.000,00
2	900	188	20,00	18.000,00
3	100	25,5	210,00	21.000,00
4	500	8	20,00	10.000,00
5	1.000	500	4,00	4.000,00
6	2.000	98	100,00	200.000,00
7	600	48	10,00	6.000,00
8	800	3,5	38,00	30.400,00
9	400	65	50,00	20.000,00
10	5.000	465	25,00	125.000,00

a) Führen Sie zu oben stehender Materialliste eine ABC-Analyse durch (nur rechnerisch). (10 Punkte)

b) Führen Sie zu oben stehender Materialliste eine XYZ-Analyse durch (nur rechnerisch). (10 Punkte)

c) Ordnen Sie gemäß der nachstehenden Tabelle die Artikel-IDs den Kategorien zu. (5 Punkte)

Hinweis: Grenzen für die Kategorien

Wertgrenzen	Standardabweichungsgrenzen
A: Wertgrenzen zwischen (0 %; 80 %)	X: Koeffizient zwischen (0 %; 10 %)
B: Wertgrenzen zwischen (80 %; 95 %)	Y: Koeffizient zwischen (10 %; 25 %)
C: Wertgrenzen zwischen (95 %; 100 %)	Z: Koeffizient zwischen (25 %; ∞)

Lösung s. Seite 240

3.6 Benchmarking

Aufgabe 145: Arten des Benchmarking

Welche Arten des Benchmarking gibt es? (4 Punkte)

Lösung s. Seite 243

Aufgabe 146: Phasen des Benchmarking

Stellen Sie kurz die Phasen des Benchmarking dar. (8 Punkte)

Lösung s. Seite 243

3.7 Gemeinkostenwertanalyse

Aufgabe 147: Gemeinkostenwertanalyse (GWA)

Erläutern Sie Zweck, Ablauf sowie Vor- und Nachteile der Gemeinkostenwertanalyse. (15 Punkte)

Lösung s. Seite 244

3.8 Verrechnungspreise (inkl. Shared Services)

Aufgabe 148: Under- und Overpricing

Nennen Sie im Zusammenhang mit Verrechnungspreisen jeweils drei Gründe für Underpricing und Overpricing. (6 Punkte)

Lösung s. Seite 245

Aufgabe 149: Steuerliche Ermittlungsmethoden

Nennen Sie vier steuerliche Ermittlungsmethoden von Verrechnungspreisen. (4 Punkte)

Lösung s. Seite 246

Aufgabe 150: Verrechnungspreise – Beispiel: Kufen AG

Die Kufen AG möchte ihr Geschäft für Schlittschuhe auf dem tschechischen Markt ausweiten und plant, dort eine Vertriebsgesellschaft zu gründen. Sie verkauft ihre Schlittschuhe in Deutschland, Österreich und der Schweiz jeweils für (umgerechnete) 100 €/Paar. Die eigenen Fixkosten betragen rund 2.000.000 €; die variablen Kosten belaufen sich auf 60 € pro Stück.

Der Absatz der Kufen AG betrug im letzten Jahr in den oben genannten Ländern 100.000 Stück. Für den tschechischen Markt wird ein mögliches Absatzvolumen von 10.000 Stück geschätzt, in den ersten Jahren jedoch lediglich bei einem Verkaufspreis vom 80 €/Paar. Die fixen Kosten der Vertriebsgesellschaft werden auf rund 100.000 € geschätzt.

a) Lohnt sich die Eröffnung der neuen Vertriebsgesellschaft? (4 Punkte)
b) Wo liegt das sinnvolle Verrechnungspreisintervall? (4 Punkte)
c) Die Kapazitätsgrenze der Produktion liegt bei 106.000 Stück. Lohnt es sich noch, eine Vertriebsgesellschaft zu eröffnen? (4 Punkte)
d) Wo liegt die Grenze des Absatzes, ab welcher sich dies nicht mehr lohnt? (3 Punkte)

Lösung s. Seite 246

Aufgabe 151: Verrechnungspreise – Beispiel: Bleche

Eine Bleche produzierende Konzerngesellschaft von WMB hat ihren Sitz in Spanien; dort liegt der (Ertrags-) Steuersatz bei 20 %. Die WMB AG als Muttergesellschaft sowie gleichzeitig als die Endprodukte montierende Gesellschaft für Kfz hat ihren Sitz in Deutschland; dort liegt die steuerliche Gesamtbelastung bei 30 %.

Bei WMB fallen noch variable Kosten von 7.950 €/Stück an; die Fixkosten liegen bei 800 Mio. €. Der Verkaufspreis der Endprodukte beträgt 20.000 €/Stück. Es werden pro Jahr 200.000 Stück produziert und verkauft.

Die variablen Kosten für die Bleche liegen bei 3.500 €/Stück, die Fixkosten bei 100 Mio. € in Spanien. Die Transportkosten pro Stück liegen bei 50 €. Die Liefer- und Zahlungsbedingungen seien ex works. Es sollen keine weiteren Kosten in das Ergebnis einfließen.

a) Welchen Verrechnungspreis wählt das Unternehmen? (4 Punkte)
b) Wie hoch ist die konsolidierte Steuerbelastung in beiden Ländern? (6 Punkte)
c) Wie hoch ist die gesamte Steuer, wenn ein Verrechnungspreis von 5.000 € gewählt werden muss, da die deutsche Steuerbehörde diesen Preis als niedrigsten akzeptiert? Wie hoch ist die zusätzliche Steuerbelastung? (7 Punkte)

d) Lohnt sich eine Verkaufspreissenkung um 1.000 €/Stück bei einem Absatzanstieg um 10 % aus Sicht des Konzerns, der Montagegesellschaft und der Bleche produzierenden Gesellschaft bei Ansatz des Verrechnungspreises von 5.000 €? (8 Punkte)

Lösung s. Seite 247

Aufgabe 152: Verrechnungspreise – Beispiel: Vorprodukte Österreich

Eine Vorprodukte produzierende Konzerngesellschaft A hat ihren Sitz in Österreich. Sie weist eine Kostenfunktion von $K = 150.000 + 10x$ auf und liefert an die Muttergesellschaft B in Deutschland. Diese hat neben den Kosten aus der innerbetrieblichen Lieferung noch eigene fixe Kosten von 200.000 € sowie variable Kosten von 6 €/Stück. Der Verkaufspreis der Endprodukte beträgt 50 €/Stück. Es werden pro Jahr 200.000 Stück produziert und verkauft. Es sollen keine weiteren Kosten in das Ergebnis einfließen.

a) Welches Verrechnungspreisintervall kommt infrage? (3 Punkte)

b) Folgendes wird erwartet: Wenn das Unternehmen den Verkaufspreis auf 55 € erhöht, sinkt der Absatz auf 180.000 Stück; erhöht das Unternehmen den Verkaufspreis auf 60 €, sinkt der Absatz auf 150.000. Welchen Verkaufspreis wählt das Unternehmen (zwischen den Alternativen 50 €, 55 € und 60 €)? Welchen Verkaufspreis würde A wählen bei einem festgelegten Verrechnungspreis von 25 €/Stück? (8 Punkte)

c) Bei A liegt der (Ertrags-)Steuersatz bei 20 %. Der Konzern und die Endprodukte montierende Gesellschaft B mit Sitz in Deutschland haben den Steuersatz von 40 %. Wie hoch ist die konsolidierte Steuerbelastung in beiden Ländern bei einem Verrechnungspreis von 25 € und dem Verkaufspreis von 50 €? Wie hoch ist die Steuerersparnis durch die steueroptimale Nutzung des Bewertungsspielraumes? (7 Punkte)

Lösung s. Seite 248

Aufgabe 153: Verrechnungspreise – Beispiel: Motoren

Eine Motoren produzierende Konzerngesellschaft M hat ihren Sitz in Spanien; dort liegt der (Ertrags-)Steuersatz bei 30 %. Der Flot-Konzern als Muttergesellschaft und gleichzeitig die Endprodukte (Autos) montierende Gesellschaft hat seinen Sitz in Italien; dort liegt die steuerliche Gesamtbelastung bei 25 %.

Bei Flot fallen noch Kosten von 5.000 €/Stück an. Der Verkaufspreis der Endprodukte beträgt 10.000 €/Stück. Es werden pro Jahr 200.000 Stück produziert und verkauft. Die Selbstkosten für den Motor betragen bei M 2.000 €/Stück. Es sollen keine weiteren Kosten in das Ergebnis einfließen.

a) Welchen Verrechnungspreis wählt das Unternehmen? (3 Punkte)

b) Wie hoch ist die konsolidierte Steuerbelastung in beiden Ländern? (6 Punkte)

c) Wie hoch ist die gesamte Steuer, wenn ein Verrechnungspreis von 2.500 € gewählt werden muss, da die spanische Steuerbehörde diesen Preis als niedrigsten akzeptiert? Wie hoch ist die zusätzliche Steuerbelastung? (7 Punkte)

Lösung s. Seite 249

Aufgabe 154: Shared Service Center und Verrechnung

Was versteht man unter einem Shared Service Center? Nennen Sie Vor- und Nachteile. Wie kann man die Leistungen des Service Centers verrechnen? (15 Punkte)

Lösung s. Seite 249

3.9 Risk Management

Aufgabe 155: Risikomanagementprozess

Nennen und erläutern Sie die vier Phasen des Risikomanagementprozesses. (6 Punkte)

Lösung s. Seite 251

Aufgabe 156: Risikoarten

Nennen Sie mögliche Risikoarten und konkrete Beispiele für Risiken. (10 Punkte)

Lösung s. Seite 251

Aufgabe 157: Risikostrategien

Welche Risikosteuerungsstrategien kennen Sie? (10 Punkte)

Lösung s. Seite 251

Aufgabe 158: Konkrete Maßnahmen für Strategien

Geben Sie jeweils konkrete Maßnahmen für die Strategien aus Aufgabe 157 an. (10 Punkte)

Lösung s. Seite 252

Aufgabe 159: Sarbanes Oxley Act

Erläutern Sie den Sarbanes Oxley Act. (5 Punkte)

Lösung s. Seite 253

Aufgabe 160: Compliance und Sanktionen

Nennen Sie drei Beispiele für Compliance relevante Tatbestände und mögliche Sanktionen. (6 Punkte)

Lösung s. Seite 254

3.10 Gründung versus Akquisition

3.10.1 Internationalisierung

Aufgabe 161: Internationalisierungsstrategien

Zeigen Sie vier Strategien hinsichtlich Globalisierung und Lokalisierung auf. (10 Punkte)

Lösung s. Seite 256

Aufgabe 162: Besonderheiten internationaler Unternehmungen

a) Wo liegen Ihrer Ansicht nach Besonderheiten in internationalen Unternehmungen? (7 Punkte)

b) Welche Auswirkungen haben diese Besonderheiten? (3 Punkte)

Lösung s. Seite 256

Aufgabe 163: Rahmenbedingungen für internationale Unternehmungen

Stellen Sie kurz politische, ökonomische und soziokulturelle Rahmenbedingungen für internationale Unternehmen dar. (10 Punkte)

Lösung s. Seite 257

Aufgabe 164: Möglichkeiten der Internationalisierung

Stellen Sie die Möglichkeiten der Internationalisierung dar. (10 Punkte)

Lösung s. Seite 258

Aufgabe 165: Aufgaben bei Neugründung

Welche Aufgaben sind bei der Neugründung von Unternehmen zu erledigen? Nennen Sie zehn Beispiele. (10 Punkte)

Lösung s. Seite 258

Aufgabe 166: Neugründung versus Akquisition

Stellen Sie stichwortartig die Vor- und Nachteile einer Neugründung versus einer Akquisition dar. (15 Punkte)

Lösung s. Seite 259

3.10.2 Ablauf Akquisition

Aufgabe 167: Prozessablauf einer Akquisition

Stellen Sie kurz und stichpunktartig den Prozessablauf einer Akquisition dar (freundliche Übernahme). (10 Punkte)

Lösung s. Seite 260

Aufgabe 168: Share Deal versus Asset Deal

Erläutern Sie kurz die Begriffe Share Deal und Asset Deal. (6 Punkte)

Lösung s. Seite 260

Aufgabe 169: Probleme der Integrationsphase

Stellen Sie die Schwierigkeiten/Probleme nach der Akquisition in der Integrationsphase kurz dar. (10 Punkte)

Lösung s. Seite 260

3.10.3 Derivativer Firmenwert

Aufgabe 170: Entstehung und bilanzielle Behandlung des Firmenwerts

a) Welche Arten von Firmenwert gibt es? Wie entsteht ein Firmenwert? (10 Punkte)

b) Was sind die Gründe für das Entstehen eines Firmenwertes? (15 Punkte)

c) Wie ist die bilanzielle Behandlung eines Firmenwertes? (8 Punkte)

Lösung s. Seite 261

Aufgabe 171: Derivativer Firmenwert – Beispiel: Softeis AG

Die Softeis AG kauft am 07.07.2014 die Schrotteis OHG zum Preis von 1.500.000 € (ohne Vorsteuer). Der Zeitwert (= Verkehrswert) der Vermögensgegenstände der OHG beträgt 1.800.000 €, der Zeitwert der Schulden 900.000 €. Das Unternehmen wird in die Softeis AG integriert und als unselbstständiger Betrieb im Rahmen der AG fortgeführt.

a) Berechnen Sie den Geschäfts- oder Firmenwert. (3 Punkte)

b) Wie ist der erworbene Firmenwert im Jahresabschluss nach HGB und IFRS zu behandeln? (4 Punkte)

c) Ende 2014 erkennt die Geschäftsführung, dass der Firmenwert bei weitem nicht den Wert hat, welcher ursprünglich geschätzt wurde und beziffert den Restwert nur noch mit 200.000 €. Was passiert im Jahresabschluss nach HGB und IFRS? (3 Punkte)

Auf die Vorsteuer ist jeweils nicht einzugehen.

Lösung s. Seite 263

Aufgabe 172: Derivativer Firmenwert – Beispiel: Nixneahnung KG

Die Nixneahnung KG, Hersteller von Smartphones der Marke Razfazkaput, kauft zur Abrundung des Portfolios die Ruckzuckbischhi OHG, Hersteller von Tablets, zum Preis von 12 Mio. €.

Zum Zeitpunkt des Kaufs weist die Nixneahnung KG folgende Vermögensgegenstände und Schulden auf:

	in Mio. €
Maschinen	8
Fuhrpark/Betriebs- und Geschäftsausstattung	0,5
Grundstücke	3
Lizenzen	1
Gebäude	4
Roh-, Hilfs- und Betriebsstoffe	1
Unfertige und fertige Erzeugnisse	0,8
Forderungen	1,5
Kasse	4
Bank	9
Verbindlichkeiten gegenüber Kreditinstituten	3
Rückstellungen für Gewährleistung	1,2
Verbindlichkeiten aus Lieferung und Leistung	2,1
Pensionsrückstellungen	5

Die Ruckzuckbischhi OHG hingegen hat an Vermögensgegenständen und Schulden:

	in Mio. €
Maschinen	3
Betriebs- und Geschäftsausstattung	0,2
Grundstücke	2
Patente	1,3
Gebäude	1,4
Vorräte	0,6
Forderungen	1
Kasse	0,2
Verbindlichkeiten gegenüber Kreditinstituten	1
Rückstellungen für Gewährleistung	1,5
Verbindlichkeiten aus Lieferung und Leistung	0,7

a) Stellen Sie die Bilanzen der beiden Gesellschaften vor dem Kauf auf. (12 Punkte)

b) Wie hoch ist der derivative Firmenwert? (3 Punkte)

c) Wie sieht die Bilanz der Nixneahnung KG nach dem Kauf aus? (5 Punkte)

Lösung s. Seite 264

Aufgabe 173: Derivativer Firmenwert – Beispiel: Plastik KG

Die Plastik KG, Hersteller von Fernsehern der Marke Schlechtesbild, kauft zur Abrundung des Portfolios die Video OHG, Hersteller von Videorecordern, zum Preis von 10 Mio. €.

Zum Zeitpunkt des Kaufs weist die Plastik KG folgende Vermögensgegenstände und Schulden auf:

	in Mio. €
Maschinen	5
Fuhrpark/Betriebs- und Geschäftsausstattung	1
Grundstücke	4
Lizenzen	2
Gebäude	3
Roh-, Hilfs- und Betriebsstoffe	2
Unfertige und fertige Erzeugnisse	1
Forderungen	1,5
Kasse	4
Bank	5
Verbindlichkeiten gegenüber Kreditinstituten	3
Rückstellungen für Gewährleistung	1
Verbindlichkeiten aus Lieferung und Leistung	2
Pensionsrückstellungen	4

Die Video OHG hingegen hat an Vermögensgegenständen und Schulden:

	in Mio. €
Maschinen	2
Betriebs- und Geschäftsausstattung	0,5
Grundstücke	1
Patente	3
Gebäude	1
Vorräte	0,5
Forderungen	0,5
Kasse	0
Verbindlichkeiten gegenüber Kreditinstituten	1,5
Rückstellungen für Gewährleistung	1
Verbindlichkeiten aus Lieferung und Leistung	1

a) Stellen Sie die Bilanzen der beiden Gesellschaften vor dem Kauf auf. (12 Punkte)

b) Wie hoch ist der derivative Firmenwert? (3 Punkte)

c) Wie sieht die Bilanz der Plastik KG nach dem Kauf aus? (5 Punkte)

Anmerkung: Die Bank wäre bereit, ein Darlehen in Höhe von bis zu 2 Mio. € zu finanzieren.

Lösung s. Seite 265

Aufgabe 174: Derivativer Firmenwert – Beispiel: Pleite GmbH

Die Pleite GmbH, Hersteller von Computern der Marke Riese, kauft zur Abrundung des Portfolios die Keineverbindung OHG, Hersteller von Tablets, zum Preis von 14 Mio. €.

Zum Zeitpunkt des Kaufs weist die Pleite GmbH folgende Vermögensgegenstände und Schulden auf:

	in Mio. €
Maschinen	6
Fuhrpark/Betriebs- und Geschäftsausstattung	1
Grundstücke	4
Lizenzen	1,5
Gebäude	3
Roh-, Hilfs- und Betriebsstoffe	1,2
Unfertige und fertige Erzeugnisse	0,6
Forderungen	1,7
Kasse	5,9
Bank	8,7
Verbindlichkeiten gegenüber Kreditinstituten	2,5
Rückstellungen für Gewährleistung	1,1
Verbindlichkeiten aus Lieferung und Leistung	2,3
Pensionsrückstellungen	4,3

Die Keineverbindung OHG hingegen hat an Vermögensgegenständen und Schulden:

	in Mio. €
Maschinen	2,1
Betriebs- und Geschäftsausstattung	0,3
Grundstücke	2,8
Patente	1,6
Gebäude	1,9
Vorräte	0,7
Forderungen	0,8
Bank	0,3
Verbindlichkeiten gegenüber Kreditinstituten	2,5
Rückstellungen für Gewährleistung	1,5
Verbindlichkeiten aus Lieferung und Leistung	1,2

a) Stellen Sie die Bilanzen der beiden Gesellschaften vor dem Kauf auf. (12 Punkte)

b) Wie hoch ist der derivative Firmenwert? (3 Punkte)

c) Wie sieht die Bilanz von der Pleite GmbH nach dem Kauf aus? (5 Punkte)

Lösung s. Seite 267

3.10.4 Unternehmensbewertungsverfahren

Aufgabe 175: Substanzwert, Ertragswert, Discounted-Cashflow

Erläutern Sie die gängigen Methoden zur Unternehmensbewertung: Discounted-Cashflow, Ertragswertmethode, Substanzwertmethode. (15 Punkte)

Lösung s. Seite 269

Aufgabe 176: Substanzwert – Beispiel: Nixneahnung KG

Die Nixneahnung KG, Hersteller von Smartphones der Marke Razfazkaput, möchte zur Abrundung des Portfolios die Ruckzuckbischhi OHG, Hersteller von Tablets, kaufen und überlegt sich ein Kaufpreisangebot. Dazu will sie den Substanzwert der Ruckzuckbischhi OHG als Basis heranziehen.

Folgende Bilanz hat die Ruckzuckbischhi OHG an die Nixneahnung KG gesendet:

AKTIVA	Ruckzuckbischhi OHG		PASSIVA
	in Mio. €		in Mio. €
Patente	1,3	EK	6,5
Grundstücke	2,0		
Gebäude	1,4	Rückstellungen für	
Maschinen	3,0	Gewährleistungen	1,5
BuG	0,2	Verbindlichkeiten ggü.	
Vorräte	0,6	Kreditinstituten	1,0
Forderungen	1,0	Verbindlichkeiten aus LuL	0,7
Kasse	0,2		
Summe	9,7	Summe	3,2	9,7

Eine genauere Untersuchung durch den Chefcontroller der Nixneahnung hat ergeben, dass

1. die Patente wohl das doppelte Wert sind.

2. der Verkehrswert der Gebäude bei rund 3 Mio. € liegen dürfte, die Grundstücke ebenfalls rund 50 % mehr Wert sein dürften.

3. die Rückstellungen für Gewährleistungen aufgrund erwarteter Reklamationen eher 0,5 Mio. € zu niedrig sind.

4. die Ruckzuckbischhi einen schnellen Eintritt in den Markt der Tablets erlaubt. Alleine die Kundenliste der Ruckzuckbischhi wird auf einen Wert von rund 3 Mio. € geschätzt, weitere Verbundeffekte nicht inbegriffen.

5. bei den Forderungen die Gefahr eines Forderungsausfalls in Höhe von 0,5 Mio. € besteht, der wohl noch nicht berücksichtigt wurde.

Berechnen Sie den Substanzwert. (8 Punkte)

Lösung s. Seite 270

Aufgabe 177: Cash Zahlungsreihe

Gegeben seien die freien Cashflows eines Unternehmens laut Plan für die Jahre 2014 - 2018:

	2014 IST	2015 voraus-sichtlich	2016 Plan	2017 Plan	2018 Plan
Free Cashflow in T€	1.500	2.000	2.200	2.400	2.500

Basisjahr soll 2014 sein; der Zins wird mit 5 % angenommen.

2018 wird für die Berechnung der ewigen Rente herangezogen.

Berechnen Sie den Unternehmenswert nach der Discounted-Cashflow-Methode (inkl. ewiger Rente) für das Jahr 2014. (8 Punkte)

Lösung s. Seite 271

Aufgabe 178: Unternehmensbewertung – Beispiel: Maultaschen OHG

Geschäftsplan der Maultaschen OHG
Aktuelles Jahr: 2013

In €	2013 voraus-sichtlich	2014 Plan	2015 Plan	2016 Plan	2017 Plan	2018 Plan
Umsatz	10.500.000	11.550.000	12.705.000	13.975.500	15.373.050	16.910.355
Zahlungsbedingte Aufwendungen	9.200.000	10.120.000	11.132.000	12.245.200	13.469.720	14.816.692
Sonstige Erträge (ordentlich, zah-lungsorientiert)	200.000	170.000	180.000	100.000	100.000	100.000
Abschreibungen	900.000	810.000	1.100.000	1.100.000	1.200.000	1.000.000
Betriebsgewinn vor Steuern						
Steuern						
Betriebsgewinn nach Steuern						
Operativer Cashflow						
Investitionen	1.100.000	900.000	1.100.000	1.100.000	1.200.000	1.000.000
Veränderungen Working Capital	120.000	-170.000	0	0	0	0
Free Cashflow						

Folgende Bilanz weist das Unternehmen voraussichtlich aus:

AKTIVA	Bilanz 2013 voraussichtlich	PASSIVA
	in €	in €
Patente	2.000.000	EK ohne Gewinn der Periode
Gebäude	6.000.000	Gewinn der Periode
Grundstücke	500.000	
Maschinen	4.000.000	Rückstellungen 600.000
Sonstiges AV	1.500.000	Darlehen 2.100.000
		Verbindlichkeiten aus LuL 10.000.000
UV	500.000	

Die Patente haben einen um 50 % höheren geschätzten realen Wert. Die Rückstellungen sind voraussichtlich nur zu 90 % fällig. Der tatsächliche Wert der Gebäude wird auf 8 Mio. € geschätzt, die Grundstücke auf 1 Mio. €. Die Maschinen sind etwa zu 1 Mio. € unterbewertet. Der Steuersatz beträgt 25 %, der Kalkulationszinssatz (i) 5 %.

a) Wie hoch ist der Barwert der Gewinne nach Steuern in 2013? (4 Punkte)

b) Wie hoch ist der Ertragswert aufgrund des durchschnittlichen bereinigten Betriebsgewinns der Jahre 2011 - 2013, wenn der operative Gewinn nach Steuern in 2011 155.000 € und in 2012 125.000 € betrug? (4 Punkte)

c) Wie hoch ist der Discounted-Cashflow bei Betrachtung der Jahre 2013 - 2018 basierend auf dem freien Cashflow, wenn der Cashflow der Periode 2018 als ewige Rente herangezogen wird? Wie hoch ohne ewige Rente? (10 Punkte)

d) Wie hoch ist der Substanzwert? (4 Punkte)

e) Wie hoch ist der Ertragswert aus Aufgabe b) bei einem Kalkulationszins von 10 %? (3 Punkte)

Lösung s. Seite 271

Aufgabe 179: Unternehmensbewertung – Beispiel: Pleite OHG
Geschäftsplan der Pleite OHG
Aktuelles Jahr 2012

In €	2010	2011 IST	2012 voraussichtlich	2013 Plan	2014 Plan	2015 Plan	2016 Plan
Umsatz	8.450.000	9.000.000	9.500.000	10.000.000	11.000.000	12.000.000	15.000.000
Zahlungsbedingte Aufwendungen	7.800.000	8.00.000	8.500.000	8.900.000	9.500.000	10.300.000	12.500.000
Davon außerordentlich	250.000	100.000	50.000	50.000	50.000	50.000	50.000

In €	2010	2011 IST	2012 voraus-sichtlich	2013 Plan	2014 Plan	2015 Plan	2016 Plan
Sonstige Erträge (ordentlich, zah-lungsorientiert)	200.000	120.000	180.000	100.000	100.000	100.000	100.000
Unternehmerlohn	150.000	160.000	180.000	198.000	217.800	239.580	263.538
Abschreibungen	150.000	160.000	180.000	198.000	217.800	239.580	263.538
Bereinigter Betriebsgewinn	800.000	900.000	870.000	854.000	1.214.400	1.370.840	2.122.924
Operativer Cashflow	1.100.000	1.220.000	1.230.000	1.250.000	1.650.000	1.850.000	2.650.000

Folgende Bilanz wies das Unternehmen aus:

AKTIVA	Bilanz 2011 IST		PASSIVA
	in €		in €
Patente	1.000.000	EK (inkl. Gewinn)	5.000.000
Gebäude	3.000.000		
Maschinen	2.000.000	Rückstellungen	2.000.000
Sonstiges AV	500.000	Verbindlichkeiten	3.500.000
UV	4.000.000		
	10.500.000		10.500.000

Die Patente haben einen um 20 % höheren geschätzten realen Wert. Die Rückstellungen sind voraussichtlich nur zu 80 % fällig.

Der tatsächliche Wert der Gebäude wird auf 5.000.000 € geschätzt und auch die Maschinen sind etwa zu 1.000.000 € unterbewertet.

Der Kalkulationszinssatz (i) beträgt 10 %.

a) Wie hoch ist der Ertragswert ohne Berechnung einer ewigen Rente, wenn der Geschäftsplan ab 2011 herangezogen wird? (4 Punkte)

b) Wie hoch ist der Ertragswert aufgrund des durchschnittlichen bereinigten Betriebsgewinns der Jahre 2010 - 2012? (4 Punkte)

c) Wie hoch ist der Discounted-Cashflow bei Betrachtung der Jahre 2012 - 2016 und wenn der Cashflow der Periode 2016 als ewige Rente herangezogen wird? (diese Methode ist häufig in Unternehmensbewertungssoftware wie z. B. Alcar zu finden) (10 Punkte)

d) Wie hoch ist der Substanzwert? (4 Punkte)

e) Wie beurteilen Sie die Verfahren? (3 Punkte)

Lösung s. Seite 273

Aufgabe 180: Unternehmensbewertung – Beispiel: Putzfimmel KG

Geschäftsplan der Putzfimmel KG

Aktuelles Jahr 2014

In €	2013	2014	2015	2016	2017	2018	2019
Umsatz	4.500.000	4.950.000	5.445.000	5.989.500	6.588.450	7.247.295	7.972.025
Zahlungsbedingte Aufwendungen	4.100.000	4.510.000	4.961.000	5.457.100	6.002.810	6.603.091	7.263.400
Sonstige Erträge (zahlungsorientiert)	150.000	80.000	180.000	100.000	100.000	100.000	100.000
Veränderung der Pensionsrückstellungen	150.000	160.000	180.000	198.000	217.800	239.580	263.538
Abschreibungen	150.000	160.000	180.000	198.000	217.800	239.580	263.538
Gewinn vor Steuern							
Steuern							
Gewinn nach Steuern							
Operativer Cashflow							
Investitionen	300.000	315.000	330.750	347.288	364.652	382.884	402.029
Veränderung Working Capital	10.000	-10.000	12.000	13.200	14.520	15.972	17.569
Free Cashflow							

Folgende Bilanz wies das Unternehmen aus:

AKTIVA	Bilanz 2014 IST		PASSIVA
	in €		in €
Patente	2.000.000	EK (inkl. Gewinn)	
Gebäude	5.000.000		
Maschinen	5.500.000	Rückstellungen	2.000.000
Sonstiges AV	500.000	Schulden	12.500.000
UV	2.000.000		

▸ Die Patente haben einen um 20 % höheren geschätzten tatsächlichen Wert.

▸ Die Rückstellungen sind voraussichtlich nur zu 50 % fällig.

▸ Der tatsächliche Wert der Gebäude wird auf 7.000.000 € geschätzt und auch die Maschinen sind etwa zu 1.000.000 € unterbewertet.

- ▶ Der Steuersatz beträgt 20 %.
- ▶ Der Kalkulationszinssatz (i) beträgt 10 %.

a) Vervollständigen Sie den Geschäftsplan und die Bilanz. Wie hoch ist der Ertragswert ohne Berechnung einer ewigen Rente, wenn der Geschäftsplan ab 2014 herangezogen wird? (4 Punkte)

b) Wie hoch ist der Ertragswert aufgrund des durchschnittlichen Gewinns der Jahre 2013 - 2014? (4 Punkte)

c) Wie hoch ist der Discounted-Cashflow bei Heranziehen der Jahre 2014 - 2019, wenn der Free Cashflow der Periode 2019 als ewige Rente herangezogen wird? (10 Punkte)

d) Wie hoch ist der Substanzwert? (4 Punkte)

e) Wie hoch ist der entstehende Firmenwert bei Verkauf zum Wert des Discounted-Cashflow? (3 Punkte)

f) Wie beurteilen Sie die Ergebnisse? (3 Punkte)

Lösung s. Seite 274

Aufgabe 181: Weitere Methoden der Unternehmensbewertung

Stellen Sie kurz weitere Methoden der Unternehmensbewertung dar. (10 Punkte)

Lösung s. Seite 276

4. Probeklausuren

4.1 Probeklausur 1 (Bachelorstudium der Wirtschaftswissenschaften, 2. - 3. Semester)

Klausurhinweise:

▸ Die **Bearbeitungszeit** beträgt: 60 Min.

▸ Maximal erreichbare Punktzahl: 60 Punkte; 1 Min. = 1 Punkt; bestanden ab 30 Punkten

▸ Erlaubtes Hilfsmittel: nicht programmierbarer Taschenrechner

Aufgabe 1: Kennzahlen

In einem Unternehmen liegen folgende Daten vor:

	in T€
Eigenkapital	250.000
Fremdkapital	650.000
Fremdkapitalzinssatz	5 %
Umsatz	800.000
Gewinn vor Ertragsteuern	70.000
Steuersatz	20 %
Abschreibungen	8.000
Veränderung Pensionsrückstellung	14.000
Veränderung Working Capital	3.000
Investitionen der Periode	25.000
Kapitalkostensatz für Eigenkapital nach Steuern	10 %

Ermitteln Sie folgende Kennzahlen:

a) Gewinn nach Steuern

b) Eigenkapitalrentabilität

c) Gesamtkapitalrentabilität

d) Cashflow

e) Free Cashflow

f) EBIT

g) EBITDA

h) WACC

i) Kapitalkosten

j) EVA

k) Eigenkapital-Quote

l) Umsatzrendite.

(12 Punkte, jeweils 1 Punkt)

Lösung s. Seite 279

Aufgabe 2: Target-Costing

Die Raser AG möchte ein neues Moped auf den Markt bringen, wobei sie davon ausgeht, dass der erzielbare Preis bei 2.000 € liegt.

Das Moped besteht aus den fünf Komponenten Motor, Gestell, Sitz, Reifen und Bremse.

Für die Kunden sind die Funktionen Fahreigenschaft, Design, Sicherheit und Komfort
als Nutzen von Bedeutung. Die Teilgewichte/Nutzen dieser Funktionen werden laut
einer Befragung folgendermaßen von den Kunden erwartet:

Kundenwunsch	Gewichtung
Fahreigenschaft	40 %
Design	10 %
Sicherheit	30 %
Komfort	20 %

Die einzelnen Komponenten tragen folgendermaßen zu den einzelnen Nutzen bei:

Kundenwunsch	Gewichtung	Komponenten				
		Motor	Gestell	Sitz	Reifen	Bremse
Fahreigenschaft		70	10	5	15	0
Design		15	60	10	10	5
Sicherheit		15	15	5	25	40
Komfort		15	20	50	10	5
Teilnutzen in Prozent						
	Summe					
Allowable Costs	1.500 €					
Drifting Costs laut Einzelkalkulation (HK)	1.800 €	720 €	500 €	150 €	250 €	180 €
Kostenanteil						
Zielkostenindex						

a) Errechnen Sie die Teilnutzen und die Allowable Costs für die einzelnen Komponen-
    ten, wenn die Allowable Costs in Summe für das ganze System 1.500 € betragen.
    (8 Punkte)
b) Errechnen Sie bei gegebenen Drifting Costs und tatsächlichem Kostenanteil laut
    Kalkulation den Zielkostenindex und interpretieren Sie die Ergebnisse. (2 Punkte)
c) Erläutern Sie Vor- und Nachteile des Target-Costing. (5 Punkte)

Lösung s. Seite 279

Aufgabe 3: Abweichungsanalyse

In einer Fertigungskostenstelle werden folgende Planwerte festgelegt:

Planbeschäftigung: 1.000 Maschinenstunden
Plankosten: 300.000 €, davon proportional 200.000 €

Am Ende der Abrechnungsperiode werden folgende Istwerte ermittelt:

Istbezugsgröße: 1.500 Maschinenstunden
Istkosten (i. S. der Plankostenrechnung): 480.000 €
Istkosten (i. S. der Istkostenrechnung): 490.000 €

Berechnen Sie die verrechneten Plankosten, die Sollkosten, die Verrechnungssätze sowie die ermittelbaren Abweichungen! (8 Punkte)

Lösung s. Seite 280

Aufgabe 4: Make-or-Buy

Ein Schlittschuhhersteller hat in der Vergangenheit die Kufen, die an den Schuh angebracht werden, zu einem Listenpreis von 30 € (pro Paar) fremdbezogen.

Das Unternehmen hat kurzfristig freie Kapazitäten zur Verfügung, die es ihm gestatten, die Kufen unter folgenden Bedingungen selbst zu fertigen:

► Materialaufwand je Kufe: 6 €

► Löhne je Kufe: 3 €.

An Gemeinkosten werden 50 % Materialgemeinkosten verrechnet. Davon gelten 50 % als variabel. An Fertigungsgemeinkosten werden 200 % verrechnet, davon gelten 40 % als variabel.

Soll der Schlittschuhhersteller die Kufen aus kurzfristiger Sicht weiter fremdbeziehen oder selbst fertigen? (6 Punkte)

Lösung s. Seite 282

Aufgabe 5: Prozesskostenrechnung

Ein Hotelbetrieb hat den Prozess der Service-Erbringung beleuchtet und möchte in diesem Bereich die Kosten nicht mehr nach dem System der Zuschlagskalkulation auf die Produkte verrechnen. Als zentraler Kostentreiber wurde nach eingehender Analyse die Zahl der Service-Beanspruchungen identifiziert. Zur zukünftigen Kalkulation der Produkte per Prozesskostenrechnung liegen folgende Kosteninformationen für die Gemeinkosten im Bereich der Fertigungsplanung vor:

► Service-Gemeinkosten: 62.020 €

Die aus vier Varianten bestehende Produktpalette des Unternehmens lässt sich wie folgt beschreiben:

	Service-Einzelkosten je Übernachtung (€)	Übernachtungen (Stück)	Durchschnittliche Service-Beanspruchung je Übernachtung
Kategorie A	20	350	2
Kategorie B	40	250	5
Kategorie C	55	180	8
Kategorie D	75	80	13

a) Wie hoch sind die Gemeinkosten der Service-Erbringung für jede der vier Kategorien bei Anwendung der Zuschlagskalkulation? (5 Punkte)

b) Wie hoch sind die Gemeinkosten der Service-Erbringung für jede der vier Kategorien bei Anwendung der Prozesskostenrechnung? (5 Punkte)

Lösung s. Seite 282

Aufgabe 6: Budgetierung Handys

Die Funkloch AG, Hersteller von Handys, möchte für 2016 den operativen Plan erstellen. Das Unternehmen fertigt ein Handy in der Premiumklasse (P), ein Modell in der Mittelklasse (M) und ein Billigmodell (B), welches von einem Zulieferer für 175 €/Stück zuzüglich 5 €/Stück Transportkosten geliefert wird. Für 2015 werden folgende Daten erwartet, die als Basis für die Budgeterstellung zur Verfügung stehen:

Produkt	Absatzmenge (ME)	Absatzpreis (€/ME)	Erwarteter Endbestand 2015 (ME) = Anfangsbestand 2016
Handy P	4.000	550	2.000
Handy M	5.000	400	1.200
Handy B	6.000	200	300

Für 2016 soll der Preis von P auf 500 gesenkt werden. Dafür rechnet man mit einem Absatzanstieg von 20 %. Bei M erwartet man bei einem Preisrückgang auf 380 € einen Mengenanstieg von 10 % und bei B sogar bei gleichem Preis einen Mengenanstieg von 20 %. Zur Working Capital-Optimierung sollen bis zum Jahresende 2016 die Endbestände von P halbiert und von M um 200 Stück gesenkt werden. Der Bestand von B soll auf 1.000 Stück erhöht werden.

a) Bestimmen Sie den Umsatz-, Absatz- und Produktionsplan 2016 für alle Produkte sowie den Beschaffungsplan für Produkt B in Mengeneinheiten und Euro. Um wieviel Prozent steigt der Umsatz? (7 Punkte)

b) Nennen Sie zwei weitere Pläne/Budgets im Rahmen der Budgetierung. (2 Punkte)

Lösung s. Seite 282

4.2 Probeklausur 2 (Bachelorstudium der Wirtschaftswissenschaften, 2. - 3. Semester)

Klausurhinweise:

► Die **Bearbeitungszeit** beträgt: 60 Min.

► Maximal erreichbare Punktzahl: 60 Punkte; 1 Min. = 1 Punkt; bestanden ab 30 Punkten

► Erlaubtes Hilfsmittel: nicht programmierbarer Taschenrechner

Aufgabe 1: Kennzahlen (10 Punkte)

Folgende Daten eines Unternehmens sind bekannt:

	in T€
Eigenkapital	80.000
Fremdkapital	160.000
Fremdkapitalzinssatz	6 %
Umsatz	200.000
Betriebsergebnis	30.000
Gewinn vor Ertragsteuern	25.000
Gewinn nach Steuern	20.000
Abschreibungen	4.000
Veränderung Pensionsrückstellung	2.000
Veränderung Working Capital	-4.000
Investitionen der Periode	3.000
Kapitalkostensatz für Eigenkapital nach Steuern	12 %

a) Ermitteln Sie folgende Kennzahlen:

   ► Umsatzrendite

   ► Eigenkapitalrentabilität

   ► Gesamtkapitalrentabilität

   ► Cashflow

   ► Free Cashflow

   ► EBIT

   ► EBITDA

   ► WACC.

b) Wie beurteilen Sie die Rentabilität des Kapitals im Vergleich zum WACC?

Lösung s. Seite 283

Aufgabe 2: Target-Costing

Starkoch Teatro, ein Anbieter von Dinnershows in München, will in seinem Teatro Magias mithilfe des Target-Costing sein Angebot genauer überprüfen. Er geht davon aus, dass der erzielbare Preis netto bei 80 € liegt.

Die Komponenten seines Events sind:

- Artistic
- Essen
- Trinken
- Show.

Die Teilgewichte/Nutzen dieser Funktionen werden laut einer Befragung folgendermaßen von den Kunden erwartet:

Kundenwunsch	Gewichtung
Geschmack	50 %
Erlebnis	20 %
Atmosphäre	10 %
Unterhaltung	20 %

Die einzelnen Komponenten tragen folgendermaßen zu den einzelnen Nutzen bei:

Kundenwunsch	Gewichtung	Komponenten			
		Artistic	Essen	Trinken	Show/ Gesang
Geschmack		0	70	30	0
Erlebnis		40	20	0	40
Atmosphäre		30	20	10	40
Unterhaltung		30	25	10	35
Teilnutzen in Prozent					
	Summe				
Allowable Costs	80 €				
Drifting Costs laut Einzel-kalkulation (HK)	95 €	20 €	50 €	10 €	15 €
Kostenanteil					
Zielkostenindex					

a) Errechnen Sie die Teilnutzen und die Allowable Costs für die einzelnen Komponenten, wenn die Allowable Costs in Summe für das ganze System 80 € betragen.
(8 Punkte)

b) Errechnen Sie bei gegebenen Drifting Costs und tatsächlichem Kostenanteil laut
Kalkulation den Zielkostenindex und interpretieren Sie die Ergebnisse. (2 Punkte)

Lösung s. Seite 283

Aufgabe 3: Prozesskostenrechnung

In der Logistikabteilung Ihres Unternehmens wurde im Zuge der Planung für das Jahr 2014 eine Tätigkeitenanalyse durchgeführt. Für das Jahr 2014 wurden die in der Tabelle aufgeführten Prozesse und deren zu erbringende Anzahl ermittelt.

a) Ermitteln Sie die Prozesskostensätze, die Umlagesätze und die Gesamtprozesskostensätze für die Logistikabteilung Ihrer Unternehmung. (6 Punkte)

Prozess	Cost Driver	Plan-prozess-menge	Plan-prozess-kosten (€)	Plan-prozess-kostensatz (lmi)	Umlage-satz (lmn)	Gesamt-prozess-kostensatz (€)
Ein- und Auslagern	Anzahl Lagerungen	100.000	1.350.000			
Kommis-sionieren	Anzahl Verpackungs-einheiten	40.000	500.000			
Lkw beladen	Anzahl Lkw	4.000	600.000			
Abteilung leiten			200.000			

b) Gegenüber der traditionellen Zuschlagskalkulation auf Einzelkostenbasis weist die Prozesskostenrechnung durch die Kostenzuordnung nach der Inanspruchnahme der Unternehmensprozesse unter anderem Vorteile durch den Komplexitätseffekt auf. Die Kosten für die Kommissionierung eines Kundenauftrags im Vertrieb wurden traditionell (mittels Zuschlagskalkulation) als Zuschlag i. H. v. 30 % auf die Einzelkosten des Produkts ermittelt und sind in der Tabelle unten zu sehen. Im Rahmen der Prozesskostenrechnung ergeben sich 60 € je Auftragsposition. Stellen Sie diesen Effekt anhand der unten stehenden Daten rechnerisch dar. (4 Punkte)

	Einzel-kosten (€)	Auftrags-positio-nen	Kommisionierungskos-ten nach traditioneller Zuschlagskalkulation (€)	Kommisionie-rungskosten nach Prozesskosten (€)	Kom-plexitäts-effekt (€)
Produkt A	400	12	120		
Produkt B	2.400	4	720		
Produkt C	600	9	180		

c) Nennen Sie ein Beispiel für einen leistungsunabhängigen Prozess. (2 Punkte)

Lösung s. Seite 284

Aufgabe 4: Deckungsbeitragsrechnung

Ein Unternehmen produziert in einem Teilbereich vier Erzeugnisse, die in drei Produktionsstellen bearbeitet werden. In der nachstehenden Tabelle sind die vorläufigen Produktions-, Absatz- und Kostendaten der Produkte für einen Durchschnittsmonat des aktuellen Planjahres angegeben:

Produkt-art	Absatz-menge	Verkaufs-preis	Stückkosten (€/Stück)		Bearbeitungszeiten (Min./Stück)		
	(Stück/ Monat)	(€/Stück)	propor-tional	gesamt	Stelle 1	Stelle 2	Stelle 3
1	400	1.200	500	850	26	35	20
2	600	900	450	700	15	20	28
3	800	700	250	450	10	15	12
4	300	1.500	800	1.250	42	50	35

a) Welche Produkte sind mit welchen Mengen in das Produktionsprogramm aufzunehmen, wenn die drei Produktionsstellen über ausreichende Kapazitäten verfügen? (3 Punkte)

b) Wie ändert sich das Programm, wenn die Kapazität der Stelle 2 auf 600 Std./Monat begrenzt wird? (8 Punkte)

c) Welche Erfolgseinbuße verursacht der Engpass? (3 Punkte)

Lösung s. Seite 284

Aufgabe 5: Strategisches Controlling/Balanced Scorecard

a) Stellen Sie vier Unterschiede zwischen dem strategischen und dem operativen Controlling dar. (4 Punkte)

b) Beschreiben Sie die Balanced Scorecard und ordnen Sie diese in den Bereich operatives/strategisches Controlling sinnvoll ein. (5 Punkte)

Lösung s. Seite 285

Aufgabe 6: Break-even

In einem Unternehmen werden 400.000 Paar Skier produziert und abgesetzt. Die Kapazitätsgrenze liegt bei 500.000 Stück. Die Skier werden zum Preis von 500 € verkauft. Die Fixkosten der Periode betrugen 90 Mio. €, die variablen Kosten lagen bei 200 €/Stück.

a) Wie hoch war der Gewinn der Periode? (2 Punkte)

b) Wie viele Skier muss das Unternehmen verkaufen, um die Gewinnschwelle zu erreichen? (3 Punkte)

Lösung s. Seite 285

4.3 Probeklausur 3 (Schwerpunkt Controlling, 4. - 6. Semester, Bachelor BWL oder ähnliches Wirtschaftsstudium)

Klausurhinweise:

▶ Die **Bearbeitungszeit** beträgt: 150 Min.

▶ Maximal erreichbare Punktzahl: 150 Punkte; 1 Min. = 1 Punkt; bestanden ab 75 Punkten

▶ Erlaubtes Hilfsmittel: nicht programmierbarer Taschenrechner

Aufgabe 1: Währungsverluste

a) Umrechnung Monatsergebnis:

Gegeben sei der kumulierte Umsatz der amerikanischen Tochtergesellschaft vom Dezember 2014 sowie das Betriebsergebnis inklusive der Vorjahresdaten. Alle Daten sollen in das Monatsergebnis des Konzerns zu 100 % einfließen. Der Monatsbericht des Konzerns wird in Euro erstellt.

Berechnen Sie den Kurseffekt, wenn der aktuelle Kurs bei 1 US-\$ = 0,80 € und der Vorjahreskurs bei 1 US-\$ = 1,2 € lag.

Wie hoch sind Umsatz und Ergebnis in Euro zu Vorjahreskursen? Wie hoch sind dann die Umsatz- und Ergebnisabweichungen zu Vorjahr in Euro, wenn der Vorjahreskurs für beide Jahre angewandt wird? (8 Punkte)

	lfd. Jahr TUS-\$	Vorjahr TUS-\$
Umsatz	700	720
Betriebsergebnis	90	80

b) Welche zwei Möglichkeiten existieren grundsätzlich, die Tochtergesellschaft im nicht-europäischen Ausland zu steuern? Wann werden Sie welche Möglichkeit wählen? (4 Punkte)

Lösung s. Seite 286

Aufgabe 2: Unternehmensbewertung

Unternehmer Neureich plant die Nixwert OHG zu kaufen. Diese weist folgende Bilanz aus, die dessen Geschäftsführer Robert Schummel überreicht. Die Maschinen seien teilweise bereits abgeschrieben und hätten tatsächlich noch einen Verkehrswert von 4 Mio. €; auch das Grundstück mit dem Gebäude darauf sei unterbewertet und eigentlich 10 Mio. € wert. Ein selbsterstelltes Patent im Wert von 1 Mio. € sei in der Bilanz ebenfalls nicht zu finden. Die Rückstellungen seien sehr vorsichtig bewertet worden und wohl 0,5 Mio. € zu hoch. Der durchschnittliche Gewinn der letzten drei Jahre betrüge jeweils rund 600.000 €. Neureich rechnet mit einem Kalkulationszinssatz von 5 %.

AKTIVA		Bilanz 2014 IST	PASSIVA	
	in €			in €
Patente	1.000.000	EK		3.500.000
Gebäude	6.000.000			
Maschinen	1.500.000	Rückstellungen		4.500.000
Sonstiges AV	2.000.000	Bankdarlehen		5.000.000
		Sonstige Verbindlichkeiten		2.000.000
UV	4.500.000			
	15.000.000			15.000.000

a) Berechnen Sie den Unternehmenswert nach der Substanzwertmethode sowie den Ertragswert. (6 Punkte)

b) Erläutern Sie kurz die Vorgehensweise bei der Discounted-Cashflow-Methode sowie die Vor- und Nachteile gegenüber der Ertragswertmethode. (6 Punkte)

c) Wie hoch ist der derivative Firmenwert, wenn der Käufer einen Kaufpreis von 12,5 Mio. € bezahlt? (3 Punkte)

d) Wie ist der Firmenwert beim Käufer bilanziell in 2014 nach HGB und IFRS zu behandeln? (4 Punkte)

e) Geben Sie acht Gründe an, warum Neureich bereit ist, bei einem offiziellen Eigenkapital von 3,5 Mio. € einen Kaufpreis von 12,5 Mio. € zu bezahlen. (4 Punkte)

f) Was wird bei einer Due Diligence geprüft? Wo liegen die Unterschiede zwischen einem Finanzinvestor und einem strategischen Investor? (7 Punkte)

Lösung s. Seite 286

Aufgabe 3: GKR/ROI und Wertzuwachs

a) ROI-Berechnung

Die Wallner AG plant das Ergebnis und den ROI für das Folgejahr.

Wie verändert sich für den folgenden ROI-Baum der ROI, wenn eine neue Maschine für das Folgejahr zum Preis von 100.000 € und einer Abschreibungsdauer von fünf Jahren eingeplant werden soll?

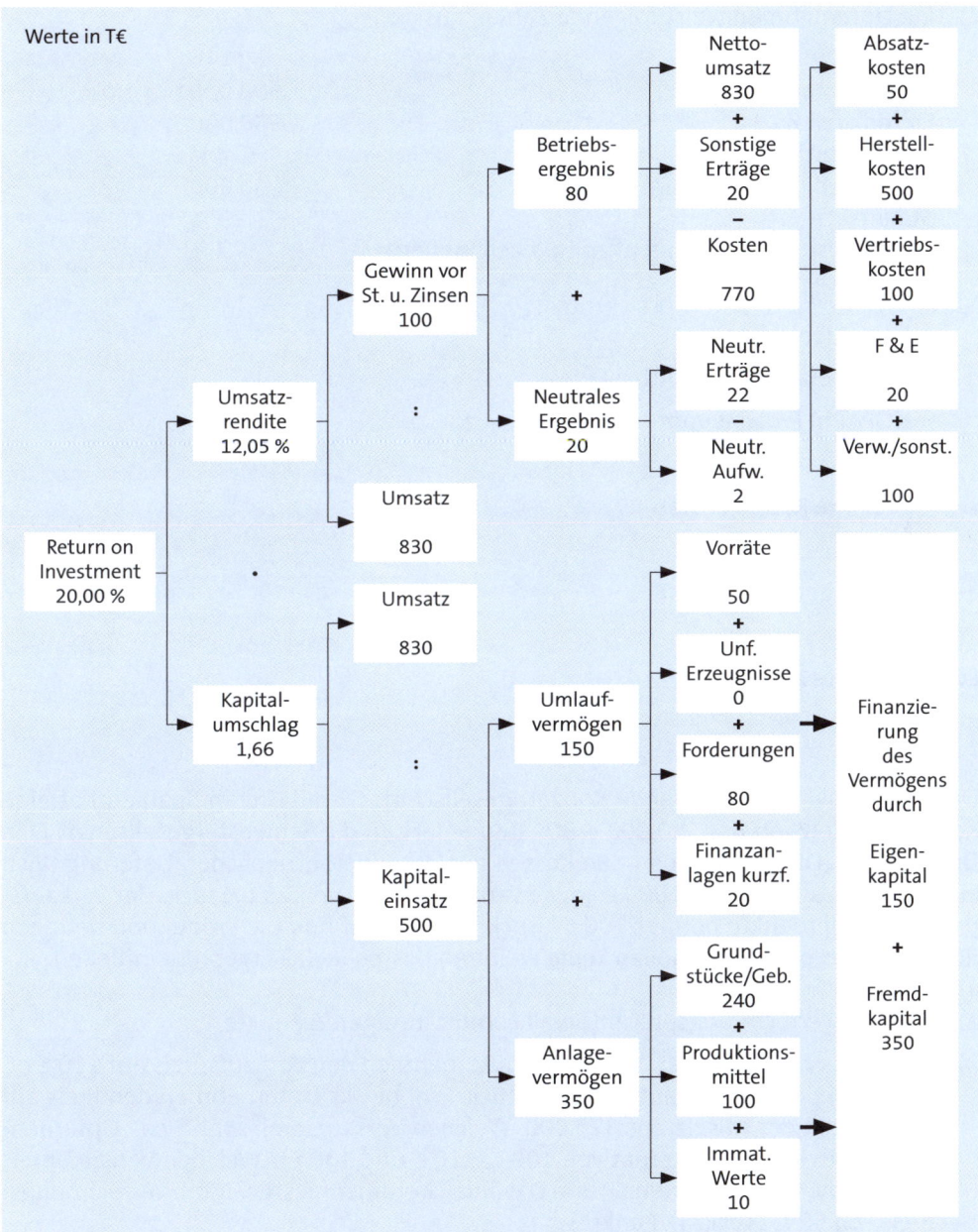

Werte in T€

				Netto-umsatz 830	Absatz-kosten 50
Betriebs-ergebnis 80	Sonstige Erträge 20	Herstell-kosten 500
Kosten 770	Vertriebs-kosten 100
Neutr. Erträge 22	F & E 20
Neutr. Aufw. 2	Verw./sonst. 100

Gewinn vor St. u. Zinsen 100

Neutrales Ergebnis 20

Umsatz-rendite 12,05 %

Umsatz 830

Return on Investment 20,00 %

Umsatz 830

Kapital-umschlag 1,66

Kapital-einsatz 500

Umlauf-vermögen 150

Vorräte 50
+
Unf. Erzeugnisse 0
+
Forderungen 80
+
Finanzan-lagen kurzf. 20

Anlage-vermögen 350

Grund-stücke/Geb. 240
+
Produktions-mittel 100
+
Immat. Werte 10

Finanzie-rung des Vermögens durch

Eigen-kapital 150

+

Fremd-kapital 350

b) Es soll durch Abbau des Umlaufvermögens ein ROI von 25 % erreicht werden. Um wie viel muss dieses verringert werden? (10 Punkte)

c) Ein Unternehmen weist folgende Zahlen aus:

	in T€
Eigenkapital	600.000
Fremdkapital	950.000
Fremdkapitalzinssatz	4 %
Gewinn vor Ertragsteuern	50.000
Steuersatz	25 %
Kapitalkostensatz für Eigenkapital nach Steuern	7 %

Ermitteln Sie Folgendes:

- ▶ Jahresüberschuss
- ▶ Net Operating Profit After Taxes
- ▶ NOPAT in Prozent vom Kapital
- ▶ WACC
- ▶ gesamte Kapitalkosten
- ▶ EVA.

  Was sagt der EVA aus?

  (10 Punkte)

Lösung s. Seite 289

Aufgabe 4: Verrechnungspreise

Die Vorprodukte produzierende Konzerngesellschaft SP mit Sitz in Spanien hat eine Kostenfunktion von K = 550.000 + 30x und liefert an die Schwestergesellschaft D in Deutschland. Diese hat neben den Kosten aus der innerbetrieblichen Lieferung noch eigene fixe Kosten von 400.000 € sowie variable Kosten von 25 €/Stück. Der Verkaufspreis der Endprodukte beträgt 100 €/Stück; der Verkauf und die Produktion betragen 500.000 Stück pro Jahr. Es sollen keine weiteren Kosten in das Ergebnis einfließen.

a) Welches Verrechnungspreisintervall kommt infrage? (6 Punkte)

b) Folgendes wird erwartet: Wenn das Unternehmen den Verkaufspreis auf 110 € erhöht, sinkt der Absatz auf 450.000 Stück. Erhöht das Unternehmen den Preis auf 130 €, sinkt der Absatz auf 320.000. Welchen Verkaufspreis wählt das Unternehmen (zwischen den Alternativen 100 €, 110 € und 130 €)? Welchen Verkaufspreis würden die Gesellschaften SP und D wählen bei einem festgelegten Verrechnungspreis von 50 €/Stück? (7 Punkte)

c) Bei SP liegt der (Ertrags-)Steuersatz bei 30 %. Die Endprodukte montierende Gesellschaft D mit Sitz in Deutschland hat einen Steuersatz von 40 %. Wie hoch ist die konsolidierte Steuerbelastung in beiden Ländern bei einem Verrechnungspreis von 50 € und dem Verkaufspreis von 100 €?

  Wie hoch ist die Steuerersparnis durch die steueroptimale Nutzung des Bewertungsspielraumes? (7 Punkte)

Lösung s. Seite 291

Aufgabe 5: Budgetierung

Die Firma Schwedenmöbel KG stellt zwei verschiedene Modelle von Regalen her. Das Modell „Bulli" wird für 200 € verkauft, das Modell „Rustikal" für 300 €.

Das Marketingteam geht davon aus, dass die Absatzmenge in 2015 für Bulli 15.000 Stück beträgt und für Rustikal 20.000 Stück. Zu Beginn des Jahres sind 500 Modelle Bulli auf Lager und 1.000 Modelle Rustikal.

Um Kundenbestellungen schneller ausführen zu können, soll der Lagerbestand für beide Modelle zum Ende der Planungsperiode jeweils 1.000 Stück betragen. Des Weiteren sind folgende Angaben bekannt:

	Materialkosten (€/Stück)	Fertigungskosten (€/Stück)
Bulli	80	60
Rustikal	120	120

Die Versandkosten betragen 10 % vom Umsatz. Die Verwaltungs- und Vertriebskosten belaufen sich auf 1.000.000 €; darin enthalten sind Abschreibungen in Höhe von 200.000 €.

a) Ermitteln Sie für die Planungsperiode 2015 den Produktionsaktionsplan, das Umsatzbudget und das Herstellkostenbudget. (8 Punkte)

b) Wie hoch sind Gewinn und Cashflow bei einem erwarteten Steuersatz von 30 %? (6 Punkte)

c) Ist der Preis für beide Modelle langfristig gerechtfertigt? Zeigen Sie dies anhand der Kalkulationen. (6 Punkte)

d) Welche Ansatzpunkte zur Verbesserung der traditionellen Budgetierung kennen Sie? Nennen Sie die Schwachstellen der traditionellen Budgetierung und die neueren Ansätze. (6 Punkte)

Lösung s. Seite 292

Aufgabe 6: Unternehmenskauf

Erläutern Sie kurz, was unter einem Asset Deal und einem Share Deal sowie unter einer feindlichen Übernahme und einer freundlichen Übernahme zu verstehen ist. (4 Punkte)

Lösung s. Seite 294

Aufgabe 7: Reporting

Sie werden beauftragt, ein Formblatt für das monatliche Berichtswesen in Ihrem Konzern zu entwickeln. Welche Kenngrößen nehmen Sie auf? Welche Kategorien (Vergleichskategorien/Spalten) würden Sie für diese Kenngrößen vorschlagen? (8 Punkte)

Lösung s. Seite 294

Aufgabe 8: Investitionsrechnung

Beurteilen Sie die beiden alternativen Investitionsprojekte anhand der Kostenvergleichsrechnung, der Rentabilitätsrechnung und der statischen Amortisationsrechnung.

	Alternative A	Alternative B
Anschaffungskosten (€)	2.000.000	3.500.000
Nutzungsdauer (Jahre)	5	10
Kapazität (Stück/Jahr)	30.000	50.000
Restwert (€)		300.000
Abschreibungen (€/Jahr)		
Zinsen (€/Jahr)		
Gehälter (€/Jahr)	200.000	320.000
Sonstige Fixkosten (€/Jahr)	100.000	150.000
Summe Fixkosten (€)		
Variable Löhne (€/Stück)	10	8
Sonstige variable Kosten (€/Stück)	3	2

a) Errechnen Sie die durchschnittlichen Abschreibungen und die durchschnittlichen Zinsen bei einem Zinssatz von 6 %. (4 Punkte)

b) Ermitteln Sie die vorteilhaftere Alternative nach der Kostenvergleichsmethode bei einer Produktion von 20.000 Stück und 30.000 Stück. (6 Punkte)

c) Bei welcher Kapazität sind die Stückkosten der Alternativen gleich hoch? (4 Punkte)

d) Welche Alternative wählen Sie nach der Rentabilitätsrechnung, wenn Sie die Produktion und den Verkauf von 30.000 Stück und einen Verkaufspreis von 45 €/Stück sowie einen Steuersatz von 30 % zugrunde legen? (3 Punkte)

e) Welche Alternative wählen Sie nach der Amortisationsrechnung, wenn Sie den Gewinn von Aufgabe d) sowie die Methode der linearen Abschreibung und den Steuersatz von 30 % zugrunde legen? (3 Punkte)

f) Was sind die Nachteile von statischen Investitionsrechnungen? (2 Punkte)

g) Berechnen Sie den Kapitalwert für eine Maschine mit Anschaffungskosten in Höhe von 200.000 € und folgender Zahlungsreihe (alle Werte in Euro) sowie einem Kalkulationszins von 6 %. (3 Punkte)

t0	t1	t2	t3	t4
-200.000	40.000	30.000	80.000	70.000

Was bedeutet das Ergebnis? (1 Punkt)

h) Nennen Sie sechs Investitionsarten. (4 Punkte)

Lösung s. Seite 295

Lösungen

1. Einführung in das Controlling

1.1 Abgrenzung strategisches Controlling – operatives Controlling

Lösung zu 1: Strategisches Controlling – operatives Controlling

	Strategisch	Operativ
1. Fristigkeit	langfristig	kurzfristig
2. Zielstellung	Existenzsicherung	Gewinnsteuerung
3. Betrachtungsebene	Unternehmung als Ganzes	einzelne Funktionsbereiche
4. Instrumente (beispielhaft)	SWOT-Analyse, Portfolio-Analyse	Abweichungsanalyse, Budgetierung
5. Zielausprägung	verbale Zielbestimmung und konkrete Zielgrößen	konkrete Messgrößen

In Anlehnung an *Joos-Sachse* kann auch folgende Abgrenzung vorgenommen werden:

	Strategisches Controlling	Operatives Controlling
Primäre Orientierung	extern (Umwelt)	intern (Unternehmung)
Zeitbezug	langfristig	kurzfristig
Fragestellung	„Die richtigen Dinge tun"	„Die Dinge richtig tun"
Dimension	Chancen/Risiken Stärken/Schwächen	Aufwand/Ertrag Kosten/Leistung
Vorherrschende Zielgrößen	Erfolgspotenzial	Wirtschaftlichkeit, Rentabilität, Liquidität

Quelle: *Joos-Sachse (2006, S. 7)*

Lösung zu 2: Zentrales Controlling – dezentrales Controlling

Zentrales Controlling:

► Konsolidierungsaufgaben der Konzernplanung, Konzernergebnisrechnung

► vornehmlich strategische Planungs- und Kontrollaufgaben

► Abstimmung zwischen den Geschäftsbereichen (z. B. Festlegung von Verrechnungspreisen)

► bereichsübergreifende Sonderanalysen (z. B. Restrukturierungen)

► Controllingkultur, Personalentwicklung der Controller

► Konzeption und Betreuung von Führungsinformationssystemen sowie einheitliche Methoden und Richtlinien

► strategische Kennzahlen

► Risk Management

Dezentrales Controlling:

► Erfüllung aller Aufgaben mit hoher Geschäftsnähe

► betriebswirtschaftliche Beratung/Sonderanalysen vor Ort

► operatives Controlling, wie z. B. Kostenstellenplanung, Kostenabrechnung, Abweichungsanalyse

► Zusammenarbeit mit der Zentrale bei strategischen Geschäftsfeldfragen

► Anpassung von Instrumenten an Geschäftserfordernisse

► monatliches Berichtswesen und Ergebnisermittlung

► monatliche Kennzahlen

1.2 Organisation des Controlling

Lösung zu 3: Organisation des Controlling

Controlling in internationalen Unternehmungen:

Controlling als Linienstelle

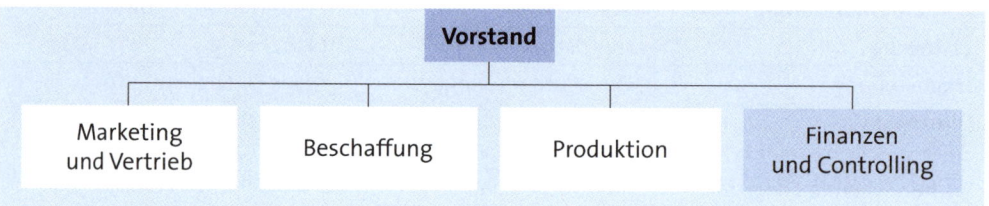

Controlling als Stabsstelle

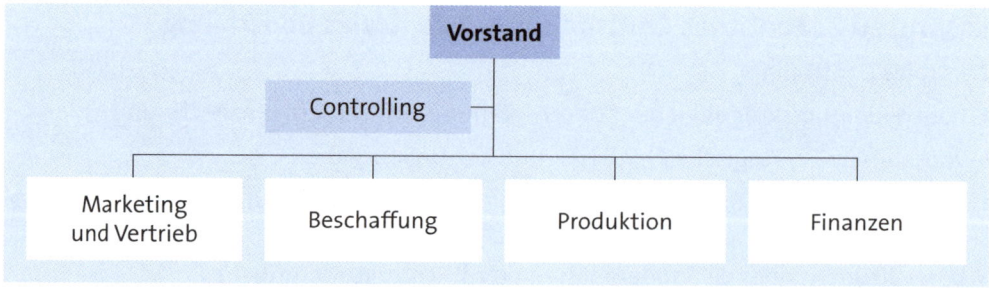

Controlling bei divisionaler Organisation mit Stabsstelle

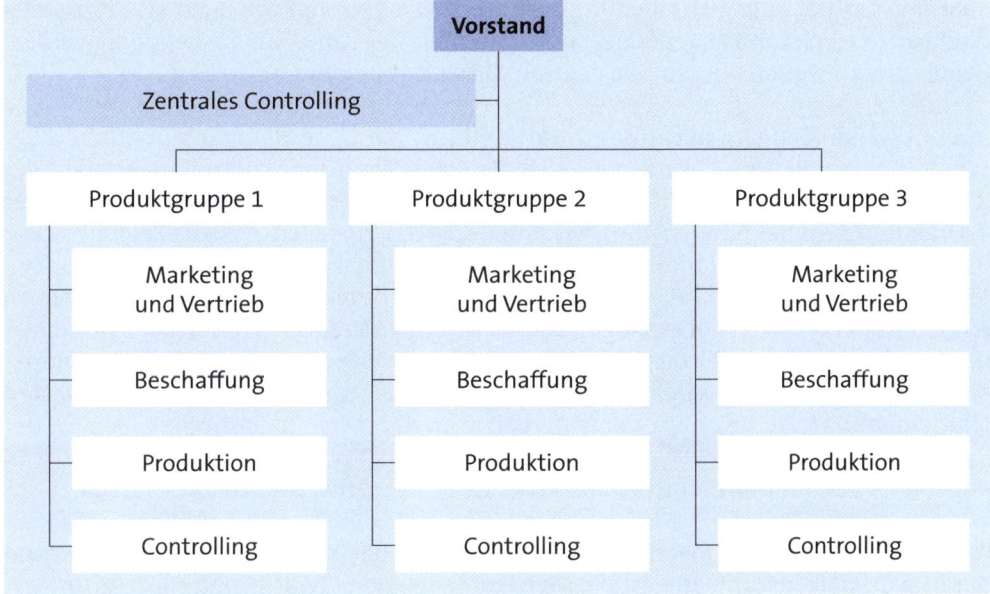

Dotted Line: 2. Berichtslinie (fachlich) an das Zentralcontrolling oder den CFO

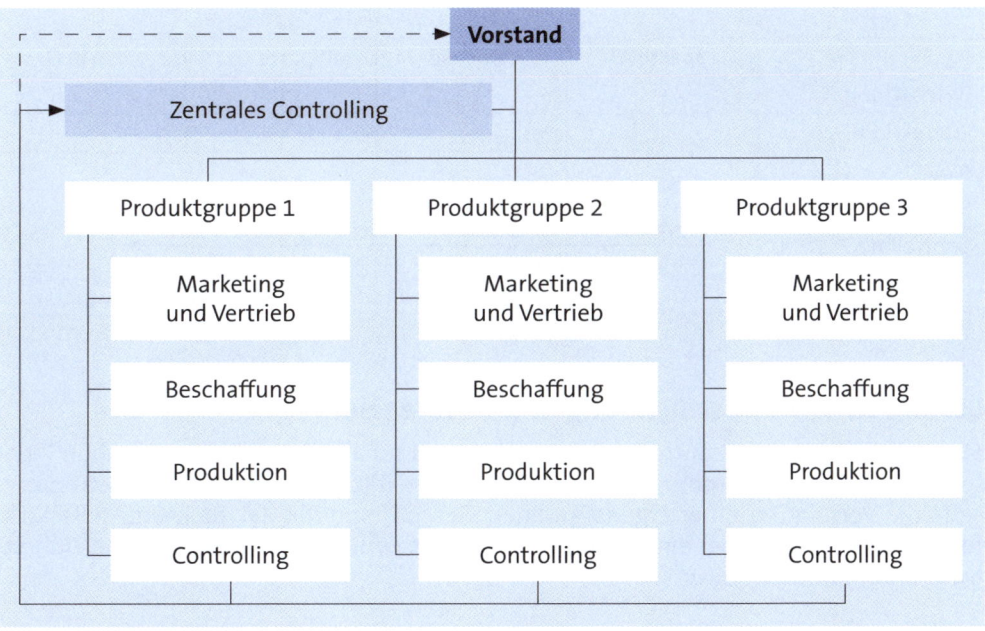

In einer **funktionalen Organisationsform** stehen die Unternehmensfunktionen Beschaffung, Produktion, Absatz, aber auch Personal, Finanzen, Controlling auf der

1. Organisationsebene unterhalb des Vorstandes/der Geschäftsführung. Soll das Controlling stärker an die Geschäftsführung angebunden werden und damit noch mehr als Sparringspartner oder Entscheidungsvorbereiter dienen, kann es auch als Stabsstelle direkt an den Vorstand angegliedert und damit aus der „Linie" herausgehoben werden. Beide Formen stehen eher für die zentrale Organisation des Controlling.

In der **divisionalen Organisationsstruktur** stehen die Unternehmensfunktionen Beschaffung, Produktion, Absatz, aber auch Personal, Finanzen, Controlling erst auf der 2. Organisationsebene. Direkt unterhalb des Vorstandes/der Geschäftsführung auf der 1. Organisationsebene stehen die Divisionen/Sparten, zuweilen auch die Regionen, also eher die Produkte und Produktgruppen. Das Controlling ist eher dezentral organisiert. Jedoch findet sich dann häufig zusätzlich zu den dezentralen Controllingeinheiten noch eine Stabsstelle, die die notwendigen koordinativen und zentralen Controllingaufgaben übernimmt. Um die fachliche Unabhängigkeit gegenüber dem disziplinarischen Vorgesetzten sicherzustellen, wird häufig eine **zweite Berichtslinie**, die so genannte **Dotted Line**, eingeführt. Demnach ist der Mitarbeiter im dezentralen Controlling fachlich der Stabsstelle/dem CFO (Chief Financial Officer) unterstellt und verpflichtet, bei Verstößen gegen die Rechnungswesenrichtlinien die fachlich Vorgesetzten zu informieren.

Aufgrund der durch die Überschneidungen auftretenden Kompetenzstreitigkeiten und Verantwortlichkeitsprobleme ist die **Matrixorganisation** etwas in den Hintergrund getreten. Bei dieser Organisationsform treffen sich die Linienkompetenzen der einzelnen Spartenverantwortlichen mit den Fachkompetenzen der einzelnen Funktionsverantwortlichen (als Querschnittsfunktion über alle Sparten).

	Sparte A	Sparte B	Sparte C	Sparte D
Beschaffung				
Produktion				
Absatz				
Personal				
Controlling				
Finanzen				
EDV				

Lösung zu 4: Standardisierung und Differenzierung

Standardisierung: Die Controllingkonzeption wird für alle in- und ausländischen Tochtergesellschaften innerhalb des Konzerns vereinheitlicht. Dies erschwert zwar einerseits die Verfolgung einer eigenständigen Geschäftspolitik der Tochtergesellschaft, fördert andererseits aber ein konzerneinheitliches Führungskonzept und eine einheitliche Unternehmenskultur.

Differenzierung: Tochtergesellschaften werden im Bereich des Controlling unterschiedlich behandelt. Kulturelle, sprachliche und politische/rechtliche Unterschiede können so besser berücksichtigt werden.

Vorteile der Standardisierung:

- erhöhte Transparenz der Beurteilungsprozesse
- Steigerung der Urteilsgerechtigkeit durch Gleichbehandlung gleicher Sachverhalte
- kürzere Bearbeitungsdauer aufgrund von Übungseffekten durch Wiederholungen
- schnelle Einarbeitung
- Verbesserung der Entscheidungsfähigkeit durch Ausschluss subjektiver Entscheidungen
- Personalaustausch zwischen den Gesellschaften möglich
- Berechenbarkeit von Handlungsinhalten
- Unabhängigkeit von einzelnen lokalen Personen/Controllern

Nachteile der Standardisierung:

- Gefahr einer Überlastung der zentralen Controllingabteilung
- keine Berücksichtigung der lokalen Bedingungen
- hoher Aufwand für die Erstellung und ständige Aktualisierung der Standards
- Gefahr einer allzu schematischen Vorgehensweise
- Vernachlässigung innovativer Lösungen durch „Betriebsblindheit"
- Reduzierung der Flexibilität

1.3 Instrumente des Controlling

Lösung zu 5: Instrumente des Controlling

Instrumente des operativen Controlling (Auswahl):

- Plankostenrechnung
- Prozesskostenrechnung
- Target-Costing (auch strategisch)
- Budgetierung
- Verrechnungspreise
- Kennzahlensysteme
- Reporting (Berichtswesen)
- ABC-Analyse

Instrumente des strategischen Controlling (Auswahl):

- Make-or-Buy-Entscheidungen
- Benchmarking
- Investitionsrechnungen
- Portfolio-Analyse

- Erfahrungskurve
- Balanced Scorecard
- Gemeinkostenwertanalyse
- Risk Management
- Zero Based Budgeting

1.4 Anwendung der Instrumente in Funktionen

Lösung zu 6: Anwendung der Instrumente

Instrumente des operativen Controlling (Auswahl):

- **Plankostenrechnung** → Anwendung u. a. im Kostencontrolling: Feststellen einer etwaigen Kostenabweichung und Ursachenforschung

- **Prozesskostenrechnung** → Anwendung u. a. im Beschaffungscontrolling: verursachungsgerechte Verteilung der Beschaffungs-Gemeinkosten auf die Produkte zur besseren Preissetzung

- **Target-Costing** → Anwendung u. a. im Kostencontrolling: ermöglicht eine Markt- und kundenorientierte Produktpolitik durch marktorientierte Zielkostenplanung schon früh im Produktlebenszyklus

- **Budgetierung** → Anwendung u. a. im Vertriebscontrolling: Zuweisung von Rabatt-Budgets oder Werbemittelbudgets

- **Verrechnungspreise** → Anwendung u. a. im Finanzcontrolling: Bestimmung von konzerninternen Verrechnungspreisen zur Steueroptimierung

- **Kennzahlensysteme** → Anwendung u. a. im Finanzcontrolling: Erkennen von Handlungsoptionen zum Erreichen eines bestimmten Wertes der Spitzenkennzahl (z. B. Economic Value Added (EVA))

- **Reporting (Berichtswesen)** → Anwendung u. a. im Personalcontrolling: Krankmeldungen (tägliches Reporting)

- **ABC-Analyse** → Anwendung u. a. im Beschaffungscontrolling: Bestimmen des Bestelllaufwands (z. B. Anzahl der zu vergleichenden Angebote) für A-, B-, und C-Materialien

Instrumente des strategischen Controlling (Auswahl):

- **Make-or-Buy-Entscheidungen** → Anwendung u. a. im Produktionscontrolling: Teile fremdbeziehen oder Teile selbst herstellen

- **Benchmarking** → Anwendung u. a. im Produktionscontrolling: systematischer Vergleich mit den Produktionskosten der Konkurrenten, um dann Verbesserungspotenziale identifizieren zu können

- **Investitionsrechnungen** → Anwendung u. a. im Investitionscontrolling: Wirtschaftliche Prüfung von Investitionen im Voraus und im Nachhinein als Kontrolle

- **Portfolio-Analyse** → Anwendung u. a. im Markencontrolling: Steuerung des Produkt-Portfolios nach den Kriterien Chancen/Risiken, Stärken/Schwächen

- **Erfahrungskurve** → Anwendung u. a. im Kostencontrolling: Bestimmung derjenigen Produktionsmenge, ab der eine bestimmte Höhe der Stückkosten unterschritten wird

- **Balanced Scorecard** → Anwendung u. a. im Strategiecontrolling: Analyse der Wirkungen verschiedener Strategieoptionen auf die Kennzahlen der Balanced Scorecard

- **Gemeinkostenwertanalyse** → Anwendung u. a. im Kostencontrolling: Identifikation von Kostenträgern, auf die verzichtet werden kann

Lösung zu 7: Funktionale Controllingaufgaben

Funktionale Controllingbereiche:

- Personalcontrolling
- Finanzcontrolling
- Vertriebscontrolling
- F&E-Controlling
- Logistikcontrolling
- Investitionscontrolling

Lösung zu 8: Personalcontrolling

Bestandteile des Personalcontrolling:

- Bonuszahlungen
- Personalkosten
- Kennzahlen
- Weiterbildungsmaßnahmen und -kosten
- Personalbedarfsplanung
- Berechnung von Sozialkostenaufschlägen
- Personalabrechnungen
- Nachfolgeprogramme im Controlling
- Personaleinsatzplanungen
- Planung von Leiharbeiterkosten
- Tariferhöhungen und sonstige Personalkostensteigerungen
- Berechnung von Abfindungszahlungen
- Planung von Pensionsrückstellungen
- Berechnung von Urlaubsrückstellungen und sonstigen Personalrückstellungen

Lösung zu 9: Logistikcontrolling

Bestandteile des Logistikcontrolling:

- ► Auftragseingang und Bestandsführung
- ► Bestandskosten, Working Capital Management
- ► Supplier Service Level
- ► Customer Service Level
- ► Logistikkostenkontrolle und -planung
- ► Umschlagshäufigkeiten
- ► Transportkosten
- ► Fehlbestände und -kosten

Anmerkung zu **Supplier Service Level**: Der Supplier Service Level misst, inwieweit die Bestellungen der Lieferanten zur rechten Zeit, in der richtigen Menge, in der richtigen Qualität, am richtigen Ort geliefert wurden, und dient zur Messung der Güte eines Lieferanten.

Anmerkung zu **Customer Service Level**: Der Customer Service Level misst analog, inwieweit meine Produkte oder Dienstleistungen, d. h. meine Aufträge vom Kunden, beim Kunden zur rechten Zeit, in der richtigen Menge, in der richtigen Qualität, am richtigen Ort geliefert wurden.

Lösung zu 10: Finanzcontrolling

Bestandteile des Finanzcontrolling:

- ► Bilanzanalyse
- ► Kennzahlen
- ► Bilanzvergleiche
- ► Jahresabschlussanalyse
- ► Cash- und Free Cashflow-Betrachtungen
- ► Liquiditäten
- ► Bilanzstruktur

Lösung zu 11: Vertriebscontrolling

Bestandteile des Vertriebscontrolling:

- ► Preiselastizitäten
- ► absolute und relative Marktanteile
- ► Umsatzrenditen
- ► Preisdifferenzierung

- Werbeeffizienzen
- Preis-Absatz-Funktionen und Preis-Absatz-Analysen
- Kennzahlen im Vertriebsbereich:
  - Umsatz pro Außendienstmitarbeiter
  - Personalkostenquote Vertrieb
  - Personalkosten Außendienst und Innendienst
  - Kundenbesuche pro Außendienstmitarbeiter

Lösung zu 12: F&E-Controlling

Bestandteile des F&E-Controlling:

- Umsatz mit neuen Produkten
- Anteil der Umsätze mit neuen Produkten am Gesamtumsatz
- Forschungs- und Entwicklungskostenplanung und -kontrolle
- Anteil der F&E-Kosten an den Gesamtkosten
- Anzahl Patente
- Mitarbeiter im F&E-Bereich
- Anzahl neuer Produkte
- Anzahl von Projekten
- Anteil erfolgreicher Projekte mit Markteinführung

Lösung zu 13: Investitionscontrolling

Bestandteile des Investitionscontrolling:

- Wirtschaftlichkeitsberechnungen: statische und dynamische Investitionsrechnungsverfahren
- Investitionsnachrechnungen
- Investitionsbudgetplanung
- Budgetkontrolle
- Berechnung der Inangriffnahmen und deren Inanspruchnahmen
- Controlling der Nettobilanzzugänge

Anmerkung zu **Berechnung der Inangriffnahmen und deren Inanspruchnahmen**: Eine Inangriffnahme eröffnet ein Investitionsprojekt mit der ersten Geldausgabe. Mit dieser wird das gesamte genehmigte Projekt eröffnet und das gesamte Budget reserviert. Während die Inangriffnahme den Beginn eines genehmigten Projektes zeigt, werden beim Bilanzzugang die Rechnungen der Lieferanten und Dienstleister für bereits erledigte Aufgaben im Projekt verbucht und die Investition als Vermögensgegenstand in die Bilanz übernommen.

2. Operatives Controlling

2.1 Wiederholung Kosten- und Leistungsrechnung

Lösung zu 14: Zwecke der Kosten- und Leistungsrechnung

Zwecke der Kosten- und Leistungsrechnung:

- ► Kalkulationen
- ► Wirtschaftlichkeitskontrolle
- ► Betriebsergebnisermittlung
- ► Grundlage zur Bestandsbewertung
- ► Grundlage zum Treffen dispositiver Entscheidungen
- ► sonstige Zwecke, z. B. Grundlage für Versicherungsprämien

Anmerkung zu **Kalkulation**: Die Kalkulation dient der Ermittlung der Selbstkosten. Darauf aufbauend kann der Erfolg ermittelt werden. Durch die Bestimmung der Selbstkosten können Preisuntergrenzen definiert und Verkaufspreise und Verrechnungspreise festgelegt werden. Bei öffentlichen Aufträgen müssen die Selbstkosten angegeben werden. (LSP: Leitsätze für die Preisermittlung aufgrund von Selbstkosten bei öffentlichen Aufträgen)

Anmerkung zu **dispositive Entscheidungen**: Dispositive Entscheidungen umfassen die Entscheidung über Eigenfertigung oder Fremdfertigung, über die Annahme von Zusatzaufträgen sowie über die Gestaltung der Produktionsprogrammplanung und der Engpassplanung.

Lösung zu 15: Aufbau der Kosten- und Leistungsrechnung

Dreistufiger Aufbau der Kosten- und Leistungsrechnung:

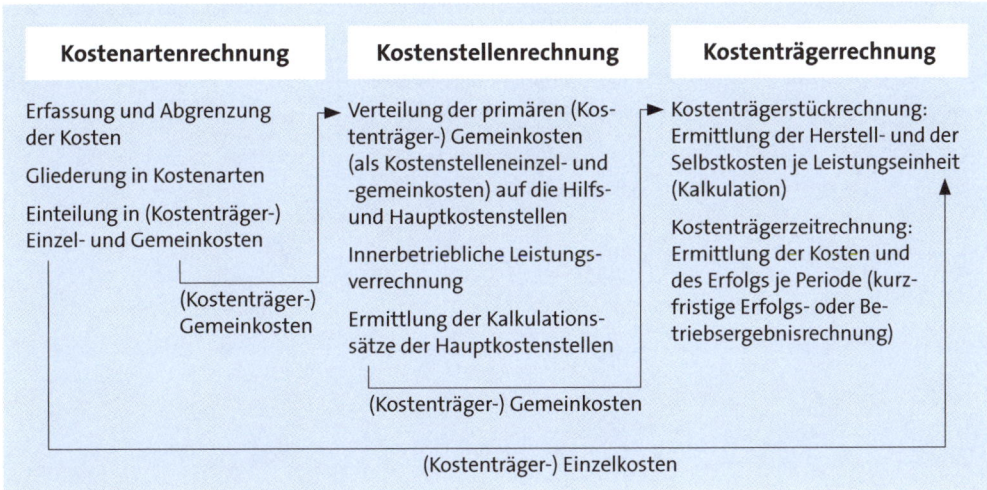

Ablaufschema der Vollkostenrechnung (I)

Kostenartenrechnung	Kostenstellenrechnung	Kostenträgerrechnung

Kostenartenrechnung

Erfassung und Abgrenzung der Kosten aus Vorsystemen (Buchführung, Materialwirtschaft, Personalabrechnung, Vertriebssystem)

Gliederung in Kostenarten und Prüfung, ob Einzel- (EK) oder Gemeinkosten (GK):

1. Werkstoffkosten:

   - Rohstoffe → EK

   - Hilfs- u.
     Betriebsstoffe → GK

2. Betriebsmittelkosten:
   Abschreibungen → GK

3. Arbeitskosten:
   Fertigungslöhne und
   zugehörige Sozialkosten
   → EK

   Hilfslöhne (+ Sozialkosten)
   → GK

   Gehälter (+ Sozialkosten)
   → GK

4. Wagniskosten → GK

5. Kapitalkosten → GK

6. Steuern und Abgaben → GK

7. Fremdleistungskosten → GK

Kostenstellenrechnung

Hilfs-kostenstellen	Haupt-kostenstellen
Kantine	Material
Reparatur	Fertigung
Energie	Verwaltung
	Vertrieb
ESK = 0	ESK = Summe der PSK

Verteilung der primären Stellen-gemeinkosten (PSK) auf die Hilfs- und Hauptkostenstellen direkt oder mit Schlüsseln

Innerbetriebliche Leistungs-verrechnung nach dem Block-, Stufenleiter- oder Simultan-verfahren; Entlastung der Hilfskostenstellen (ESK = 0)

Ermittlung der Endstellenkosten und der Kalkulationssätze der **Hauptkostenstellen**.

Kostenträgerrechnung

Kostenträgerstückrechnung: Ermittlung der Herstell- und der Selbstkosten je Leistungseinheit

   Materialeinzelkosten
+ Materialgemeinkosten
+ Fertigungseinzelkosten
+ Fertigungsgemeinkosten

= Herstellkosten (= Ansatz zur Bestandsbewertung)
+ Verwaltungsgemeinkosten
+ Vertriebseinzel- und -gemeinkosten

= Selbstkosten
+ Gewinnaufschlag

= kalkulierter Preis

Kostenträgerzeitrechnung: Ermittlung der Kosten und des Erfolgs je Periode nach dem Gesamt- oder Umsatzkosten-verfahren

S	Gesamtkostenverfahren	H
Gesamtkosten nach Kostenarten Bestandsminderung zu Herstellkosten (HK) Saldo: Gewinn	Umsatzerlöse (nach Produkten) Bestandserhöhung zu HK Verlust	

S	Umsatzkostenverfahren	H
Selbstkosten der abgesetzten Erzeugnisse (meist unterteilt nach Verwal-tungs- und Vertriebskosten so-wie den Herstellkosten; häufig aufgeteilt nach Produkten) Saldo: Gewinn	Umsatzerlöse (nach Produkten)	

Ablaufschema der Vollkostenrechnung (II)

2.2 Kostenrechnungssysteme

Lösung zu 16: Kostenrechnungssysteme

		nach dem Zeitbezug					
		Istkosten-rechnung (Istkosten der Abrechnungs-periode)	**Normalkostenrechnung** (Durchschnittskosten der Vergangenheit)		**Plankostenrechnung** (zukünftige geplante Kosten)		
nach dem Um-fang	**Vollkosten-rechnungen** Teilung in fixe und variable Bestandteile	Istvollkosten-rechnung	keine Kosten-aufspaltung	Kosten-aufspaltung	keine Kosten-aufspaltung	Kosten-aufspaltung	
			starre Normal-kostenrech-nung (zu Vollkosten)	flexible Normal-kostenrech-nung (zu Vollkosten)	starre Plankosten-rechnung (zu Voll-kosten)	flexible Plankosten-rechnung (zu Voll-kosten)	
	Teilkosten-rechnungen	(Istteilkosten-rechnung)		(Normal-teilkosten-rechnung)		(Grenz-plankosten-rechnung)	

Lösung zu 17: Erfüllung der Wirtschaftlichkeitskontrolle durch die Kostenrechnungssysteme

Istkostenrechnung:
Aufgrund des alleinigen Istbezugs ist nur ein Zeit- oder Betriebsvergleich mit anderen Betrieben oder Perioden möglich. Problem dabei ist, dass dann mitunter Unwirtschaftlichkeit mit Unwirtschaftlichkeit verglichen wird. Sollten planerische Ansätze vorhanden sein (abgeleitet von Stücklisten und Arbeitsplänen), ist teilweise eine einfache Kostenkontrolle von Einzelkosten möglich.

Normalkostenrechnung:
Hier ist lediglich der Vergleich mit Durchschnittswerten möglich. Dieser Vergleich ist zwar aussagekräftiger als bei einer Istkostenrechnung, allerdings sind Ineffizienzen in der Fertigung hier nur schwer zu erkennen. Stattdessen errechnet man Missdeckungen. Bei flexibler Form können Missdeckungen auch dahingehend differenziert werden, ob sie auf Beschäftigung zurückzuführen sind (falsche Behandlung der Fixkosten) oder sich auf den reinen Verbrauch beziehen.

Starre Plankostenrechnung:
Es werden Vergleiche mit geplanten Werten angestellt. Preisabweichungen sind ermittelbar, da die tatsächlichen Preise mit den geplanten Preisen verglichen werden können. Zudem ist eine summarische Kostenkontrolle in der Kostenartenrechnung möglich. In den Verantwortungsbereichen/Kostenstellen ist eine Wirtschaftlichkeitskontrolle nur eingeschränkt möglich, da ohne die Trennung von fixen und variablen Bestandteilen lediglich eine gesamte Mengenabweichung ermittelt werden kann, die

jedoch nicht in die Beschäftigungs- und Verbrauchsabweichung aufgespalten werden kann. Für die rechnerische Beschäftigungsabweichung kann jedoch niemand verantwortlich gemacht werden. Damit handelt es sich um keine wirksame Kostenkontrolle.

Flexible Plankostenrechnung zu Vollkosten und Teilkosten:
Es werden Vergleiche mit geplanten Werten angestellt. Preisabweichungen sind ermittelbar, da die tatsächlichen Preise mit den geplanten Preisen verglichen werden können; zudem ist eine summarische Kostenkontrolle in der Kostenartenrechnung möglich. In den Verantwortungsbereichen/Kostenstellen ist eine Wirtschaftlichkeitskontrolle möglich, da durch die Trennung von fixen und variablen Bestandteilen die Mengenabweichung in die Beschäftigungs- und Verbrauchsabweichung aufgespalten werden kann. Letztere kann dann weiter analysiert werden. Damit handelt es sich um eine wirksame Kostenkontrolle.

2.2.1 Normalkostenrechnung

Lösung zu 18: Normalkostenrechnung

Schritt 1:
Aus den Vergangenheitswerten (2013 - 2016) lassen sich normalisierte Zuschlagssätze bestimmen (Gemeinkosten je Einzelkosten bzw. Herstellkosten).

▶ Normalisierter Materialgemeinkosten-Zuschlagssatz:

$$\frac{125.000\ €}{312.500\ €} = 0,4 \rightarrow 40\ \%$$

▶ Normalisierter Fertigungsgemeinkosten-Zuschlagssatz:

$$\frac{143.000\ €}{110.000\ €} = 1,3 \rightarrow 130\ \%$$

▶ Normalisierter Verwaltungs- und Vertriebsgemeinkosten-Zuschlagssatz:

$$\frac{103.575\ €}{(125.000\ € + 312.500\ € + 143.000\ € + 110.000\ €)} = 0,15 \rightarrow 15\ \%$$

Schritt 2:
Anschließend kann berechnet werden, wie hoch die Gemeinkosten bei aktuellen Einzelkosten (bzw. Herstellkosten) wären. Das heißt, die normalisierten Zuschlagssätze aus Schritt 1 sind auf die Istbezugsgrundlagen des Jahres 2017 anzuwenden. Es ergeben sich dann Gemeinkostenbeträge, die als „normal" gelten können.

▶ „Normale" Materialgemeinkosten:
290.000 € • 0,4 = 116.000 €

▶ „Normale" Fertigungsgemeinkosten:
120.000 € • 1,3 = 156.000 €

▶ „Normale" Verwaltungs- und Vertriebs-Gemeinkosten:
(290.000 € + 116.000 € + 120.000 € + 156.000 €) • 0,15 = 102.300 €

Anmerkung: 290.000 € und 120.000 € sind die Isteinzelkosten; 116.000 € und 156.000 € stellen demnach die normalisierten Gemeinkosten (Isteinzelkosten • normalisierter Zuschlagssatz) dar.

Schritt 3:
Abschließend können folgende Vergleiche vorgenommen werden:

► In welcher Höhe hätten Gemeinkosten „normalerweise" anfallen sollen? (siehe Schritt 2)

► In welcher Höhe sind Gemeinkosten tatsächlich angefallen? (siehe Istwerte 2017)

► Ergebnis:

- Unterdeckung, wenn mehr Istkosten angefallen sind, als normal hätten anfallen sollen → Das Unternehmen hat mit zu wenig Gemeinkosten geplant.

- Überdeckung, wenn weniger Istkosten angefallen sind, als normal hätten anfallen sollen → Das Unternehmen hat zu viel Gemeinkosten eingeplant.

Normalisierte Gemeinkosten - Istgemeinkosten → „+" = Überdeckung, „-" = Unterdeckung

► Materialgemeinkosten: 116.000 € - 118.000 € = - 2.000 €

→ Unterdeckung bei den Materialgemeinkosten

► Fertigungsgemeinkosten: 156.000 € - 155.000 € = + 1.000 €

→ Überdeckung bei den Fertigungsgemeinkosten

► VuV-Gemeinkosten: 102.300 € - 114.000 € = - 11.700 €

→ Unterdeckung bei den VuV-Gemeinkosten

Lösung zu 19: Erfüllung der Zwecke der Kosten- und Leistungsrechnung durch die Normalkostenrechnung

a) Inwieweit erfüllt die flexible Normalkostenrechnung auf Vollkostenbasis die Zwecke der Kostenrechnung?

► **Kalkulation:** Aufgrund fehlender Planwerte ist nur die Nachkalkulation möglich.

► **Betriebsergebnisrechnung:** Ist möglich, allerdings ist kein Planergebnis ermittelbar.

► **Wirtschaftlichkeitskontrolle:** Ist nicht möglich. Die Vergleichswerte sind Normalwerte. Hier besteht die Gefahr, dass „Schlendrian mit Schlendrian" verglichen wird. In der Praxis ist diese Form jedoch häufig anzutreffen. Bei starrer Form ist allerdings keine Abspaltung der Beschäftigungsmissdeckung möglich.

► **Dispositive Aufgaben:** Aufgrund des Vollkostenansatzes sind dispositive Entscheidungen nicht möglich.

► **Bestandsbewertung:** Durch das Vorliegen von Ist- und Normalwerten ist eine Bestandsbewertung möglich und auch nicht immer neu durchzuführen.

b) Vorteile gegenüber der Istkostenrechnung:

- ► Vergleichsmaßstab mit Durchschnittswerten
- ► Vereinfachung und Beschleunigung der Abrechnung
- ► Abrechnung der Kostenstellen und Kalkulationen müssen nicht mehr monatlich erfolgen.

2.2.2 Plankostenrechnung und Abweichungsanalyse

Lösung zu 20: Erfüllung der Zwecke der Kosten- und Leistungsrechnung durch die Plankostenrechnung

a) Inwieweit erfüllt die flexible Plankostenrechnung auf Vollkostenbasis die Zwecke der Kostenrechnung?

- ► **Kalkulation:** Ja, sowohl die Plan- als auch die Nachkalkulation sind möglich.
- ► **Betriebsergebnisrechnung:** Ja, auch die Berechnung eines Planergebnisses ist möglich.
- ► **Wirtschaftlichkeitskontrolle:** Ist möglich, da mit Planwerten ein Soll-Ist-Vergleich ermöglicht wird.
- ► **Dispositive Aufgaben:** Sind aufgrund des Vollkostenansatzes nicht möglich.
- ► **Bestandsbewertung:** Ja, die Kalkulation ist sowohl mit Istwerten als auch mit Planwerten möglich.

b) Unterschiede gegenüber der starren Form: Gegenüber der starren Form werden die fixen Kosten und die variablen Kosten ab der Kostenstellenrechnung zur Kostenkontrolle getrennt.

Lösung zu 21: Aufbau der Plankostenrechnung

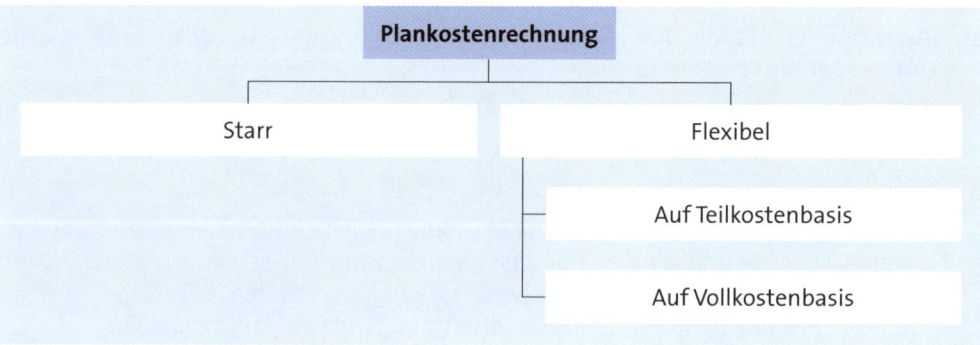

Quelle: *Haberstock (2008, S. 10)*

Lösung zu 22: Aufbau des Betriebsergebnisses

S	Gesamtkostenverfahren	H
Gesamtkosten nach Kostenarten	Umsatzerlöse (nach Produkten)	
Bestandsminderung zu Herstellkosten	Bestandserhöhung zu Herstellkosten	
Saldo: Gewinn	Saldo: Verlust	

S	Umsatzkostenverfahren	H
Selbstkosten der abgesetzten Erzeugnisse (meist unterteilt nach Verwaltungs- und Vertriebskosten sowie Herstellkosten; häufig aufgeteilt nach Produkten)	Umsatzerlöse nach Produkten	
Saldo: Gewinn	Saldo: Verlust	

Lösung zu 23: Betriebsergebnis nach GKV und UKV

Unterschiede:

Gesamtkostenverfahren:

► Berücksichtigung von Bestandsveränderungen
► Kosten gehen nach Kostenarten in die Berechnung ein
► Daten sind einfach aus Buchhaltungsdaten ermittelbar
► produktionsorientiert
► keine Kostenstellenrechnung und Kalkulation nötig

Umsatzkostenverfahren:

► absatzorientiert
► Bestandsveränderungen gehen nicht in die Berechnung ein
► Umsatzerlöse stehen direkt den Selbstkosten der abgesetzten Erzeugnisse gegenüber
► Voraussetzung: ausgefeilte Kostenrechnung notwendig, da die Periodenwerte aus der Kalkulation abgeleitet sind

- Erfolgsbeitrag einzelner Produkte ist ersichtlich
- Kosten sind nach Funktionen und Produkten gegliedert
- Selbstkosten bestehen aus den Herstellkosten und den Vertriebskosten

Gemeinsamkeiten:

- Saldo = Gewinn ist bei beiden gleich
- Umsatz bei beiden gleich

Aber: Abstimmsumme ist unterschiedlich.

Lösung zu 24: Betriebsergebnis in der Plankostenrechnung

S	Flexible Plankostenrechnung zu Vollkosten	H
Planselbstkosten der abgesetzten Erzeugnisse (meist unterteilt nach Verwaltungs- und Vertriebskosten sowie Herstellkosten; häufig aufgeteilt nach Produkten)	Umsatzerlöse (nach Produkten)	
Verbrauchsabweichung Preisabweichung Beschäftigungsabweichung		
Saldo: Gewinn	Saldo: Verlust	

S	Grenzplankostenrechnung	H
Proportionale Planselbstkosten der abgesetzten Erzeugnisse (häufig aufgeteilt nach Produkten)		
Fixkosten der Periode		
Verbrauchsabweichung Preisabweichung Beschäftigungsabweichung	Umsatzerlöse nach Produkten	
Saldo: Gewinn	Saldo: Verlust	

Es handelt sich bei den Abweichungen und den Fixkosten der Periode um Kosten, die sich nicht auf die Absatzmenge beziehen, sondern auf die Produktion. Dies widerspricht dem Umsatzkostenverfahren im eigentlichen, engen Sinne.

Lösung zu 25: Abweichungsarten

1. Preisabweichungen
2. Mengenabweichungen
   2.1. Beschäftigungsabweichungen
   2.2. Verbrauchsabweichungen
       2.2.1. Globale Verbrauchsabweichungen
       2.2.2. Ausgewählte Spezialabweichungen
       2.2.3. „Echte" Verbrauchsabweichungen/Unwirtschaftlichkeitsabweichungen/Restabweichungen
   2.3. Fixkostenabweichungen

Unter einer Spezialabweichung versteht man die Abweichung eines Kostenbestimmungsfaktors, der nicht in seiner planmäßigen Ausprägung, sondern in einer anderen (Ist-)Ausprägung eingetreten ist.

Diese können u. a. sein:
- Seriengrößenabweichung
- Bedienungsverhältnisabweichung
- Intensitätsabweichung
- Ausbeutegradabweichung
- Maschinenbelegungsabweichung
- Verrechnungsabweichung

Lösung zu 26 und 27: Abweichungsanalyse (I, II)
Allgemein:

Verrechnete Plankosten = Plankostenverrechnungssatz · Istbeschäftigung

Sollkosten = Fixkosten + proportionaler Verrechnungssatz · Istbeschäftigung

Proportionaler Verrechnungssatz = proportionale Kosten/Planbeschäftigung

Plankostenverrechnungssatz = Plankosten/Planbeschäftigung

Preisabweichung = Istkosten i. S. der Istkostenrechnung - Istkosten i. S. der Plankostenrechnung
= Istmenge · Istpreis - Istmenge · Planpreis

Gesamtabweichung = Istkosten (IKR) - verrechnete Plankosten

Mengenabweichung = Istkosten (PKR) - verrechnete Plankosten

Verbrauchsabweichung = Istkosten (PKR) - Sollkosten

Beschäftigungsabweichung = Sollkosten - verrechnete Plankosten

Kostenkontrolle			
	Aufgabe 26	**Aufgabe 27**	
Proportionaler Verrechnungssatz	30	30	in Euro/Stunde
Plankostenverrechnungssatz	50	50	in Euro/Stunde
Verrechnete Plankosten	60.000	60.000	in Euro
Sollkosten	56.000	56.000	in Euro
Preisabweichung	8.000	4.000	in Euro
Gesamtabweichung	18.000	-5.000	in Euro
Mengenabweichung	10.000	-9.000	in Euro
Verbrauchsabweichung	14.000	-5.000	in Euro
Beschäftigungsabweichung	-4.000	-4.000	in Euro

Lösung zu 28: Abweichungsanalyse (III)

a) Berechnung der verrechneten Plankosten, der Sollkosten, der Verrechnungssätze sowie der ermittelbaren Abweichungen:

Verrechnete Plankosten: 120.000 €

Sollkosten: 84.000 € + 45.000 € = 129.000 €

Preisabweichung: 3.000 €

Mengenabweichung: 16.000 €

Verbrauchsabweichung: 7.000 € (Mehrverbrauch)

Beschäftigungsabweichung: 9.000 € (zu wenig verrechnete Fixkosten)

Gesamtabweichung: 19.000 €

Gesamtverrechnungssatz: $\dfrac{150.000\ €}{1.500\ h} = 100\ €/h$

Proportionaler Verrechnungssatz: $\dfrac{105.000\ €}{1.500\ h} = 70\ €/h$

Anmerkungen:

Sollkosten = 70 €/h · 1.200 h + 45.000 € = 129.000 €

Verrechnete Plankosten = 100 €/h · 1.200 h = 120.000 €

Preisabweichung = Istkosten (IKR) - Istkosten (PKR) = 139.000 € - 136.000 € = 3.000 €

Verbrauchsabweichung = Istkosten (PKR) - Sollkosten = 136.000 € - 129.000 € = 7.000 €

Beschäftigungsabweichung = Sollkosten - verrechnete Plankosten
= 129.000 € - 120.000 € = 9.000 €

Mengenabweichung = Verbrauchsabweichung + Beschäftigungsabweichung
= 9.000 € + 7.000 € = 16.000 €

Gesamtabweichung = Mengenabweichung + Preisabweichung
= 16.000 € + 3.000 € = 19.000 €

b)

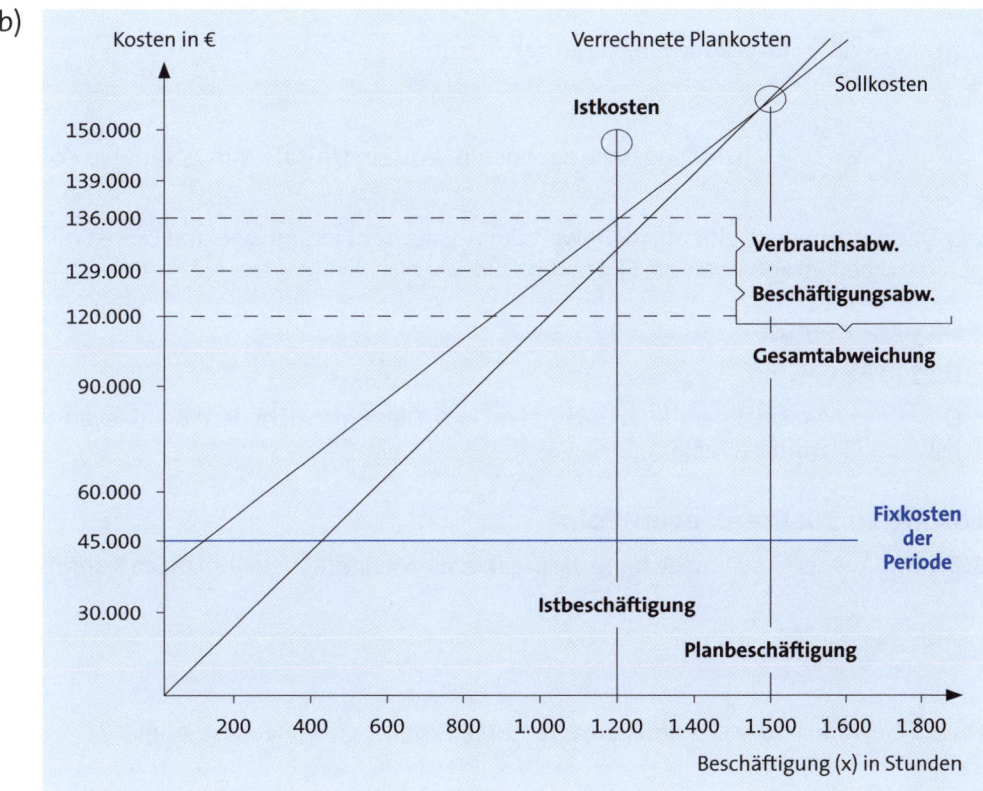

2.3 Deckungsbeitragsrechnung

2.3.1 Break-even-Analyse

Lösung zu 29: Deckungsbeitrag und Gewinnschwelle

Mathematische Herleitung des Deckungsbeitrags ausgehend von der allgemeinen Gewinnformel:

Gewinn = Umsatz - Kosten $\quad$ $G = U - K$

wobei Kosten = Fixkosten + variable Kosten $\quad$ $K = Kf + Kv$

und Umsatz = Preis • Menge $\quad$ $U = p \cdot x$

$$G = p \cdot x - (kv \cdot x + Kf) = p \cdot x - kv \cdot x - Kf = U - Kv - Kf$$

Wird x ausgeklammert, so ergibt sich: $\quad G = (p - kv) \cdot x - Kf$

$(p - kv) = db \quad$ (Stückdeckungsbeitrag)

$(p - kv) \cdot x = DB \quad$ (Deckungsbeitrag) oder in Worten: Umsatz minus variable Kosten

Der Deckungsbeitrag gibt an, inwieweit der Absatz der Erzeugnisse und Dienstleistungen dazu beigetragen hat, die Fixkosten zu decken.

- DB < Kf => Verlust
- DB > Kf => Gewinn
- DB = Kf => Absatz ist gerade so hoch, dass G = 0. Dies entspricht dem Break-even-Point bzw. der Gewinnschwelle.

Lösung zu 30: Break-even-Point

1. Schritt: Aus der Gewinngleichung die Break-even-Menge (X) herleiten (nach X auflösen).

$$G(X) = X \cdot (p - kv) - Kf$$

Da der Gewinn an der Gewinnschwelle („Break-even") gleich Null ist, folgt:

$$0 = X \cdot (p - kv) - Kf \quad \rightarrow \quad X_{BE} = \frac{Kf}{p - kv}$$

2. Schritt: Kf bestimmen

$$X_{BE} = \frac{Kf}{p - kv}$$

Wir wissen: Die Gesamtkosten belaufen sich auf 2,5 Mio. €. Da gilt: Gesamtkosten = variable Kosten + Fixkosten, können die Fixkosten bestimmt werden als:

Fixkosten = Gesamtkosten - variable Kosten

Mit Kv = 10.000 Stk. $\cdot$ 200 €/Stk. = 2 Mio. €

folgt Kf = 2,5 Mio. € - 2 Mio. € = 0,5 Mio. €

3. Schritt: Break-even-Menge bestimmen

$$X_{BE} = \frac{Kf}{p - kv} \quad \rightarrow \quad X_{BE} = \frac{500.000\ €}{280\ €/\text{Stk.} - 200\ €/\text{Stk.}} = 6.250\ \text{Stk.}$$

Lösung zu 31: Break-even-Analyse – Beispiel: Fernseher-Produktion

a)

Umsatz - variable Kosten - Fixkosten = Gewinn

2 Mio. Stück • 1.500 €/Stück - 700 Mio. € (Fixkosten) - 500 €/Stück • 2 Mio. Stück =

3.000 Mio. € - 700 Mio. € - 1.000 Mio. € = 1.300 Mio. €

b) Break-even-Point = Gewinn von Null

Um den Break-even-Point zu errechnen, ist eine Gleichung aufzustellen in Abhängigkeit von x, wobei der Umsatz definiert ist als Preis • Menge (p • x) und die variablen Kosten als variable Stückkosten • Menge (kv • x)

0 = 1.500 • x - 500 • x - 700 Mio.

700 Mio. = 1.500 x - 500 x

700 Mio. = 1.000 x

x = 700 Mio. : 1.000

x = 700.000 Stück

Die Break-even-Menge liegt bei 700.000 Stück.

2.3.2 Einstufige und mehrstufige Deckungsbeitragsrechnung

Lösung zu 32: Mehrstufige Deckungsbeitragsrechnung

Produktgruppe	Ski		Surfbretter	
Produkt	Racer	Slalom	Profi	Allrounder
Umsatz (€)	3.500.000	2.240.000	1.200.000	1.200.000
- variable Kosten (€)	1.800.000	1.160.000	580.000	630.000
= DB I (€)	1.700.000	1.080.000	620.000	570.000
DB I je Stück (€)	170	135	155	95
= DB I (%)	49 %	48 %	52 %	48 %
- produktfixe Kosten (€)	580.000	360.000	250.000	290.000
= DB II (€)	1.120.000	720.000	370.000	280.000
- produktgruppenfixe Kosten (€)	760.000		680.000	
= DB III	1.080.000		-30.000	
- Unternehmensfixkosten (€)	720.000			
= Betriebsergebnis (€)	330.000			
Umsatzrendite	4 %			

Das positive Betriebsergebnis wird ausschließlich im Bereich Ski erwirtschaftet.

2.3.3 Dispositive Entscheidungen

Lösung zu 33: Versagen von Vollkostenrechnungen

Typische Probleme der Vollkostenrechnung:

„Die **Gefahr von Fehlentscheidungen** besteht mit einer Vollkostenrechnung insbesondere bei allen Dispositionen, bei denen die Kapazitäten und damit die Fixkosten nicht verändert werden, im wesentlichen also bei den folgenden **kurzfristigen Planungsaufgaben**:

1. Ermittlung der Preisuntergrenze für Zusatzaufträge
2. Festlegung des gewinnmaximalen Produktionsprogramms
3. Entscheidung über Eigenerstellung oder Fremdbezug
4. Auswahl der optimalen Maschinenbelegung
5. Bestimmung optimaler Bedienungssysteme
6. Steuerung intensitätsmäßiger Anpassungsprozesse
7. Ermittlung kostenminimaler Transportpläne
8. Bestimmung optimaler Mischungsverhältnisse, u. v. m."

(Haberstock, 2008, S. 20)

Lösung zu 34: Make-or-Buy (I)

a) **Eigenfertigung:**

Fixkosten: 1.250.000 € + 350.000 € = 1.600.000 €

Bei 80.000 Stück: Fixkosten/Stück = 20 €

Alle Kosten inkl. Fixkosten sind relevant, da die Maschinen und Werkzeuge erst gekauft werden müssen: 80 €/Stück (Fixkosten: 20 €, Lohnkosten: 20 €, Materialkosten: 40 €) relevante Kosten gegenüber 70 €/Stück bei Fremdbezug.

Schlussfolgerung: Der Fremdbezug ist günstiger.

Kritische Menge:

$$1.600.000 € + 60 € \cdot X = 70 € \cdot X$$
$$1.600.000 € = 10 € \cdot X$$
$$\rightarrow X = 160.000 \text{ Stück}$$

b) Kurzfristig sind bei Eigenfertigung nur die variablen Kosten relevant, da die Fixkosten kurzfristig gesehen nicht abgebaut werden können.

Kosten: 60 €/Stück

Schlussfolgerung: Die Eigenfertigung ist günstiger.

Lösung zu 35: Make-or-Buy (II)

a) Kurzfristig bleiben die Fixkosten bestehen.

Fixe Kosten der Fertigung: 420 €/Stück (setzen sich zusammen aus den fixen Anteilen der Fertigungsgemeinkosten und der Materialgemeinkosten; 70 % von 600 €)

Variable Kosten: 1.280 € (Einzelkosten: 1.100 €, variable Bestandteile der Gemeinkosten: 30 % von 600 € = 180 €)

Die Fixkosten bleiben bei Annahme der Fremdfertigung bestehen, d. h. bei Fremdbezug liegen die Kosten ohne Verwaltungs- und Vertriebskosten bei 1.920 € kurzfristig, nämlich 1.500 € des externen Anbieters zuzüglich der Fixkosten in Höhe von 420 €. Verwaltungs- und Vertriebskosten fallen in beiden Fällen an. Langfristig können jedoch die Fixkosten der Fertigung abgebaut werden. Aus kurzfristiger Sicht ist die Eigenfertigung billiger. Die Entscheidung fällt also für „Make".

b) Neben dem Stückpreis zu berücksichtigende Faktoren könnten sein: Qualität, Versorgungssicherheit, soziale Gesichtspunkte (z. B. Zusicherung an den Betriebsrat, keine Mitarbeiter abzubauen), Umweltschutz etc.

c) Ein Wechsel bei einem Stückpreis von 1.800 € ist langfristig nicht sinnvoll, da Verwaltungs- und Vertriebskosten (VuV) für beide Alternativen anfallen (bei einem Fremdbezug eventuell sogar noch mehr). Bei einem Stückpreis von 1.500 € muss über einen Wechsel nachgedacht werden.

Lösung zu 36: Make-or-Buy (III)

Schritt 1: Welche Kosten entstehen zusätzlich zu allen bisherigen Kosten, wenn die Messing-Ventile selbst gefertigt werden?

Es müssen also die variablen Kosten bei Eigenfertigung bestimmt werden.

Variable Kosten je Stück:

► Materialaufwand: 12,90 €
► Lohnaufwand: 36,35 €
► variable Gemeinkosten:

- 25 % von 14 % der Materialeinzelkosten $\rightarrow$ 0,25 · 0,14 · 12,90 € = 0,45 €
- 35 % von 180 % der Fertigungseinzelkosten $\rightarrow$ 0,35 · 1,8 · 36,35 € = 22,90 €

Variable Kosten je Stück bei Eigenfertigung demnach:

12,90 € + 0,45 € + 36,35 € + 22,90 € = 72,60 €

Schritt 2: Vergleich der zusätzlich anfallenden Kosten bei Eigenfertigung mit den zusätzlich anfallenden Kosten bei Fremdbezug:

► zusätzlich anfallende Kosten je Stück bei Eigenfertigung (siehe Schritt 1): 72,60 €
► zusätzlich anfallende Kosten je Stück bei Fremdbezug (= Bezugspreis): 83,00 €

→ Die zusätzlich anfallenden Kosten bei Eigenfertigung sind geringer als die zusätzlich anfallenden Kosten bei Fremdbezug: Entscheidung für „Make".

Lösung zu 37: Make-or-Buy (IV)

Schritt 1: Welche Kosten entstehen zusätzlich zu allen bisherigen Kosten, wenn die benötigte Teile-Charge (5.000 Stück) selbst gefertigt wird?

Es müssen also die variablen Kosten der 5.000er-Charge bei Eigenfertigung bestimmt werden.

Variable Kosten:

► Materialaufwand: 12,90 €/Stk. • 5.000 Stk. = 64.500 €

► Lohnaufwand: 36,35 €/Stk. • 5.000 Stk. = 181.750 €

► variable Gemeinkosten:

  - 25 % von 14 % der Materialeinzelkosten → 0,25 • 0,14 • 64.500 € = 2.257,50 €

  - 35 % von 180 % der Fertigungseinzelkosten → 0,35 • 1,8 • 181.750 € = 114.502,50 €

  - Lizenzgebühren: 100.000 €

Die variablen Kosten je Stück bei Eigenfertigung betragen demnach:

64.500 € + 181.750 € + 2.257,50 € + 114.502,50 € + 100.000 € = 463.010 €

Schritt 2: Vergleich der zusätzlich anfallenden Kosten bei Eigenfertigung mit den zusätzlich anfallenden Kosten bei Fremdbezug:

► zusätzlich anfallende Kosten bei Eigenfertigung (siehe Schritt 1): 463.010 €

► zusätzlich anfallende Kosten bei Fremdbezug (= Bezugspreis): 83 €/Stk. • 5.000 Stk. = 415.000 €

→ Die zusätzlich anfallenden Kosten bei Eigenfertigung sind höher als die zusätzlich anfallenden Kosten bei Fremdbezug: Entscheidung für „Buy".

Lösung zu 38: Programmplanung (I)

a) Gewinn = DB/Stück • abgesetzte Menge

   = 24.000 + 12.000 + (-3.300) + 24.000 + 4.800

   = 61.500 - 50.000 (Fixkosten) = 11.500

b) Bei Eliminierung von Produkt C nimmt der Gewinn um 3.300 € auf 14.800 € zu.

c) Bei zusätzlicher Eliminierung von Produkt D nimmt der Gewinn um den DB von 24.000 € ab. Es ergibt sich ein **Verlust** von 9.200 €.

Lösung zu 39: Programmplanung (II)

a) Bei freien Kapazitäten sollten diejenigen Produkte produziert werden, die einen positiven Stück-Deckungsbeitrag aufweisen. Die jeweiligen Produktionsmengen sollten allerdings auch abgesetzt werden können.

Schritt 1: Identifikation der Produkte mit positivem Stück-Deckungsbeitrag:

Anmerkung: Stück-DB = Verkaufspreis (P) - variable Stückkosten (kv)

- Produkt 1: P - kv= 1.200 € - 500 € = 700 €

  → Stück-DB positiv, also: Produktion in absetzbarer Menge = 400 Stück

- Produkt 2: P - kv = 900 € - 450 € = 450 €

  → Stück-DB positiv, also: Produktion in absetzbarer Menge = 600 Stück

- Produkt 3: P - kv = 700 € - 250 € = 450 €

  → Stück-DB positiv, also: Produktion in absetzbarer Menge = 800 Stück

- Produkt 4: P - kv = 1.500 € - 800 € = 700 €

  → Stück-DB positiv, also: Produktion in absetzbarer Menge = 300 Stück

- Produkt 5: P - kv = 1.000 € - 600 € = 400 €

  → Stück-DB positiv, also: Produktion in absetzbarer Menge = 400 Stück

- Produkt 6: P - kv = 1.600 € - 750 € = 850 €

  → Stück-DB positiv, also: Produktion in absetzbarer Menge = 200 Stück

b) Die Kapazitäten sind nun begrenzt. Möglicherweise können nun nicht alle Produkte in den absetzbaren Mengen hergestellt werden. Es muss also eine Auswahl getroffen werden, wobei diejenigen Produkte, die am „wertvollsten" sind, natürlich den weniger „wertvollen" Produkten bei der Herstellung vorgezogen werden. „Wertvoll" bezieht sich hierbei auf die Höhe des Stückdeckungsbeitrags je Engpasseinheit (relativer Stückdeckungsbeitrag).

Demnach ist Folgendes zu tun:

1. Berechnen der jeweiligen Stückdeckungsbeiträge je Engpasseinheit.
2. Bilden einer entsprechenden Rangfolge.
3. Produktionsprogramm nach dieser Rangfolge solange, bis die Kapazität erschöpft ist.

Schritt 1: Engpass betrachten: Nur bei Stelle 2 reichen die verfügbaren Minuten nicht aus, um das Produktionsprogramm zu erfüllen. Stück-DB je Engpasseinheit berechnen (Wie „wertvoll" ist ein Produkt?)

	Stück-DB (€)	Bearbeitungszeit Stelle 2 (Min.)	Stück-DB je Minute Bearbeitungszeit (€/Min.)
Produkt 1	700	35	20
Produkt 2	450	20	22,5
Produkt 3	450	15	30
Produkt 4	700	50	14
Produkt 5	400	10	40
Produkt 6	850	34	25

Schritt 2: Rangfolge bilden

Rang	Produkt	Stück-DB je Minute Bearbeitungszeit (€/Min.)
1	Produkt 5	40
2	Produkt 3	30
3	Produkt 6	25
4	Produkt 2	22,5
5	Produkt 1	20
6	Produkt 4	14

Schritt 3: Produktionsprogramm festlegen

Es sind 570 h (d. h. 34.200 Min.) verfügbar.

	Produzierte Menge	Beanspruchte Zeit in Stelle 2 (Min.)	Beanspruchte Zeit kumuliert (Min.)
Produkt 5	400	4.000	4.000
Produkt 3	800	12.000	16.000
Produkt 6	200	6.800	22.800
Produkt 2	570	11.400[1]	34.200
Produkt 1	0	0	34.200
Produkt 4	0	0	34.200
		34.200	

c) Zur Bestimmung der Erfolgseinbuße sind die nicht produzierten Deckungsbeiträge zu addieren, denn diese fehlen gegenüber dem Szenario ohne Engpass.

---

[1] Es sind nur noch 11.400 Min. übrig. 11.400 Min. : 20 Min./Stk. = 570 Stk.

Nicht realisierte (produzierte) Deckungsbeiträge:

Addition der jeweiligen Deckungsbeiträge der Produkte (Stück-DB mal Produktionsmenge):

Produkt 2: 450 €/Stk. • 30 Stk. = 13.500 €

Produkt 1: 700 €/Stk. • 400 Stk. = 280.000 €

Produkt 4: 700 €/Stk. • 300 Stk. = 210.000 €

→ Der durch Engpass nicht realisierte Deckungsbeitrag beträgt: 503.500 €

Lösung zu 40: Zusatzaufträge (I)

Ohne Zusatzauftrag liegt der Beschäftigungsgrad bei 50 %, d. h. die genutzte Kapazität beträgt 20.000 Stück.

Erlöse: 20.000 Stück • 10 €/Stück = 200.000 €

Variable Kosten: 20.000 Stück • (60.000 € : 20.000 Stück) = 60.000 €

Deckungsbeitrag = Erlöse - variable Kosten = 140.000 €

Deckungsbeitrag - Fixkosten = Gewinn

140.000 € - 100.000 € = 40.000 €

Mit Zusatzauftrag ergibt sich folgende Situation:

Erlöse: 20.000 Stück • 10 €/Stück + 10.000 Stück • 5 €/Stück = 250.000 €

Variable Kosten: 30.000 Stück • (60.000 € : 20.000 Stück) = 90.000 €

Deckungsbeitrag = 250.000 € - 90.000 € = 160.000 €

Gewinn: Deckungsbeitrag - Fixkosten = 160.000 € - 100.000 € = 60.000 €

Der Gewinn kann gesteigert werden, d. h. der Zusatzauftrag sollte angenommen werden. Der Zusatzauftrag führt bei freien Kapazitäten dazu, dass die Fixkosten zusätzlich gedeckt werden, oder bei bereits gedeckten Fixkosten zu zusätzlichem Gewinn.

Lösung zu 41: Zusatzaufträge (II)

Bei der Annahme von Zusatzaufträgen muss eine klare Abgrenzung zum Normalgeschäft vorliegen, ansonsten besteht die Gefahr der Preiserosion für das Normalgeschäft. Das heißt, das Normalgeschäft könnte auf Dauer ebenfalls zum Preis des Sondergeschäftes angeboten werden, falls die Kunden des Normalgeschäftes die niedrigeren Preise des Zusatzgeschäftes bemerkt haben und Abschläge fordern. Dies ist genau die Gefahr der Markenhersteller, wenn sie eine Zweitmarke oder Private Label-Geschäfte zur Auslastung der Kapazitäten tätigen und dabei nicht auf eine klare Abgrenzung zum Markengeschäft achten.

2.4 Prozesskostenrechnung

Lösung zu 42: Prozesskostenrechnung

Gründe für die Entwicklung der Prozesskostenrechnung:

- Logistikkosten werden häufig sehr ungenau auf die Produkte verteilt. Es findet damit eine interne Subventionierung statt: Logistikleistungsintensive Produkte werden oftmals durch Produkte mitfinanziert, die wenig Logistikkosten in Anspruch nehmen. Hieraus resultiert die Gefahr einer falschen Programmpolitik des Unternehmens.

- Häufig findet in der Kostenrechnung eine Fokussierung auf direkte Produktionstätigkeiten statt, was im Extremfall dazu führt, dass nur direkte Produktionstätigkeiten als „produktiv" angesehen werden.

- Ein weiterer **Mangel der traditionellen Kostenrechnungssysteme** besteht darin, dass die Gemeinkosten oft durch prozentuale Zuschlagssatzbildung, also nicht verursachungsgerecht, den Kostenträgern zugerechnet werden. Stattdessen werden die Gemeinkosten quasi „mit der Gießkanne" anhand der Einzelkosten oder Herstellkosten auf die Endprodukte verteilt.

- Die Prozesskostenrechnung versucht, diesen Mangel zu beseitigen, indem die Gemeinkosten bestimmter Kostenstellen zunächst den in diesen Kostenstellen getätigten Prozessen zugeordnet werden. Die Anzahl der vom Kostenträger verbrauchten Prozesse bestimmt dann die Höhe der diesem Kostenträger zuzurechnenden Gemeinkosten.

- Da die Prozesskostenrechnung eine genaue Analyse der einzelnen Tätigkeiten in den Kostenstellen voraussetzt, werden auf diesem Wege unproduktive Tätigkeiten besser und schneller aufgedeckt als durch die traditionellen Kostenrechnungssysteme.

Lösung zu 43: Prozesse

Einkauf:

- Angebote einholen
- Lieferantenauswahl
- Bestellungen tätigen
- Wareneingangskontrolle
- Verhandlungen führen
- Konditionen prüfen
- Abteilungsleitung

Personal:

- Bestätigung von Bewerbungseingängen
- Bewerbungsgespräche
- Einstellungstests
- Lohn- und Gehaltsabrechnungen

- Arbeitsverträge ausfertigen
- Einstellungen und Entlassungen
- Abteilungsleitung

Buchhaltung:
- Debitoren buchen
- Kreditoren buchen
- Anlagebuchhaltung führen
- Kreditoren anlegen
- Debitoren anlegen
- Bilanzen und GuV erstellen
- Rechnungen prüfen
- Abteilungsleitung
- Rückstellungen ermitteln und buchen
- Zahlungsläufe durchführen

Materialwirtschaft/Lager:
- Ein- und Auslagern
- Waren prüfen
- Bestandsführung
- Lagerwirtschaftssystem pflegen
- Abteilungsleitung

Versand:
- Ein- und Auslagern
- Kommissionieren
- Lkw beladen
- Rechnungsstellung
- Lkw ordern
- Transport- und Zollpapiere
- Abteilungsleitung

Lösung zu 44: Effekte der Prozesskostenrechnung (I)

Effekte der Prozesskostenrechnung im Vergleich zur traditionellen Zuschlagskalkulation:
- Allokationseffekt
- Degressionseffekt
- Komplexitätseffekt

Lösung zu 45: Effekte der Prozesskostenrechnung (II)

Allokationseffekt:

- ► Beispiel: Verrechnung der Kosten der Materialbeschaffung
- ► Traditionelle Kostenrechnung: 20 % Materialgemeinkostenzuschlag auf die Material-einzelkosten
- ► Prozesskostenrechnung: Verrechnung von 15 € je Beschaffungsvorgang

Degressionseffekt:

- ► Beispiel: Bearbeitung eines Kundenauftrags im Vertrieb
- ► Traditionelle Kostenrechnung: 20 % Vertriebsgemeinkostenzuschlag auf die Herstell-kosten, egal welcher Aufwand tatsächlich anfällt
- ► Prozesskostenrechnung: 250 € je Kundenauftrag
- ► Annahme: Herstellkosten je Erzeugnis: 100 €

Komplexitätseffekt:

- ► Beispiel: Kosten der Kommissionierung eines Kundenauftrags im Vertrieb
- ► Traditionelle Kostenrechnung: 2 % Zuschlag (als Teil der Vertriebsgemeinkosten) als Zuschlag auf die Herstellkosten
- ► Prozesskostenrechnung: Verrechnung von 30 € je Auftragsposition

Beispiel Allokationseffekt, Degressionseffekt, Komplexitätseffekt (mit oben genannten Daten):

Produkt	Fertigungs-materialkosten (€)	20 % Material-gemeinkosten-zuschlag (€)	Material-prozesskosten (€)	Allokationseffekt (€)
A	50	10[1]	15[2]	5
B	100	20[1]	15[2]	-5
C	150	30[1]	15[2]	-15

---

[1] 20 % auf die Fertigungsmaterialkosten

[2] 15 € pro Vorgang

Stück-zahl	Herstell-kosten gesamt (€)	Vertriebs-gemeinkos-tenzuschlag (€)	Vertriebs-prozess-kosten (€)	Stückkosten traditionelle Kostenrech-nung (€)	Stückkosten Prozess-kostenrech-nung (€)	Degres-sionseffekt (€)
1	100	20^1	250^2	120	350	230
10	1.000	200^1	250^2	120	125	5
20	2.000	400^1	250^2	120	113	-7

Auf-trag	Herstellkosten gesamt (€)	Anzahl Auftrags-positionen	Kommissionie-rungskosten der traditionellen Kostenrechnung	Prozesskosten Kommis-sionierung (€)	Komplexitäts-effekt (€)
A	10.000	1	200^3	30^4	-170
B	10.000	10	200^3	300^4	100

Lösung zu 46: Prozesskostensätze (I)

Ermittlung der Prozesskostensätze, der Umlagesätze und der Gesamtprozesskosten-sätze für die Kostenstelle Lager:

Prozess	Cost Driver	Plan-prozess-menge	Plan-prozess-kosten (in €)	Plan-prozess-kostensatz (lmi)	Umlage-satz (lmn)	Gesamt-prozess-kostensatz (in €)
Ein- und Auslagern	Anzahl Lagerungen	40.000	400.000	10	1	11
Kommis-sionieren	Anzahl Verpa-ckungseinheiten	5.000	80.000	16	1,6	17,6
Lkw beladen	Anzahl Lkw	800	120.000	150	15	165
Abteilung leiten			60.000			

---

[1] 20 % der Herstellkosten

[2] 250 € pro Vorgang

[3] 2 % der Herstellkosten

[4] 30 € pro Auftragsposition

Lösung zu 47: Prozesskostensätze (II)

Ermittlung der Prozesskostensätze, der Umlagesätze und der Gesamtprozesskostensätze:

Prozess	Cost Driver	Plan-prozess-menge	Plan-prozess-kosten (€)	Plan-prozess-kostensatz (lmi) (€)	Umlage-satz (lmn) (€)	Gesamt-prozess-kostensatz (€)
Bestätigung von Bewerbungs-eingängen	Anzahl Bestätigungen	2.000	160.000	80	12,8	92,8
Bewerbungs-gespräche	Anzahl Gespräche	100	40.000	400	64	464
Tests	Anzahl Tests	50	50.000	1.000	160	1.160
Abteilung leiten			40.000			

Anmerkungen:

1. Der Planprozesskostensatz ergibt sich aus der Division der Planprozesskosten durch die Planprozessmenge.

2. Der Umlagesatz ergibt sich aus den Kosten der Abteilungsleitung (40.000 €) durch die sonstigen Planprozesskosten (250.000 €) = 0,16

3. Der Gesamtprozesskostensatz ist die Summe der beiden vorherigen Spalten.

Lösung zu 48: Traditionelle Zuschlagskalkulation und Prozesskosten-kalkulation

a) Herstellkosten nach der traditionellen Kostenrechnung:

	Produkt A (€)	Produkt B (€)
Materialeinzelkosten	10	20
Materialgemeinkosten	5	10
Fertigungseinzelkosten	5	4
Fertigungsgemeinkosten	1	0,8
Herstellkosten	**21**	**34,8**

b) Herstellkosten mit der Prozesskostenrechnung:

	Produkt A (€)	Produkt B (€)
Materialeinzelkosten	10	20
Materialgemeinkosten	8	8
Fertigungseinzelkosten	5	4
Fertigungsgemeinkosten	1	0,8
Herstellkosten	**24**	**32,8**

c) Effekt für die Materialstelle: Allokationseffekt (Verteilung der Gemeinkosten nach Verursachung und nicht nach Größe der Einzelkosten)

d) Weitere Effekte:

- ► Degressionseffekt

- ► Komplexitätseffekt

   Der Degressionseffekt kommt dadurch zustande, dass bei der traditionellen Zuschlagskalkulation die Vertriebsgemeinkosten sich entsprechend der Höhe der Herstellungskosten verhalten. Dieser Zusammenhang muss aber tatsächlich nicht bestehen. Der Aufwand des Vertriebs richtet sich häufig nicht nach der Höhe der Herstellkosten.

   Der Komplexitätseffekt entsteht dadurch, dass in der traditionellen Zuschlagskalkulation nicht unterschieden wird, welcher Aufwand für einen Auftrag anfällt. (Siehe auch Aufgabenteil e).)

e) Beispiel: Kosten der Kommissionierung eines Kundenauftrags im Vertrieb

Auftrag	Herstell-kosten gesamt (€)	Anzahl Auftrags-positionen	Kommissionie-rungskosten der traditionellen Kostenrechnung	Prozesskosten Kommis-sionierung (€)	Effekt (= Kom-plexitäts-effekt)
A	10.000	1	300	40	-260
B	10.000	10	300	400	100

Lösung zu 49: Fertigungsplanung – Beispiel: Spielzeugauto

a) Gemeinkosten = 700.000 €

   Einzelkosten Summe = 1.000.000 €

   Zuschlagssatz = Gemeinkosten : Einzelkosten • 100 = 70 %

   Gemeinkosten pro Produkt:

   A = 20 € • 70 % = 14 €

   B = 20 € • 70 % = 14 €

   C = 30 € • 70 % = 21 €

   D = 50 € • 70 % = 35 €

b) Gemeinkosten = 700.000 €

   Baupositionen Summe = 1.400.000 Stück

   Kosten pro Bauposition = 0,5 €

   Gemeinkosten pro Produkt:

   A = 20 • 0,5 € = 10 €

   B = 30 • 0,5 € = 10 €

   C = 50 • 0,5 € = 15 €

   D = 100 • 0,5 € = 25 €

Lösung zu 50: Fertigungsplanung – Beispiel: Fahrrad

a) Gemeinkosten = 300.000 €

Einzelkosten Summe = 150.000 €

Zuschlagssatz = Gemeinkosten : Einzelkosten • 100 = 200 %

Gemeinkosten:

A = 30 € • 200 % = 60 €

B = 40 € • 200 % = 80 €

C = 60 € • 200 % = 120 €

D = 80 € • 200 % = 160 €

b) Gemeinkosten = 300.000 €

Baupositionen Summe = 150.000 Stück

Kosten pro Bauposition = 2 €

Gemeinkosten pro Produkt:

A = 20 • 2 € = 40 €

B = 45 • 2 € = 90 €

C = 80 • 2 € = 160 €

D = 100 • 2 € = 200 €

2.5 Target-Costing

Lösung zu 51: Target-Costing – Beispiel: Outdoor-Produkte

Beiträge der Produktkomponenten zur Erfüllung der von Kunden gewünschten Produktfunktionen:

	Gestell	Plane	Sack	Heringe	Summe
F1	50	35	5	10	100
F2	15	70	5	10	100
F3	40	40	15	5	100
F4	25	30	40	5	100

a) + b)

Kundenwunsch	Gewichtung	Komponenten			
		Gestell	Plane	Sack	Heringe
F1	25 %	12,5	8,75	1,25	2,5
F2	30 %	4,5	21	1,5	3
F3	25 %	10	10	3,75	1,25
F4	20 %	5	6	8	1
Teilnutzen	100 %	32 %	45,75 %	14,5 %	7,75 %
Allowable Costs	100 €	32,00 €	45,75 €	14,50 €	7,75 €
Drifting Costs laut Einzel-kalkulation (HK)	115 €	35,00 €	55,00 €	15,00 €	10,00 €
Kostenanteil	100 %	30,4 %	47,8 %	13,0 %	8,7 %
Zielkostenindex (% Basis)		1,05	0,96	1,11	0,89
Zielkostenindex (€ Basis)		0,914	0,832	0,967	0,775

Anmerkungen:

▶ Der Teilnutzen von 32 % für das Gestell ergibt sich aus der Summe der Multiplikationen zwischen Gewichtung und den Funktionen.

▶ Der Zielkostenindex ergibt sich aus der Division von Allowable Costs durch Drifting Costs.

c) ▶ Zielkostenindex = 1: Komponente hat den richtigen Kostenanteil

▶ Zielkostenindex > 1: Komponente aus Sicht des Kunden zu einfach

▶ Zielkostenindex < 1: Komponenten zu teuer

▶ Maßnahmen:

- Veränderungen vornehmen bei den Materialien und/oder Fertigungsprozessen

- Prüfung der F&E- und VuV-Kosten

- Prüfung, ob Lernprozesse und Degressionseffekte ausreichend berücksichtigt wurden

Lösung zu 52: Target-Costing – Beispiel: Mobiltelefon

Schritt 1: Bestimmen der Nutzenindizes → Beitrag der Komponente zu den Funktionen gewichten mit dem „Wert" der Funktion aus Kundensicht

Beispielhaft für die Komponente „Gehäuse":

Nutzenindex Gehäuse: $0,1 \cdot 0,35 + 0,55 \cdot 0,13 + 0 \cdot 0,3 + 0,15 \cdot 0,22 = 0,1395$

Entsprechend der obigen Beispielrechnung ergeben sich folgende Nutzenindizes:

▶ Gehäuse: 0,1395

▶ Akku: 0,3085

- Display/Technik: 0,4665
- Tastatur/Touchpad: 0,0855

Schritt 2: Bestimmen der Kostenindizes → Kostenanteil der jeweiligen Komponente an den Gesamtkosten

Kostenindex:
- Gehäuse: 55 € : 425 € = 0,1294
- Akku: 154 € : 425 € = 0,3624
- Display/Technik: 184 € : 425 € = 0,4329
- Tastatur/Touchpad: 32 € : 425 € = 0,0753

Schritt 3: Bestimmen der Zielkostenindizes → Nutzenanteil der Komponente ins Verhältnis setzen zum Kostenanteil der Komponenten.

Wenn der Nutzenanteil größer ist als der Kostenanteil, so ist der Wert des Bruchs > 1. Das bedeutet, dass der Kunde sich mehr Funktionsnutzen der Komponente verspricht, als das Unternehmen bereit ist, Kostenanteile in diese Komponente zu investieren.

Die Empfehlung dafür wäre: nachbessern. Die Empfehlung im umgekehrten Fall wäre ein „Abspecken" der Komponente. Ein Wert um „1" bedeutet, dass das Unternehmen das Nutzenempfinden des Kunden durch den investierten Kostenanteil in diese Komponente gut abgebildet hat. Die Empfehlung in diesem Fall wäre also: „so belassen".

Zielkostenindizes (es genügt eine Rundung auf zwei Nachkommstellen):
- Gehäuse: 0,14 : 0,13 = 1,17 > 1 → nachbessern
- Akku: 0,31 : 0,36 = 0,86 < 1 → abspecken
- Display/Technik: 0,47 : 0,43 = 1,09 fast 1 → so belassen
- Tastatur/Touchpad: 0,09 : 0,08 = 1,13 > 1 → nachbessern

Lösung zu 53: Target-Costing – Beispiel: Winzer

a) Target-Price = 20 €

b) Target-Profit = 20 € : 1,1 = 18,18 € (Selbstkosten vor Gewinn = Allowable Costs)
   Profit: 20 € - 18,18 € = 1,82 €

c) Allowable Costs = (20 € : 1,1) = 18,18 €

d) Drifting Costs = 22 € (Kosten laut aktueller Kalkulation unter Einberechnung von zukünftigen Potenzialen)

e) Target-Gap = (22 € - 18,18 €) = 3,82 €

Lösung zu 54: Target-Costing – Beispiel: Saubermach AG

a) und b)

Kundenwunsch	Gewichtung	Komponenten			
		Eimer	Stiel	Wisch-bezug	Wringer
Wischleistung	45 %	5	5	60	30
Ergonomie/Handhabung	30 %	30	50	10	10
Umweltverträglichkeit	5 %	20	20	40	20
Stabilität/Haltbarkeit	20 %	20	20	40	20
Teilnutzen	100 %	16 %	22 %	40 %	22 %
Allowable Costs	15 €	2,44 €	3,34 €	6,00 €	3,23 €
Drifting Costs laut Einzelkalkulation (HK)	17,00 €	2,80 €	2,90 €	7,80 €	3,50 €
Kostenanteil		16 %	17 %	46 %	21 %	100 %
Zielkostenindex		0,99	1,30	0,87	1,04

Anmerkungen:

➤ Der Teilnutzen ergibt sich aus der Summe der Multiplikationen von Gewichtung und den Funktionen.

➤ Der Zielkostenindex ergibt sich aus der Division von Allowable Costs durch Drifting Costs.

➤ Zielkostenindex = 1: Komponente hat den richtigen Kostenanteil

➤ Zielkostenindex > 1: Komponente aus Sicht des Kunden zu einfach

➤ Zielkostenindex < 1: Komponenten zu teuer

Maßnahmen:

- Materialien, Fertigungsprozesse ändern

- F&E- und VuV-Kosten prüfen

- Lernprozesse und Degressionseffekte ausreichend berücksichtigt?

Lösung zu 55: Target-Costing – Beispiel: Ski

a) und b)

Kundenwunsch	Gewichtung	Komponenten			
		Belag	Bindung	Stahl-kante	Ober-fläche
Fahreigenschaft	60 %	30	10	20	40
Design	10 %	10	20	0	70
Sicherheit	20 %	10	50	10	30
Image	10 %	5	15	0	80
Teilnutzen	100 %	22 %	20 %	14 %	45 %
Allowable Costs	500 €	107,50 €	97,50 €	70,00 €	225,00 €
Drifting Costs laut Einzelkalkulation (HK)	530 €	80 €	150 €	40 €	260 €
Kostenanteil		15 %	28 %	8 %	49 %
Zielkostenindex		1,42	0,69	1,75	0,92
Zielkostenindex		1,34	0,65	1,75	0,87

Anmerkungen:

▶ Der Teilnutzen ergibt sich aus der Summe der Multiplikationen von Gewichtung und den Funktionen.

▶ Der Zielkostenindex ergibt sich aus der Division von Allowable Costs durch Drifting Costs.

▶ Zielkostenindex = 1: Komponente hat den richtigen Kostenanteil

▶ Zielkostenindex > 1: Komponente aus Sicht des Kunden zu einfach

▶ Zielkostenindex < 1: Komponenten zu teuer

▶ Maßnahmen:

  - Veränderungen vornehmen bei den Materialien und/oder Fertigungsprozessen

  - Prüfung der F&E- und VuV-Kosten

  - Prüfung, ob Lernprozesse und Degressionseffekte ausreichend berücksichtigt wurden

c) **Vorteile:**

▶ Markt- und Kundenorientierung (außer bei Out of Company)

▶ klare Zielvorgaben (v. a. bei Komponenten- und Funktionsmethode)

▶ zielgerichtete, wertanalytische Produktgestaltung (auch für Komponenten, Verbindung der einzelnen Unternehmensbereiche)

▶ Anwendung bereits in der frühen Phase der Entwicklung, wo ein Großteil der später anfallenden Kosten festgelegt wird

▶ strategisches Hilfsmittel zum Kostenmanagement, aktive Kostenplanung und -kontrolle über den gesamten Lebenszyklus hinweg

- setzt insbesondere bei der Kontrolle und der Steuerung der Einzelkosten an (durch die Funktionsanalyse und Nutzenanalyse)
- schafft Kostenbewusstsein auch im Ingenieurs- und Entwicklungsbereich

Nachteile:

- schwierige Bestimmung von Marktpreisen bei Neuprodukten
- subjektive Zuordnung und Gewichtung von Nutzen- und Kostenanteilen
- Bewertung der Bedeutung von Funktionen und Komponenten für den Kunden schwierig
- Vollkostendenken trotz der Langfristigkeit des Verfahrens birgt Gefahren (z. B. Ansatz Unternehmerlohn oder langfristige Afa auch langfristig nicht beeinflussbar und damit nicht entscheidungsrelevant).

Lösung zu 56: Target-Costing – Beispiel Füllfederhalter (I)

(Berechnung analog zur Aufgabe 52)

Nutzenindex:

- Gehäuse: 0,29
- Feder: 0,21
- Mechanismus: 0,445
- Kappe: 0,055

Kostenindex:

- Gehäuse: 25 € : 148 € = 0,17
- Feder: 45 € : 148 € = 0,30
- Mechanismus: 70 € : 148 € = 0,47
- Kappe: 8 € : 148 € = 0,05

Zielkostenindex:

- Gehäuse: 0,29 : 0,17 = 1,7 → nachbessern
- Feder: 0,21 : 0,3 = 0,7 → abspecken
- Mechanismus: 0,445 : 0,47 = 0,95 → so belassen
- Kappe: 0,055 : 0,05 = 1,1 → nachbessern

Lösung zu 57: Target-Costing – Beispiel: Füllfederhalter (II)

Die Erwartungshaltung der Kunden wird perfekt getroffen → Alle Zielkostenindizes (ZKI) gleich 1.

Die Kosten müssen folglich so bestimmt werden, dass die Kostenanteile exakt den Nutzenindizes entsprechen.

Das bedeutet:

- Für die Komponente **Gehäuse**: Der Kostenanteil sollte 29 % betragen. Bei Gesamtkosten von 148 € sollten die Kosten für die **Komponente Gehäuse 42,92 €** betragen.

- Für die Komponente **Feder**: Kostenanteil sollte 21 % betragen. Bei Gesamtkosten von 148 € sollten die Kosten für die **Komponente Gehäuse 31,08 €** betragen.

- Für die Komponente **Mechanismus**: Kostenanteil sollte 45,5 % betragen. Bei Gesamtkosten von 148 € sollten die Kosten für die **Komponente Gehäuse 67,34 €** betragen.

- Für die Komponente **Kappe**: Kostenanteil sollte 5,5 % betragen. Bei Gesamtkosten von 148 € sollten die Kosten für die **Komponente Gehäuse 8,14 €** betragen.

2.6 Kennzahlen und Kennzahlensysteme

2.6.1 Kennzahlen

Lösung zu 58: Kennzahlen (I)

a)   EBIT = Earnings before Interest and Taxes

Hierbei ist der Gewinn vor Steuern zu bestimmen, um dann die Fremdkapitalzinsen zu addieren.

Gewinn vor Steuern:

	Umsatzerlöse	72 Mio. €
-	Materialaufwand	30 Mio. €
-	Personalaufwand	15 Mio. €
-	Abschreibungen	8 Mio. €
-	Zinsaufwand	3 Mio. €
=	**Gewinn (vor Steuern)**	**16 Mio. €**

Demnach gilt: EBIT = 16 Mio. € + 3 Mio. € = 19 Mio. €

b)   EBITDA = Earnings before Interest and Taxes and Depreciation and Amortisation (= DA = Abschreibung)

Demnach gilt: EBITDA = 19 Mio. € + 8 Mio. € = 27 Mio. €

c)   Steuersatz (t) = gezahlte Steuern im Verhältnis zum Gewinn vor Steuern

$$t = \frac{4 \text{ Mio. } €}{16 \text{ Mio. } €} = 0,25 \rightarrow \text{Steuersatz} = 25 \text{ \%}$$

Lösung zu 59: Kennzahlen (II)

a)   Mögliche Kennzahlen zur Analyse der Deckungsgrade:

- **Deckungsgrad A** (Deckung des Anlagevermögens durch Eigenkapital)

- **Deckungsgrad B** (Deckung des Anlagevermögens durch Eigenkapital und langfristiges Fremdkapital)

- **Working Capital** (Höhe der betrieblichen Mittel, die zur Aufrechterhaltung des betrieblichen Prozesses tatsächlich zur Verfügung stehen)

Working Capital = Vorräte + Forderungen - kurzfristiges Fremdkapital

Deckungsgrad A:

$$\text{Deckungsgrad A (2013)} = \frac{EK}{AV} = \frac{340.000\ €}{750.000\ €} = 0{,}45 = 45\ \%$$

$$\text{Deckungsgrad A (2014)} = \frac{EK}{AV} = \frac{615.000\ €}{850.000\ €} = 0{,}72 = 72\ \%$$

Beurteilung: Grundsätzlich sollte langfristiges Vermögen langfristig finanziert sein, am besten mit Eigenkapital. Die Kennzahl „Deckungsgrad A" hat sich von einem schlechten Wert in 2013 zu einem akzeptablen Wert in 2014 entwickelt. Aussagekräftiger ist der folgende Deckungsgrad B.

Deckungsgrad B:

$$\text{Deckungsgrad B (2013)} = \frac{EK + \text{langfristiges Fremdkapital}}{AV}$$

$$= \frac{340.000\ € + 700.000\ €}{750.000\ €} = 1{,}39 = 139\ \%$$

$$\text{Deckungsgrad B (2014)} = \frac{EK + \text{langfristiges Fremdkapital}}{AV}$$

$$= \frac{615.000\ € + 500.000\ €}{850.000\ €} = 1{,}31 = 131\ \%$$

Beurteilung: Langfristiges Vermögen ist in beiden Jahren auch langfristig finanziert. Dies ist erkennbar durch einen Kennzahlenwert, der größer als 1 ist.

Die langfristige Deckung des Anlagevermögens ist auf einem guten Niveau geblieben.

Working Capital (WC):

WC (2013) = Vorräte + Forderungen - kurzfristiges Fremdkapital

= 240.000 € - 50.000 € = 190.000 €

WC (2014) = Vorräte + Forderungen - kurzfristiges Fremdkapital

= 370.000 € - 135.000 € = 235.000 €

Das Working Capital hat sich geringfügig erhöht. Grundsätzlich ist ein niedriges Working Capital vorteilhaft, da wenig Kapital gebunden ist. Wird das Working Capital jedoch aus Finanzierungssicht betrachtet, so zeigt es zumindest eine Liquiditätsreserve auf, die es gilt, in flüssige Mittel umzuwandeln.

b) Mögliche Kennzahlen zur Analyse der Liquidität:

- **Liquidität ersten Grades** (Fähigkeit des Unternehmens, seinen kurzfristigen Verbindlichkeiten nachzukommen mit Betrachtung der liquiden Mittel)
- **Liquidität zweiten Grades** (Fähigkeit des Unternehmens, seinen kurzfristigen Verbindlichkeiten nachzukommen mit zusätzlicher Betrachtung der Forderungen)
- **Liquidität dritten Grades** (Fähigkeit des Unternehmens, seinen kurzfristigen Verbindlichkeiten nachzukommen, unter zusätzlichem Einbezug der Vorräte)

$$\text{Liquidität ersten Grades (2013)} = \frac{\text{liquide Mittel}}{\text{kurzfristiges Fremdkapital}}$$

$$= \frac{200.000\ €}{50.000\ €} = 4 = 400\ \%$$

$$\text{Liquidität ersten Grades (2014)} = \frac{\text{liquide Mittel}}{\text{kurzfristiges Fremdkapital}}$$

$$= \frac{140.000\ €}{135.000\ €} = 1,04 = 104\ \%$$

$$\text{Liquidität zweiten Grades (2013)} = \frac{\text{liquide Mittel + Forderungen}}{\text{kurzfristiges Fremdkapital}}$$

$$= \frac{200.000\ € + 60.000\ €}{50.000\ €} = 5,2 = 520\ \%$$

$$\text{Liquidität zweiten Grades (2014)} = \frac{\text{liquide Mittel + Forderungen}}{\text{kurzfristiges Fremdkapital}}$$

$$= \frac{140.000\ € + 120.000\ €}{135.000\ €} = 1,93 = 193\ \%$$

$$\text{Liquidität dritten Grades (2013)} = \frac{\text{Umlaufvermögen}}{\text{kurzfristiges Fremdkapital}}$$

$$= \frac{200.000\ € + 60.000\ € + 180.000\ €}{50.000\ €} = 8,8 = 880\ \%$$

$$\text{Liquidität dritten Grades (2014)} = \frac{\text{Umlaufvermögen}}{\text{kurzfristiges Fremdkapital}}$$

$$= \frac{140.000\ € + 120.000\ € + 250.000\ €}{135.000\ €} = 3,78 = 378\ \%$$

Beurteilung: Die Liquidität ersten Grades hat sich verschlechtert, ist allerdings noch als sehr gut zu beurteilen. An dieser Stelle gilt abzuwägen: Viele liquide Mittel sind im Sinne der Zahlungsfähigkeit zwar vorteilhaft, andererseits bedeuten liquide Mittel „totes Kapital"; Kapital also, das nicht „arbeitet".

Aussagekräftiger ist die Liquidität zweiten Grades. Diese sollte in jedem Fall einen Wert von größer 1 aufweisen. Dann ist kurzfristiges Vermögen auch durch kurzfristiges Kapital gedeckt („Fristenkongruenz"). Diese Kennzahl verschlechtert sich, bleibt aber noch auf einem sehr guten Niveau. Hier müsste jedoch die zukünftige Entwicklung genau beobachtet werden: Eine weitergehende Verschlechterung dieser Kennzahl in den nächsten Geschäftsjahren würde auf eine drohende Insolvenz hinweisen.

Die Liquidität dritten Grades weist trotz Verschlechterung ebenfalls noch einen sehr guten Wert auf. Dieser Wert sollte nach der „Bankers Rule" mindestens 2 betragen. Auch hier ist die weitere Entwicklung der Kennzahl zu beobachten.

Lösung zu 60: Kennzahlen (III)

Geeignete Kennzahlen sind die Eigenkapital-Quote, die Fremdkapital-Quote sowie der Verschuldungsgrad.

$$\text{Eigenkapital-Quote (2013)} = \frac{\text{Eigenkapital}}{\text{Gesamtkapital}} = \frac{340.000\,\text{€}}{340.000\,\text{€} + 850.000\,\text{€}} = 0{,}29 = 29\,\%$$

$$\text{Eigenkapital-Quote (2014)} = \frac{\text{Eigenkapital}}{\text{Gesamtkapital}} = \frac{615.000\,\text{€}}{615.000\,\text{€} + 745.000\,\text{€}} = 0{,}45 = 45\,\%$$

$$\text{Fremdkapital-Quote (2013)} = \frac{\text{Fremdkapital}}{\text{Gesamtkapital}} = \frac{850.000\,\text{€}}{340.000\,\text{€} + 850.000\,\text{€}} = 0{,}71 = 71\,\%$$

$$\text{Fremdkapital-Quote (2014)} = \frac{\text{Fremdkapital}}{\text{Gesamtkapital}} = \frac{745.000\,\text{€}}{615.000\,\text{€} + 745.000\,\text{€}} = 0{,}55 = 55\,\%$$

$$\text{Verschuldungsgrad (2013)} = \frac{\text{Fremdkapital}}{\text{Eigenkapital}} = \frac{850.000\,\text{€}}{340.000\,\text{€}} = 2{,}5 = 250\,\%$$

$$\text{Verschuldungsgrad (2014)} = \frac{\text{Fremdkapital}}{\text{Eigenkapital}} = \frac{745.000\,\text{€}}{615.000\,\text{€}} = 1{,}21 = 121\,\%$$

Bewertung: Da Eigenkapital dem Unternehmen langfristig und unkündbar zur Verfügung steht, ist unter diesem Aspekt eine hohe **Eigenkapital-Quote** anzustreben. Eine solche würde finanzielle Unabhängigkeit und wirtschaftliche Stabilität bedeuten. Ein Richtwert ist 50 %, also ein Eigenkapital/Fremdkapital-Verhältnis von 1 : 1. Allerdings sind in der Realität Werte zwischen 20 % und 30 % üblich, was natürlich je nach Branche stark variieren kann.

Als Beispiel sind hier Banken zu nennen, die viel mit Fremdkapital arbeiten und somit naturgemäß sehr geringe EK-Quoten aufweisen. Ein Vergleich dieser Kennzahl ist also nur mit Kennzahlen von Unternehmen derselben Branche aussagekräftig.

Analog ist die **Fremdkapital-Quote** zu betrachten.

Der **Verschuldungsgrad** betrachtet dasselbe, jedoch setzt er Fremdkapital und Eigenkapital in ein direktes Verhältnis. Ein Kennzahlenwert größer als 1 sagt aus, dass das Fremdkapital überwiegt. Demnach ist ein hoher Kennzahlenwert eher schlecht und würde eine zunehmende Verschuldung bedeuten. Einerseits ist es sinnvoll, fremdes Kapital für sich arbeiten zu lassen (bei entsprechender Rendite), andererseits birgt eine zunehmende Verschuldung eine erhöhte Insolvenzgefahr, wenn die Zins- und Tilgungslasten zu groß werden. Zudem verschlechtert sich die Bonität, und die Entscheidungssouveränität könnte eingeschränkt werden.

Für die Fast-Trade AG ist allgemein eine zunehmende Entschuldung zu erkennen, wobei keine der Kennzahlen kritische Werte aufweist. Für konkrete Aussagen müssten allerdings branchenweite Vergleiche angestellt werden.

Lösung zu 61: Kennzahlen (IV)

a) **Additive Methode:**

Wertschöpfung = Jahresüberschuss + Steuern + Personalaufwand + Zinsaufwand

Anmerkung: Bitte nicht durch die Information „Steuersatz" unnötig viel Rechenaufwand betreiben. Die Positionen Jahresüberschuss + Steuern können in einem Schritt ausgerechnet werden, nämlich als Ergebnis vor Steuern:

Ergebnis vor Steuern = 5.200.300 + 80.000 - 800.000 - 1.800.000 - 540.000 - 50.000
= 2.090.300 €

Anschließend kann die Wertschöpfung ermittelt werden:

Wertschöpfung = 2.090.300 + 1.800.000 + 50.000 = **3.940.300 €**

Sie gibt den Euro-Wert der eigenen Leistung an und kann mit der Gesamtleistung verglichen werden, was wiederum Aussagen bzgl. der Fertigungstiefe ermöglicht. Die Kennzahl „Wertschöpfung" spielt bei gesamtwirtschaftlicher Betrachtung eine Rolle.

b) **Subtraktive Methode:**

Wertschöpfung = Umsatzerlöse + sonstige Erträge + aktivierte Eigenleistungen +/- Bestandsveränderungen - Materialaufwand - Abschreibungen - sonstiger Aufwand

Wertschöpfung = 5.200.300 + 80.000 - 800.000 - 540.000 = **3.940.300 €**

Lösung zu 62: Free Cashflow

Cashflow 2014	in T€	
EBIT	120	
+/- Finanz- und Beteiligungsergebnis (Aufwände „-", Erträge „+")	50	
= Ergebnis vor Steuern	170	
- Steuern 30 %	51	
= Jahresüberschuss nach Steuern	119	
+ Abschreibungen	60	
+ Veränderung der Pensionsrückstellungen	25	
+ ggf. weitere nicht zahlungswirksame Rückstellungsbildungen	20	
= Cashflow from Operations	224	
- Veränderung Working Capital	-100	Eine Senkung ist verbessernd.
- Investitionen	100	
= **Free Cashflow (Fundsflow)**	**224**	

Working Capital	2014	2013
Bestände	1.300	1.700
+ Forderungen aus Lieferung und Leistung	500	250
- Verbindlichkeiten aus Lieferung und Leistung	200	250
= **Summe**	**1.600**	**1.700**
Veränderung	-100 Senkung des Working Capital	

Anmerkung: Bei einer Senkung des Working Capital wurden flüssige Mittel freigesetzt, da gebundenes Kapital gesenkt wurde. Eine Senkung führt damit zur Erhöhung des Free Cashflow. Forderungen und Bestände sind möglichst niedrig zu halten, Verbindlichkeiten jedoch möglichst hoch.

Eine Senkung der Bestände führt häufig aber zur Ergebnisverschlechterung, da damit einhergehend meist die Produktion gedrosselt wird, was zur schlechten Fixkostendeckung der Fertigung führt.

Zum Working Capital werden in diesem Buch lediglich die Bestände (d. h. Roh- Hilfs-, Betriebsstoffe, Handelswaren, unfertige und fertige Erzeugnisse), die Forderungen und Verbindlichkeiten aus Lieferung und Leistung gezählt, weil dies die gängigste und einfachste Definition ist. Zuweilen werden in anderen Literaturstellen und in der Praxis auch weitere Positionen des Umlaufvermögens und der kurzfristigen Verbindlichkeiten hinzugerechnet.

Lösung zu 63: Finanzierungsbedarf

Werte in T€	Periode 0	Periode 1	Periode 2	Periode 3	Periode 4	Periode 5
Kasse alt		100	91,5	51,9	59,5	122,5
+ Cashflow from Operations		95	136	104	150	154
+/- Veränderung Working Capital		25	0	-5	-10	20
- Investitionen		60	200	70	90	50
= Free Cashflow		10	-64	39	70	84
- Dividende (10 % vom Jahresüberschuss)		3,5	5,6	1,4	7	8,4
- Rückzahlung Verbindlichkeiten		15		30		
Kasse neu	100	91,5	21,9	59,5	122,5	198,1
Finanzierungbedarf			30			

Sicherheitsbestand Kasse: 50

Steuersatz: 30 %

Der Finanzierungsbedarf wird so schnell wie möglich zurückbezahlt.

	Periode 1	Periode 2	Periode 3	Periode 4	Periode 5
Ergebnis vor Steuern	50	80	20	100	120
Abschreibungen	50	70	80	70	60
Veränderung Rückstellungen	10	10	10	10	10
Ergebnis nach Steuern	35	56	14	70	84
Cashflow from Operations	95	136	104	150	154

Der **Cashflow from Operations** errechnet sich aus dem Ergebnis nach Steuern + Abschreibungen + Veränderung der langfristigen Rückstellungen.

Der **Free Cashflow** errechnet sich aus dem Cashflow from Operations abzüglich der Veränderung des Working Capital und der Investitionen und gibt an, welche liquiden Mittel, die in dieser Periode erwirtschaftet wurden, noch übrig bleiben, nachdem der für das operative Geschäft benötigte Teil für Investitionen und Working Capital abgezogen wurde. Der Free Cashflow kann zum Sparen, für die Dividende, zum Begleichen von Verbindlichkeiten und für Akquisitionen oder strategische Investitionen herangezogen werden.

Der **neue Kassenbestand** ergibt sich aus dem alten Bestand + Free Cashflow - Verbindlichkeitenrückzahlung - Dividendenausschüttung. Er kann sich durch Einlagen oder Aufnahme neuer Verbindlichkeiten erhöhen (d. h. eine neue Finanzierung von außen).

Lösung zu 64: Kennzahlen – Beispiel: Notgroschen GmbH

AKTIVA		Bilanz 2014 IST		PASSIVA
		in €		in €
Patente		2.000.000	EK	7.000.000
Gebäude		4.000.000		
Maschinen		3.000.000	Rückstellungen	2.000.000
Sonstiges AV		500.000	Schulden	5.500.000
UV		5.000.000		
		14.500.000		14.500.000

a)

		in €
	Umsatz	29.000.000
-	betriebliche Erträge	700.000
-	betriebliche Aufwendungen	26.000.000
+	Finanzergebnis (Aufwand)	-725.000
=	Ergebnis vor Ertragsteuern	2.975.000
-	Steuern	892.500
=	Ergebnis nach Steuern	2.082.500

Anmerkung:

Überleitung Betriebsergebnis zum Jahresüberschuss seit 2016

	Umsatz	
+	sonstige Leistungen	
-	Kosten	
=	Betriebsergebnis (der KLR)	
+	sonstige betriebliche Erträge (zzgl. zu korrigierende Zusatzkosten)	
-	betriebliche Aufwendungen	
=	Betriebsergebnis/operatives Ergebnis (GuV) = EBIT	+ Afa = EBITDA
+/-	Zinsergebnis und Beteiligungsergebnis (= Finanzergebnis)	
=	Ergebnis vor Ertragsteuern	
-	Ertragsteuern	
=	Ergebnis nach Steuern	
-	sonstige Steuern	
=	Jahresüberschuss	+/- Finanzergebnis = NOPAT

b)

EK-Rentabilität:	30 %	Ergebnis nach Steuern : Eigenkapital
Gesamtkapitalrentabilität:	19 %	(Ergebnis nach Steuern + Zinsaufwand) : Gesamtkapital

c) EBIT: 3.700.000 €

Cashflow: 3.282.500 €

EBIT = Earnings Before Interest and Taxes

Ergebnis vor Ertragsteuern + Zinsaufwand (hier negatives Finanzergebnis)

Cashflow = Ergebnis nach Steuern + Abschreibungen + Veränderung der langfristigen Rückstellungen (entfällt hier)

Lösung zu 65: Geschäftsergebnis – Beispiel: Pleite GmbH

a)

		in €
	Umsatz	9.900.000
+	betriebliche Erträge	150.000
-	betriebliche Aufwendungen	8.000.000
=	EBIT	2.050.000
+	Finanzergebnis (Aufwand)	-150.000
=	Ergebnis vor Steuern	1.900.000
-	Steuern	570.000
=	**Ergebnis nach Steuern**	**1.330.000**

b)

AKTIVA	Bilanz 2012 IST		PASSIVA
	in €		in €
Patente	500.000	EK	5.200.000
Gebäude	4.000.000		
Maschinen	3.000.000	Rückstellungen	2.200.000
Sonstiges AV	500.000	Verbindlichkeiten	4.100.000
		(davon aus LuL	1.100.000)
UV	3.500.000	(Rest Darlehen	3.000.000)
	11.500.000		11.500.000

$$\text{Eigenkapitalrendite} = \frac{\text{Gewinn nach Steuern}}{\text{Eigenkapital}}$$

$$= \frac{1.330.000\ €}{5.200.000\ €} = 0,26 = 26\ \%$$

$$\text{Gesamtkapitalrendite} = \frac{\text{Gewinn nach Steuern} + \text{Fremdkapitalzinsen}}{\text{Gesamtkapital}}$$

$$= \frac{1.330.000\ € + 150.000\ €}{11.500.000\ €} = 0,13 = 13\ \%$$

c) **EBIT** (Earnings before Interest and Taxes) = Ergebnis vor Ertragsteuern + Zinsaufwand (hier negatives Finanzergebnis) = 2.050.000 €

EBITDA (Earnings before Interest and Taxes, Depreciation and Amortisation) = Ergebnis vor Ertragsteuern + Zinsaufwand + Abschreibungen = 2.350.000 €

Operativer Cashflow = Ergebnis nach Steuern + Abschreibungen + Veränderungen der langfristigen Rückstellungen (entfällt hier) = 1.630.000 €

Anmerkung: Die Bezeichnungen BilRUG, Ergebnis nach Steuern, Gewinn nach Steuern und Profit after Tax sind inhaltsgleich. Der EBIT wird meist ausgehend vom Ergebnis vor Steuern berechnet. In diesem Buch wird er als Ergebnis vor Steuern zuzüglich des Zinsaufwands definiert. Seit dem BilRUG werden laut HGB nach dem Ergebnis nach Steuern noch die sonstigen Steuern abgezogen, um zum Jahresüberschuss zu gelangen.

Lösung zu 66: Kennzahlenrechnung

a) **Gewinn- und Verlustrechnung:**

AKTIVA	Schlussbilanz 2015		PASSIVA
	in T€		in T€
Sachanlagen	50.000	Gezeichnetes Kapital	20.000
Finanzanlagen	5.000	Rücklagen	15.000
Lagerbestand	15.000	Gewinn	20.000
Forderungen aus LuL	20.000	Darlehen	40.000
Kasse, Bank	17.000		
		Lieferverbindlichkeiten	12.000
	107.000		107.000

	in T€
Umsatzerlöse	98.000
Bestandsänderungen	-3.000
Aktivierte Eigenleistungen	5.000
Materialaufwand	30.000
Personalaufwand	15.000
Abschreibungen	11.500
Sonstige betriebliche Aufwendungen	18.500
Zinserträge	500
Zinsaufwendungen	1.000
Sonstige Erträge	500
Ergebnis vor Ertragsteuern	25.000
Steuern vom Einkommen und Ertrag	5.000
Jahresüberschuss	20.000

b) **Liquiditätskennziffern:**

Liquidität I (liquide Mittel : kurzfristiges FK): 17.000 : 12.000 = 141,7 %

Liquidität II ((liquide Mittel + Forderungen) : kurzfristiges FK):
(17.000 + 20.000) : 12.000 = 308 %

Liquidität III (UV : kurzfristiges FK): 52.000 : 12.000 = 433 %

Alle Liquiditäten liegen über 100 % und sind damit „gesund".

Die „goldene Bilanzregel" ist erreicht, da die Liquidität I über 100 % liegt.

c) **Anlageintensität** (AV : Bilanzsumme): 55.000 : 107.000 = 51,4 %
Fremdkapital-Quote (FK : Bilanzsumme): 52.000 : 107.000 = 48,6 %
Eigenkapitalrentabilität (Ergebnis nach Steuern : EK • 100): 20.000 : 55.000 = 36 %

Anlageintensität und Fremdkapital-Quote sind vertikale Kennziffern. Sie haben keine selbstständige Bedeutung, sondern sind nur im Vergleich – etwa mit der Branche oder anderen Unternehmen – aussagekräftig.

Eine Eigenkapitalrentabilität i. H. v. 36 % muss über der Mindestrentabilität liegen (und tut das vermutlich auch) und ist daher positiv zu bewerten.

d) Working Capital

		2015	2014
	Bestände	15.000 T€	18.000 T€
+	Forderungen aus Lieferung und Leistung	20.000 T€	15.000 T€
-	Verbindlichkeiten aus Lieferung und Leistung	12.000 T€	10.000 T€
=	**Summe**	**23.000 T€**	**23.000 T€**

→ keine Veränderung beim Working Capital

Lösung zu 67: Kennzahlen mit Free Cashflow und EVA

a)

Umsatzrendite	9 %	Betriebsergebnis : Umsatz • 100 oder alternativ: Ergbnis nach Steuern : Umsatz • 100
Eigenkapital-rentabilität	20 %	Ergebnis nach Steuern : Eigenkapital • 100
Gesamtkapital-rentabilität (GKR)	11 %	(Ergebnis nach Steuern + Zinsaufwand) : Gesamtkapital • 100
Cashflow	55.000 T€	Ergebnis nach Steuern + Abschreibungen + Veränderung der kurzfristigen Rückstellungen
Free Cashflow	33.000 T€	operativer Cashflow - Investitionen - Veränderung Working Capital
EBIT	111.000 T€	Ergebnis vor Steuern + Zinsaufwand
EBITDA	131.000 T€	EBIT + Abschreibungen
WACC	9 %	Eigenkapitalzins • Eigenkapital : Gesamtkapital + Fremdkapitalzins • Fremdkapital : Gesamtkapital
Neutrales Ergebnis	59.000 T€	Ergebnis vor Steuern - Betriebsergebnis der Kostenrechnung - Finanzergebnis
Finanzergebnis	36.000 T€	Fremdkapitalzins • Fremdkapital

EVA	12.000 T€	(GKR - WACC) · Gesamtkapital
Steuersatz	60 %	(Ergebnis nach Steuern - Ergebnis vor Steuern) : Ergebnis vor Steuern

b) Beurteilung der Rentabilität des Kapitals im Vergleich zum WACC:

Die Gesamtkapitalrentabilität liegt über dem WACC (Kapitalkosten). Damit ist die Geldanlage im Unternehmen gegenüber der alternativen Anlage am Kapitalmarkt vorteilhaft und es wurde Wert geschaffen.

c) Der operative Cashflow zeigt die aus dem Unternehmen (aus dem operativen und außerordentlichen Geschäft) erwirtschafteten liquiden Mittel einer Periode an.

d) Der Free Cashflow kann als Dividende, zur Rückführung von Verbindlichkeiten, zum Sparen und für Akquisitionen wendet werden.

Anmerkung: Die in der Praxis beliebte Kennzahl der Umsatzrendite wird zumeist ausgehend vom Betriebsergebnis berechnet. In den Jahresabschlüssen wird ferner häufig das Ergebnis nach Steuern als Basis für die Umsatzrendite herangezogen. Beide Lösungen werden hier daher anerkannt. Das neutrale Ergebnis stellt den Unterschied zwischen Betriebsergebnis der Kostenrechnung und dem Betriebsergebnis der GuV dar.

Herleitung freier Cashflow und Kassenveränderung aus dem Betriebsergebnis

EBIT/Betriebsergebnis der GuV
+/- Finanzergebnis
= Ergebnis vor Steuern
- Steuern (Ertragsteuern und sonst. Steuern)
= Jahresüberschuss nach Steuern
+ Abschreibungen
+ Veränderung der Pensionsrückstellungen
+ ggf. weitere nicht zahlungswirksame Rückstellungsbildungen
= Cashflow from Operations (Mittelherkunft)
+/- Veränderung Working Capital (Mittelverwendung)
- Investitionen (Nettobilanzzugang) (Mittelverwendung)
= **Freier Cashflow (Net Cashflow)**

Lösung zu 68: Geschäftsergebnis

a)

		in €
	Umsatz	9.000.000
+	betriebliche Erträge	120.000
-	betriebliche Aufwendungen	8.000.000
=	EBIT	1.120.000
-	Finanzergebnis (Aufwand)	160.000
=	Ergebnis vor Ertragsteuern	960.000
-	Steuern	288.000
=	Ergebnis nach Steuern	672.000

b)

AKTIVA		Bilanz 2014 IST		PASSIVA
		in €		in €
Patente	1.000.000	EK		5.000.000
Gebäude	3.000.000			
Maschinen	2.000.000	Rückstellungen		2.000.000
Sonstiges AV	500.000	Verbindlichkeiten		3.500.000
UV	4.000.000			
	10.500.000			10.500.000

EK-Rentabilität: 13 % = Ergebnis nach Steuern : Eigenkapital
Gesamtkapitalrentabilität: 8 % = (Ergebnis nach Steuern + Zinsaufwand) : Gesamtkapital

c) EBIT: 1.120.000 €
Cashflow: 872.000 €

EBIT = Earnings Before Interest and Taxes
Ergebnis vor Ertragsteuern + Zinsaufwand
(hier negatives Finanzergebnis)

Cashflow = Ergebnis nach Steuern + Abschreibungen + Veränderung der langfristigen Rückstellungen (entfällt hier)

d) Eigenkapital-Quote: 48 % = Eigenkapital : Gesamtkapital
Anlagendeckungsgrad A: 77 % = Eigenkapital : Anlagevermögen

Lösung zu 69: Kennzahlen (V)

$$\text{Wertschöpfungs-Quote} = \frac{\text{Wertschöpfung}}{\text{Gesamtleistung}}$$

Die Wertschöpfungs-Quote erlaubt einen Rückschluss auf die Betriebstiefe:

► hohe Quote: Unternehmen führt die meisten Produktionsstufen selbst durch (→ Selbstständigkeit)

► niedrige Quote: hoher Grad an Ausgliederung (→ Abhängigkeit)

Die Wertschöpfungs-Quote ist im Branchenvergleich zu interpretieren und vor allem im Zeitvergleich interessant (Grad der vertikalen Integration).

$$\text{Wertschöpfung je Mitarbeiter} = \frac{\text{Wertschöpfung}}{\text{Durchschnittliche Zahl der Mitarbeiter}}$$

Die Wertschöpfungs-Quote je Mitarbeiter ist ein Indikator für die durchschnittliche Produktivität je Mitarbeiter. Auch hier sind Zeit- und Branchenvergleiche interessant.

Lösung zu 70: Kennzahlen (VI)

	in T€
Eigenkapital	80.000
Fremdkapital	160.000
Fremdkapitalzinssatz	6 %
Umsatz	200.000
Gewinn vor Ertragssteuern	25.000
Gewinn nach Steuern	20.000
Abschreibungen	4.000
Veränderung Pensionsrückstellung	2.000
Veränderung Working Capital	-4.000
Investitionen der Periode	3.000
Kapitalkostensatz für Eigenkapital nach Steuern	12 %

a)	Umsatzrendite	10 %
b)	Eigenkapitalrentabilität	25 %
c)	Gesamtkapitalrentabilität	12 %
d)	Cashflow	26.000
e)	Free Cashflow	27.000
f)	EBIT	34.600
g)	EBITDA	38.600
h)	WACC	8 %

i) Die Gesamtkapitalrentabilität übertrifft die Kapitalkosten (WACC). Es wird Wert geschaffen, die Unternehmung und die Investition darin lohnen sich.

Lösung zu 71: Ergebnisse GuV – Beispiel: Rollkufen AG

	in T€	Bemerkung[1]	
Umsatzerlöse Inliner	21.000	300.000 • 70	
+ Umsatzerlöse Schlittschuhe	25.000	500.000 • 50	
- Personalkosten	18.000		
- Materialkosten	24.000		
- Miete	940		
- Abschreibung	3.000		
- Versicherung	520		
- Fremdleistungskosten	6.500		
- Inventurdifferenz	150	5.000 • 30	Fall 2
+ Bestandserhöhung Schlittschuhe	6.000	200.000 • 30	Fall 1
- Bestandssenkung Inliner	2.900	50.000 • 58	Fall 1
- Rückstellung aus offenen Rechnungen	30		Fall 3
- Rechnungen Januar	60		Fall 3
- Pauschalwertberichtigung	150		Fall 7
- Afa auf Maschine	270		Fall 4
= EBIT	- 4.520		
+ Zinsergebnis	-880		
= Ergebnis vor Ertragsteuern	-5.400		
- Ertragsteuern	0		Fall 8
= Jahresüberschuss	-5.400		

Die Fälle 5 und 6 haben keinen Einfluss.

---

[1] Nähere Erläuterungen zu den einzelnen Fällen siehe Seite 169 f.

Ergebnis nach IFRS; alle Werte in T€

		Ergebnis-einfluss	Bemerkung		
Bestandssenkung	3.000	100 schlechter	50.000 • 60		(BE wirksam)
Bestandserhöhung	6.600	600 besser	200.000 • 33		(BE wirksam)
Afa Maschine	80	190 besser			(BE wirksam)
Inventurdifferenz	165	15 schlechter	5.000 • 33	Fall 2	(BE wirksam)

Betriebsergebnis	-3.845
Ergebnis vor Ertragsteuern	-4.725
Ertragsteuern	0
Jahresüberschuss	-4.725

Zu den Fällen:

1. Bestandssenkung Inliner 50.000 Stück à 58 € = 2.900 T€ nach HGB (Wertuntergrenze). Bestandserhöhung Schlittschuhe um 200.000 Stück nach HGB zur Wertuntergrenze von 30 €/Stück = 6 Mio. €

   Nach HGB wird die Wertuntergrenze gewünscht. Nach IFRS sind die produktionsorientierten VuV-Kosten zwingend anzusetzen. Damit müssen 60 € und 33 € je Stück angesetzt werden.

   Die Bestandssenkung Inliner beträgt damit 3.000 T€ und folglich 100 T€ weniger als nach HGB; die Bestandserhöhung Schlittschuhe beträgt 6.600 T€ und folglich 600 T€ mehr als nach HGB.

2. Inventurdifferenz über 150.000 € als Aufwand verbuchen; nach HGB: 5.000 Stück • 30 €/Stück; nach IFRS: inkl. produktionsbezogenen VuV-Kosten, damit 33 €/Stück und in Summe 165 T€.

3. Die Rechnungen gehören noch ins Vorjahr. Die noch eingetroffenen Rechnungen über 60 T€ werden direkt erfasst. Für die restlichen fehlenden Rechnungen im Wert von 30.000 € wird eine Rückstellung gebildet, die in der GuV als Aufwand gezeigt wird.

4. Für die Maschine erfolgt eine Aktivierung von 1,8 Mio. €. Afa (Abschreibung) nach HGB: 1,8 Mio. € : 8 Jahre gewöhnliche Nutzungsdauer ohne Restwertberücksichtigung. Die Abschreibung ab Lieferung beträgt also (für ein halbes Jahr): 1,8 Mio. € • 0,3 • 0,5 Jahre = 270 T€.

   IFRS Abschreibungsbeginn ab Nutzung und Ansatz der tatsächlich erwarteten Nutzung. 1,8 Mio. € - 0,2 Mio. € Restwert : 10 Jahre • 0,5 Jahr Monate = 80 T€, also 190 T€ weniger als bei HGB.

5. Der Kauf einer Marke ist grundsätzlich nach HGB und IFRS zu aktivieren. Da der Kauf jedoch erst Ende Dezember für das Folgejahr erfolgte, ist hier noch keine Abschreibung vorzunehmen.

6. Die Kosten für den Aufbau einer eigenen Marke dürfen nicht aktiviert werden. Damit fällt hier keine Buchung an.

7. 3 % Pauschalwertberichtigung auf 5 Mio. € Forderungen als Aufwand im Betriebsergebnis = 5 Mio. • 0,03 = 150 T€.

Anmerkung:

GuV neue Gliederung seit 07/2015 (BILRUG) § 275 HGB

Bei Anwendung des Gesamtkostenverfahrens sind auszuweisen:

1. Umsatzerlöse
2. Erhöhung oder Verminderung des Bestands an fertigen und unfertigen Erzeugnissen
3. andere aktivierte Eigenleistungen
4. sonstige betriebliche Erträge
5. Materialaufwand:
   a) Aufwendungen für Roh-, Hilfs- und Betriebsstoffe und für bezogene Waren
   b) Aufwendungen für bezogene Leistungen
6. Personalaufwand:
   a) Löhne und Gehälter
   b) soziale Abgaben und Aufwendungen für Altersversorgung und für Unterstützung, davon für Altersversorgung
7. Abschreibungen:
   a) auf immaterielle Vermögensgegenstände des Anlagevermögens und Sachanlagen
   b) auf Vermögensgegenstände des Umlaufvermögens, soweit diese die in der Kapitalgesellschaft üblichen Abschreibungen überschreiten
8. sonstige betriebliche Aufwendungen
9. Erträge aus Beteiligungen,
   davon aus verbundenen Unternehmen
10. Erträge aus anderen Wertpapieren und Ausleihungen des Finanzanlagevermögens,
    davon aus verbundenen Unternehmen
11. sonstige Zinsen und ähnliche Erträge,
    davon aus verbundenen Unternehmen
12. Abschreibungen auf Finanzanlagen und auf Wertpapiere des Umlaufvermögens
13. Zinsen und ähnliche Aufwendungen,
    davon an verbundene Unternehmen

Zinsergebnis und Beteiligungsergebnis = Finanzergebnis

14. Steuern vom Einkommen und vom Ertrag
15. Ergebnis nach Steuern
16. sonstige Steuern
17. Jahresüberschuss/Jahresfehlbetrag

8. 30 % auf das Ergebnis vor Ertragsteuern. Dies ist aber negativ, sodass keine Ertragsteuern anfallen.

Lösung zu 72: Ergebnisse GuV – Beispiel: Prahlerei AG

in Staffelform:

	in T€	Bemerkung[1]	
Umsatzerlöse	9.600	12.000 Stück • 800 €/Stück	
- Personalkosten	3.800		
- Materialkosten	3.750		
- Miete	140		
- Abschreibung	270		
- Steuern	60		
- Fremdleistungskosten	1.430		
- Instandhaltung	25	Rückstellung	Fall 3
- Bestandserhöhung	1.950	3.000 Stück • 650 €/Stück, da hoher Gewinn	Fall 4
+ Rechnung Werbekosten	150		Fall 5
+ Aktivierung Eigenleistung	50		Fall 6
- Aufwand Brand	20		Fall 2
- Afa auf Eigenleistung	5		Fall 6
= EBIT	1.950		
- Zinsen	40	Zinsergebnis aus Istzinsen	
= Ergebnis vor Ertragsteuern	1.910		
- Ertragsteuern	573		Fall 1
= Ergebnis nach Ertragsteuern	1.337		
- sonstige Steuern	0		
= Jahresüberschuss	1.337		

---

[1] Nähere Erläuterungen zu den einzelnen Fällen siehe Seite 172 f.

Betriebsergebnis als Kontoform:

S	GuV-Betriebsergebnis nach dem Gesamtkostenverfahren		H
	in T€		in T€
Personalkosten	3.800	Umsatzerlöse	9.600
Materialkosten	3.750	Bestandserhöhung	1.950
Miete	140	Eigenleistung	50
Afa	270		
Steuern	60		
Fremdleistungen	1.430		
Instandhaltung	25		
Werbung	150		
Afa auf Eigenleistung	5		
Aufwand Brand	20		
Saldo: Betriebsergebnis (GuV) = EBIT	**1.950**		
	11.600		11.600

Zu den Fällen:

1. Die Steuer ist erst abschließend ermittelbar: 30 % auf das Ergebnis vor Ertragsteuern = 0,3 • 1.910 T€ = 573 T€

2. Eigenanteil 20 % = 20 T€ als außerordentlicher Aufwand (Nettomethode)

3. Unterlassene Instandhaltung, die innerhalb der ersten drei Monate des Folgejahres nachgeholt wird. Nach HGB besteht hier eine Rückstellungspflicht, d. h. Bildung eines Aufwandes für unterlassene Instandhaltung über 25.000 €.

4. Hergestellt wurden 15.000 Stück; verkauft wurden 12.000 Stück. Folglich gibt es eine Bestandserhöhung um 3.000 Stück. Sie werden bewertet zu Herstellungskosten, wobei nach HGB ein Wahlrecht zwischen der Obergrenze und der Untergrenze existiert. Da ein möglichst hoher Gewinn gewünscht ist, wird die Bestandserhöhung zur Herstellungskostenobergrenze verbucht. Bei ihr werden im Gegensatz zur Untergrenze die anteiligen Verwaltungskosten miteingerechnet, damit also 650 €/Stück.

   Bewertung: 650 €/Stück • 3.000 Stück = 1.950 T€

5. Die Rechnung ist noch in das Vorjahr einzubuchen. Sind die Konten bereits geschlossen, ist eine Rückstellung für die Rechnung zu bilden.

6. Für die Aktivierung selbsterstellter immaterieller Vermögensgegenstände besteht nach HGB ein Wahlrecht. Da ein hoher Gewinn erwünscht ist, wird das Patent über das Konto Eigenleistung in Höhe von 50 T€ (und in der GuV als Ertrag gezeigt) aktiviert. Gleichzeitig ist das Patent über 5 Jahre abzuschreiben, hier im 1. Jahr nur anteilig für ein halbes Jahr (50 T€ : 5 Jahre : 2 (ab Juli) = 5).

Lösung zu 73: Ergebnisse GuV – Beispiel: Moss AG

	in T€	Bemerkung[1]	
Umsatzerlöse	24.000	40.000 Stück · 600 €/Stück	
- Personalkosten	9.200		
- Materialkosten	8.000		
- Miete	440		
- Abschreibung	1.100		
- Versicherung	260		
- Fremdleistungskosten	3.500		
- Instandhaltung	0	keine Rückstellung	Fall 4
- Inventurdifferenz	40		Fall 8
- Bestandssenkung	1.000	2.000 Stück · 500 €/Stück (da niedriger Gewinn)	Fall 5
- Rückstellung aus offenen Rechnungen	250		Fall 6
+ Umsätze 2. Wahl	240	= 800 Stück · 300 €/Stück	Fall 3
- Kosten 2. Wahl	40	= 800 Stück · 50 €/Stück	Fall 3
+ Versicherungsentschädigung	8	= -180 · 0,4 + 800 · (600 - 500)	Fall 2
- Afa auf Maschine	75		Fall 7
= EBIT	335		
+ Zinsergebnis	40	Ertrag	
= Ergebnis vor Ertragsteuern	383		
- Ertragsteuern	153,2		Fall 1
=	229,8		

---

[1] Nähere Erläuterungen zu den einzelnen Fällen siehe Seite 174 f.

Ergebnis nach IFRS; alle Werte in T€

		Ergebnis-einfluss	Bemerkung	
Bestandssenkung	1.100	100 schlechter	2.000 Stück • 550 €/Stück	(BE wirksam)
Ergebnis aus Versicherung	-32	40 schlechter	Ertrag nur 800 Stück • 50 €/Stück	
Afa Maschine	25	50 besser	nur 3 Monate	(BE wirksam)
Betriebsergebnis	253			
Ergebnis vor Ertragsteuern	293			
Ertragsteuern	117			
Jahresüberschuss	176			

Zu den Fällen:

1. Die Steuer ist erst abschließend ermittelbar: 40 % auf das Ergebnis vor Ertragsteuern = 0,4 • 383 T€ = 153,2 T€ (nach IFRS 40 % auf 293 T€ = 117,2 T€).

2. Die nicht von der Versicherung übernommenen 40 % vom Gebäudeschaden als Eigenanteil stellen einen außerordentlichen Aufwand in Höhe von 72 T€ dar. Die Entschädigung mit 100 € über dem Bestandswert je Anzug stellen einen außerordentlichen Ertrag dar (insgesamt 80.000 € Ertrag).

   Nach der Nettomethode würden sich 8 T€ als Ertrag ergeben: 180 T€ • 0,4 + 800 Anzüge • (600 €/Anzug - 500 €/Anzug) = 8 T€ als Ertrag (Nettomethode) aus Versicherung.

   Nach IFRS liegt der Bestandswert der Anzüge bei 550 €, da hier die VuV-Kosten enthalten sind. Der außerordentliche Ertrag liegt für die Anzüge folglich um 40 T€ niedriger bei 40 T€.

3. Verkauf zu 300 €/Stück. Umsätze = 300 €/Stück • 800 Stück = 2.400 T€. Kosten zur Aufbereitung : 50 €/Stück • 800 Stück = 40 T€.

4. Unterlassene Instandhaltung, die nicht innerhalb der ersten drei Monate des Folgejahres nachgeholt wird: Nach HGB besteht hier ein Rückstellungsverbot, da die Frist von drei Monaten verstrichen ist, d. h. keine Bildung eines Aufwands für unterlassene Instandhaltung.

5. Hergestellt wurden 38.000 Stück; verkauft wurden 40.000 Stück. Folglich gab es eine Bestandssenkung um 2.000 Stück. Sie werden zu Herstellungskosten bewertet, wobei nach HGB ein Wahlrecht zwischen der Obergrenze und der Untergrenze existiert. Da zur Steueroptimierung ein möglichst niedriger Gewinn gewünscht ist, wird die Bestandssenkung zur Herstellungskostenuntergrenze verbucht. Bei ihr werden die anteiligen Verwaltungskosten nicht miteingerechnet, damit also 500 €/Stück.

Bewertung: 500 €/Stück • 2.000 Stück = 1.000 T€.

6. Die Rechnungen gehören noch ins Vorjahr. Sind die Konten bereits geschlossen, ist eine Rückstellung für die fehlenden Rechnungen über 250 T€ zu bilden.

7. Aktivierung von 1,5 Mio. € für die Maschine. Afa HGB: 1,5 Mio. €/10 Jahre gewöhnliche Nutzungsdauer. Afa ab Lieferung also 1/2 Jahr = 75 T€

   IFRS Abschreibungsbeginn ab Nutzung und Ansatz der tatsächlich erwarteten Nutzung. 1,5 Mio. €/15 Jahre • 3 Monate = 25 T€, also 50 T€ weniger als bei HGB

8. Inventurdifferenz über 40.000 € als Aufwand verbuchen.

Lösung zu 74: Vor- und Nachteile von Kennzahlen

Vorteile:

- ▸ Durch die systematische Erfassung von Kennzahlen können Abweichungen und Schwachstellen besser (oder überhaupt erst) erkannt werden.

- ▸ Kritische Kennzahlenwerte können für Teilbereiche als Zielgrößen formuliert werden.

- ▸ Steuerungsprozesse können über Kennzahlen vereinfacht werden.

- ▸ Ziele können quantitativ exakt formuliert werden.

- ▸ Kennzahlen können die Basis für Bonuszahlungen sein.

Nachteile:

- ▸ Anwender kann beliebige Kennzahlen und Interpretationen wählen, die seinen Zielen am besten entsprechen.

- ▸ Wird der unternehmerische Prozess nur nach den Kennzahlen ausgerichtet, droht die Vernachlässigung langfristiger Gewinne zu Gunsten kurzfristiger Gewinne.

- ▸ Kritische Kennzahlenwerte (s. o.) können auch als erstrebenswert empfunden werden.

- ▸ Einseitige Sichtweise, z. B. Umweltschutz, Mitarbeiterzufriedenheit, sprich Nachhaltigkeit, werden nicht berücksichtigt.

Lösung zu 75: ROI-Baum (I)

a)

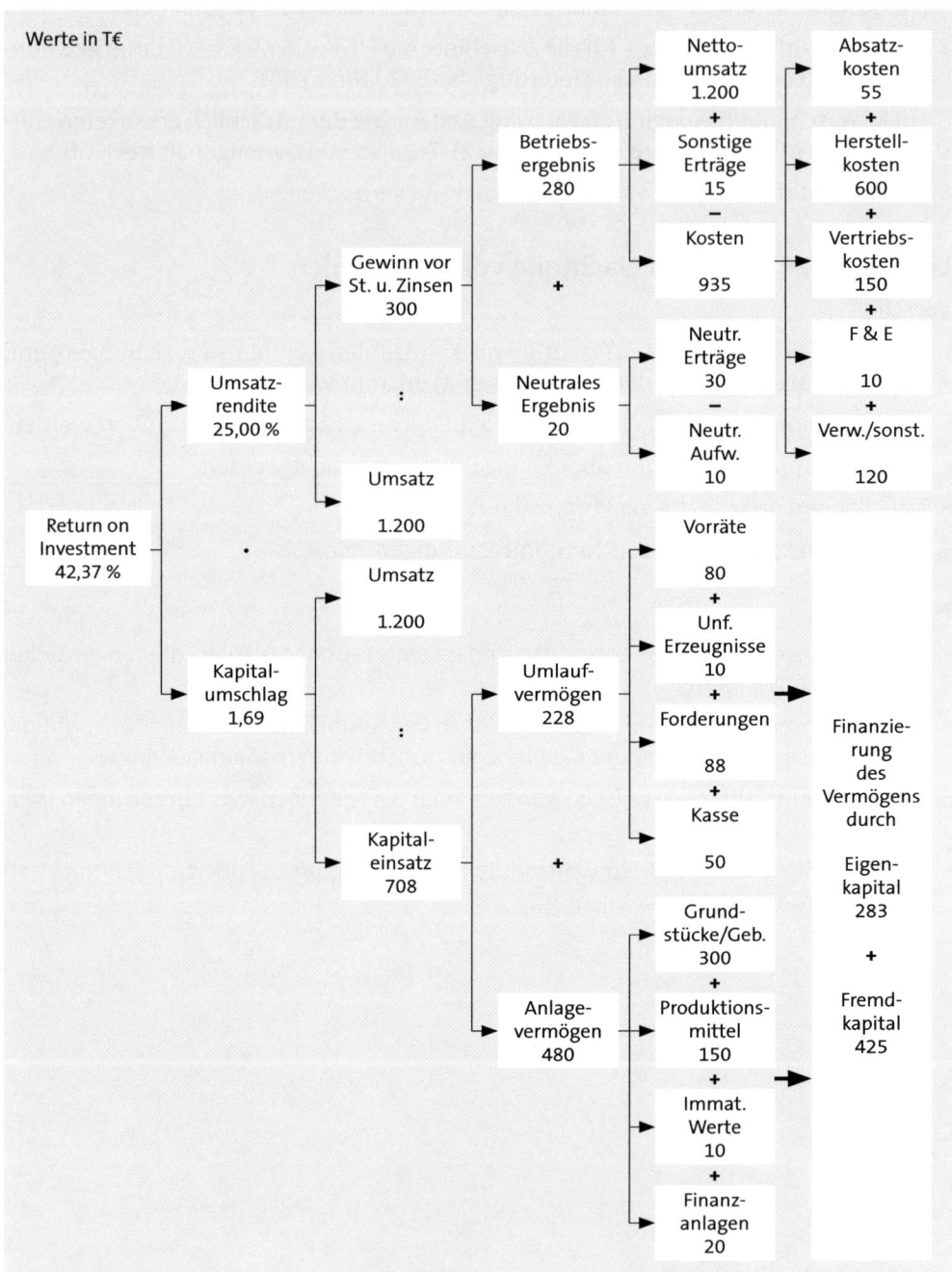

Werte in T€

Bilanzsumme: 708 T€
EK-Quote: 40 %

b)

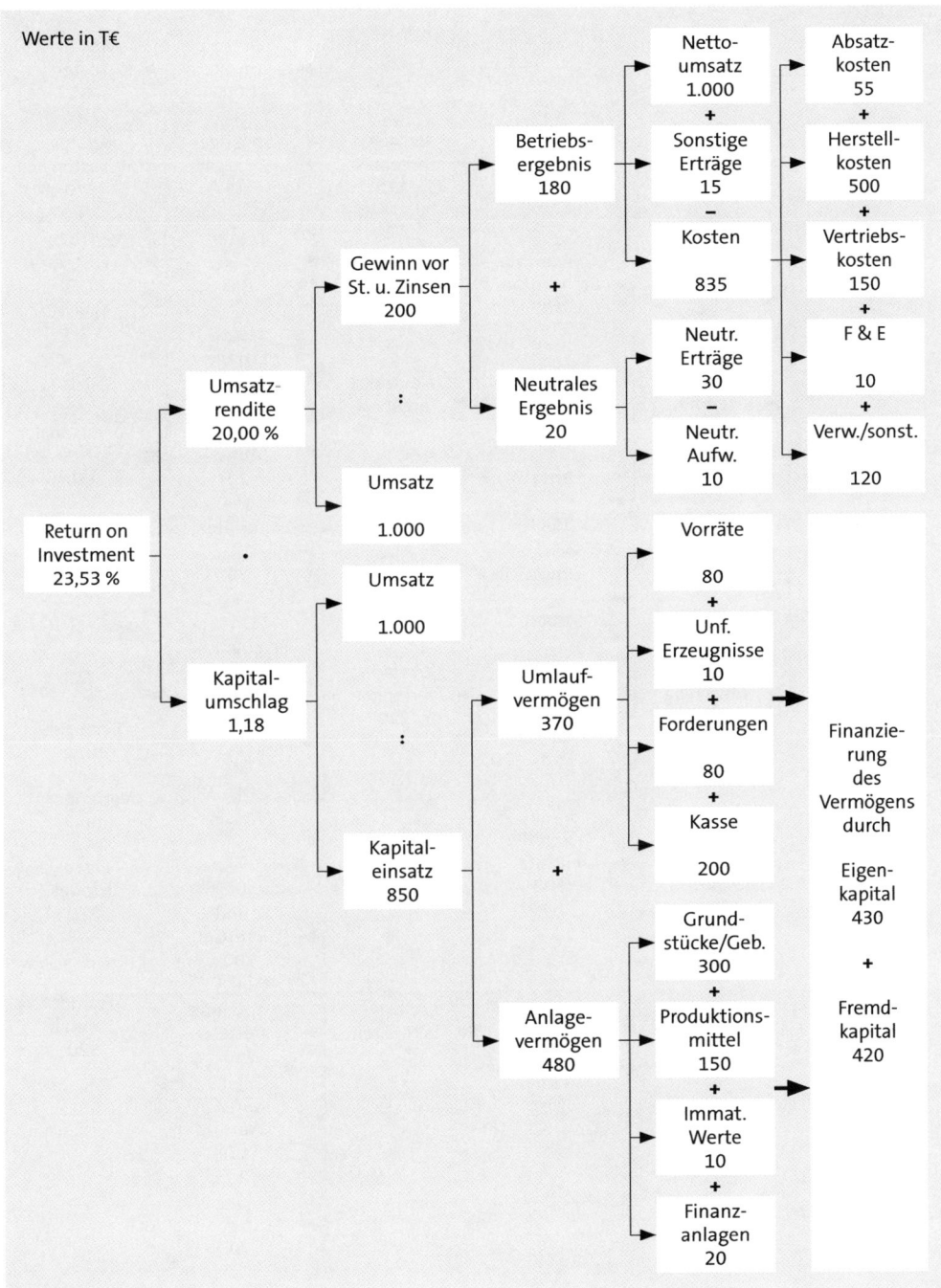

Werte in T€

Bilanzsumme: 850 T€
EK-Quote: 51 %

c)

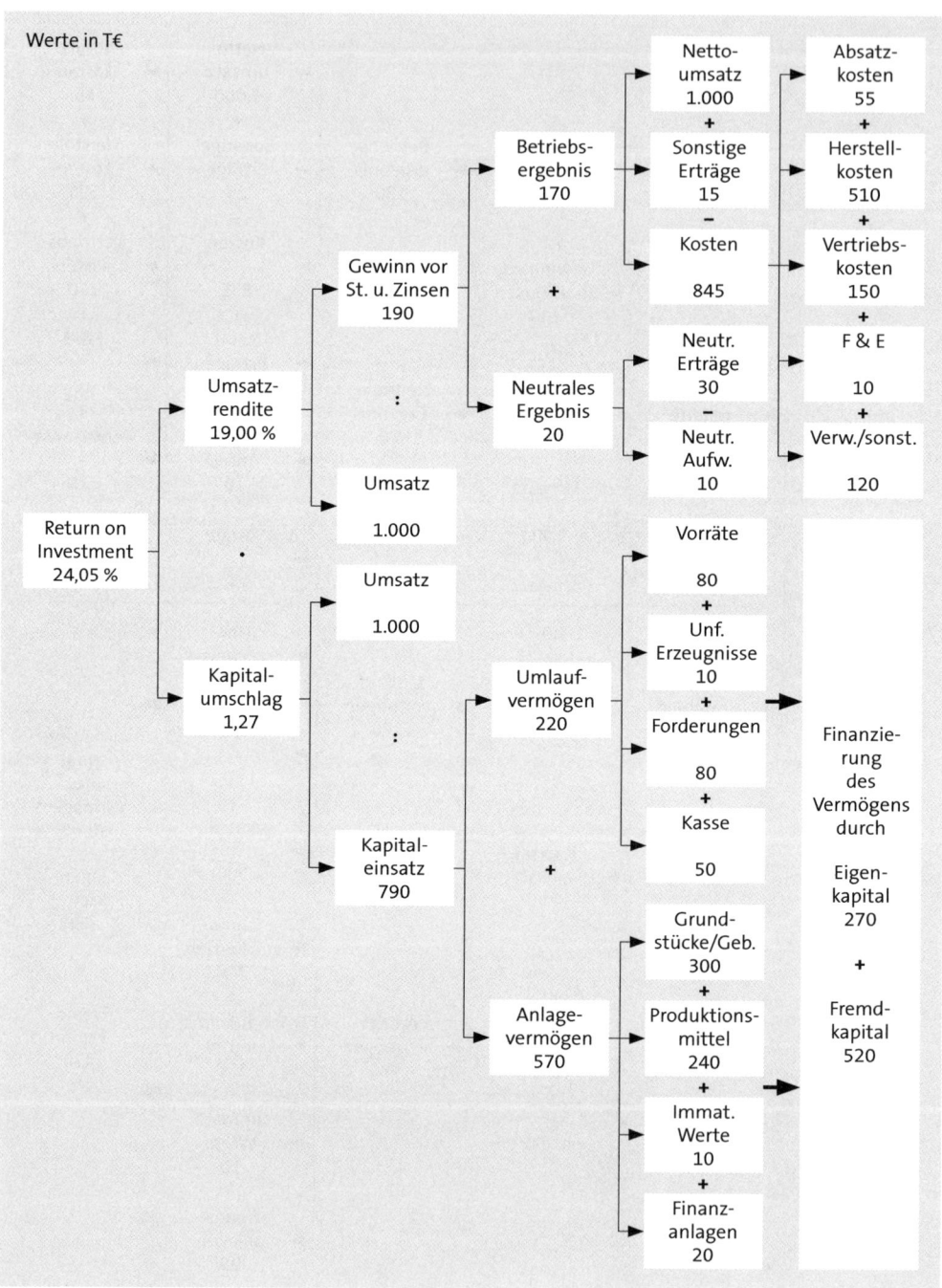

Werte in T€

Return on Investment 24,05 %

Umsatzrendite 19,00 %

Kapitalumschlag 1,27

Gewinn vor St. u. Zinsen 190

Umsatz 1.000

Umsatz 1.000

Kapitaleinsatz 790

Betriebsergebnis 170

Neutrales Ergebnis 20

Umlaufvermögen 220

Anlagevermögen 570

Netto-umsatz 1.000
+
Sonstige Erträge 15
–
Kosten 845

Neutr. Erträge 30
–
Neutr. Aufw. 10

Vorräte 80
+
Unf. Erzeugnisse 10
+
Forderungen 80
+
Kasse 50

Grundstücke/Geb. 300
+
Produktionsmittel 240
+
Immat. Werte 10
+
Finanzanlagen 20

Absatzkosten 55
+
Herstellkosten 510
+
Vertriebskosten 150
+
F & E 10
+
Verw./sonst. 120

Finanzierung des Vermögens durch

Eigenkapital 270
+
Fremdkapital 520

Bilanzsumme: 790 T€
EK-Quote: 34,2 %

d)

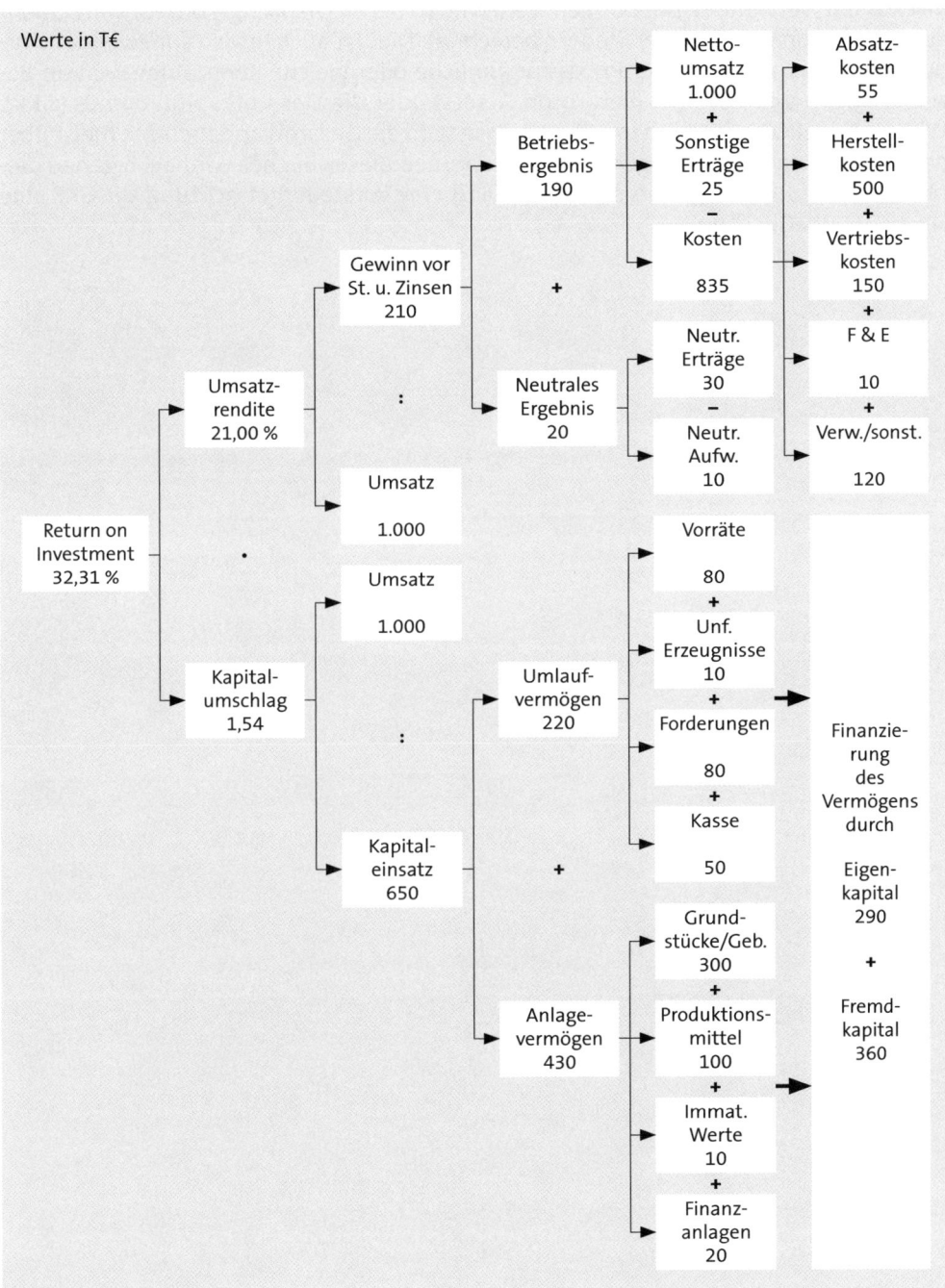

Werte in T€

			Netto-umsatz 1.000	Absatz-kosten 55
		Betriebs-ergebnis 190	+ Sonstige Erträge 25	+ Herstell-kosten 500
	Gewinn vor St. u. Zinsen 210	− Kosten 835	+ Vertriebs-kosten 150
Umsatz-rendite 21,00 %	: Neutrales Ergebnis 20	Neutr. Erträge 30	F & E 10
	Umsatz 1.000	− Neutr. Aufw. 10	+ Verw./sonst. 120

Return on Investment 32,31 %

	Umsatz 1.000	Vorräte 80	
Kapital-umschlag 1,54	Umlauf-vermögen 220	+ Unf. Erzeugnisse 10	
	Kapital-einsatz 650	+ Forderungen 80	Finanzie-rung des Vermögens durch
		+ Kasse 50	Eigen-kapital 290
	Anlage-vermögen 430	Grund-stücke/Geb. 300	+ Fremd-kapital 360
		+ Produktions-mittel 100	
		+ Immat. Werte 10	
		+ Finanz-anlagen 20	

Bilanzsumme: 650 T€
EK-Quote: 45 %

Anmerkung zum ROI: In der Praxis werden häufig Kennzahlen wie der ROI (Return on Investment) verwendet. Die ROI-Kennzahl wird dabei im Ursprungskonzept von *Dupont* ausgehend vom Ergebnis vor Steuern berechnet. Dies ist auch hier so angewendet worden. Häufig existieren in der Praxis für ähnliche oder gleiche Kennzahlen weitere Bezeichnungen wie der ROA (Return on Assets) oder die Gesamtkapitalrendite (GKR). Während der ROA eigentlich inhaltsgleich ist, wird die Gesamtkapitalrendite meist über das Ergebnis nach Steuern gerechnet. Im Rahmen dieses Buches wird auch genau diese Unterscheidung vorgenommen: Der ROI ist eine Vorsteuerbetrachtung, die GKR eine Nachsteuerbetrachtung.

Lösung zu 76: ROI-Baum (II)

a)

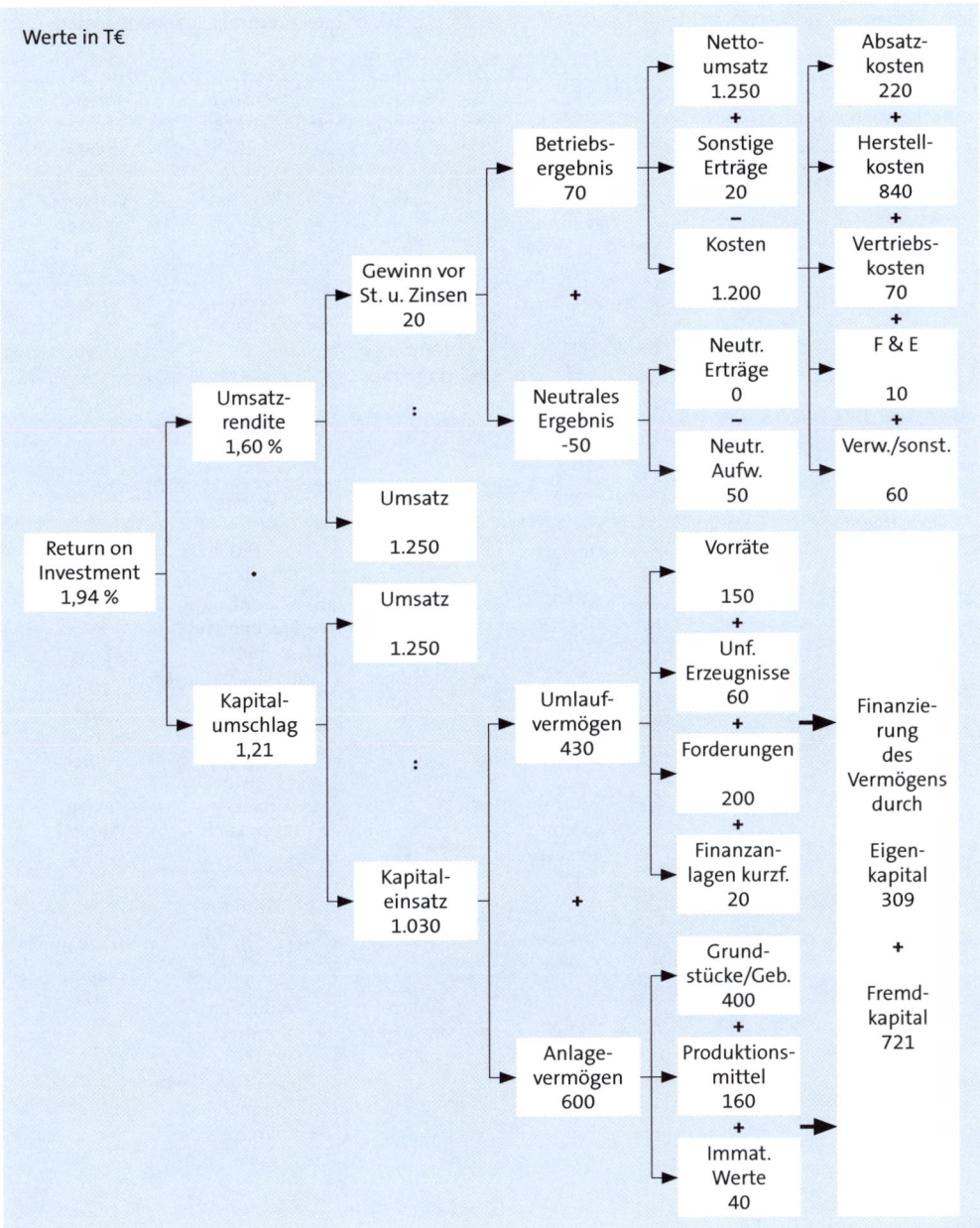

Werte in T€

Bilanzsumme: 1.030 T€
EK-Quote: 30 %

b)

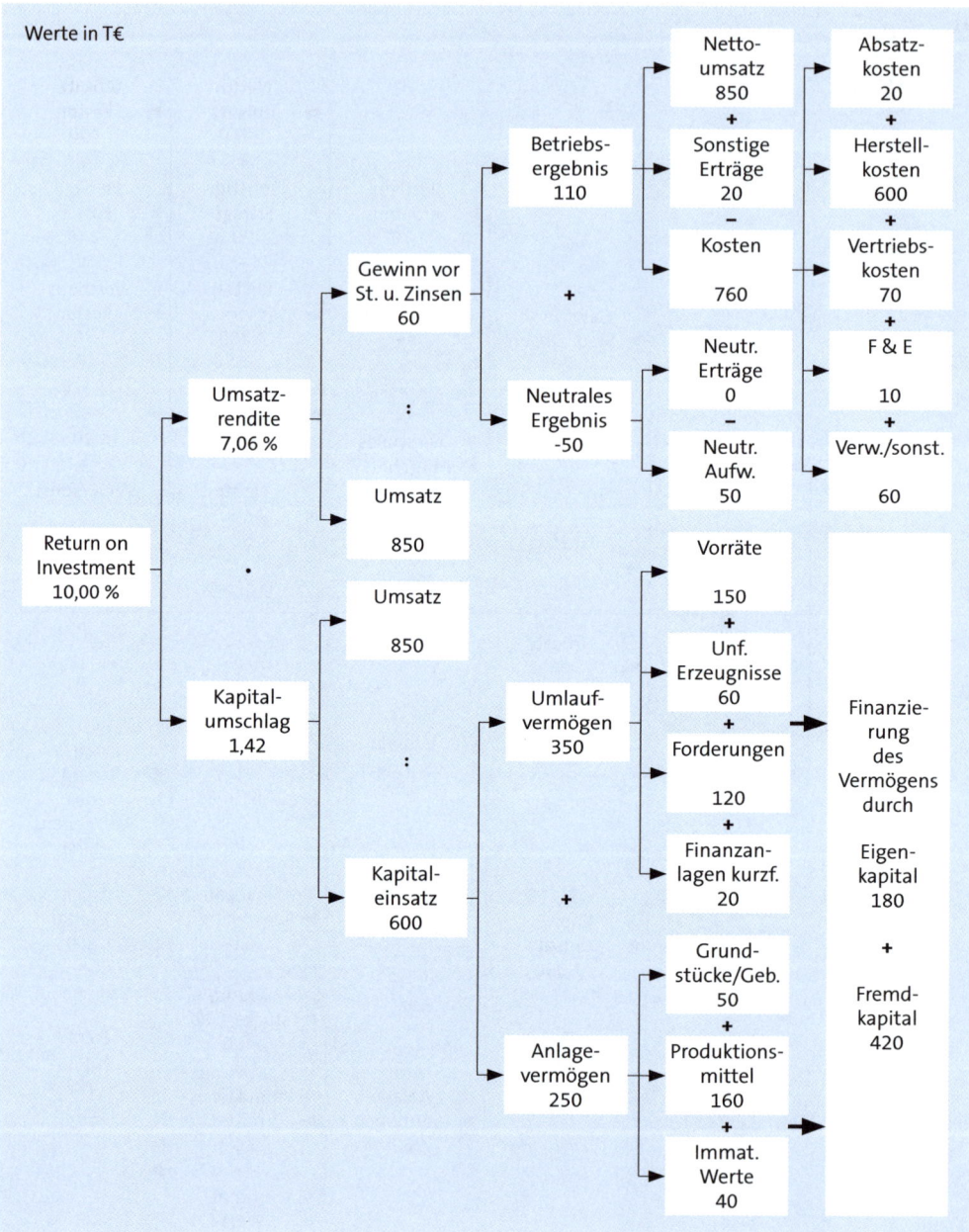

Werte in T€

Bilanzsumme: 600 T€
EK-Quote: 30 %

Lösung zu 77: ROI-Baum (III)

a)

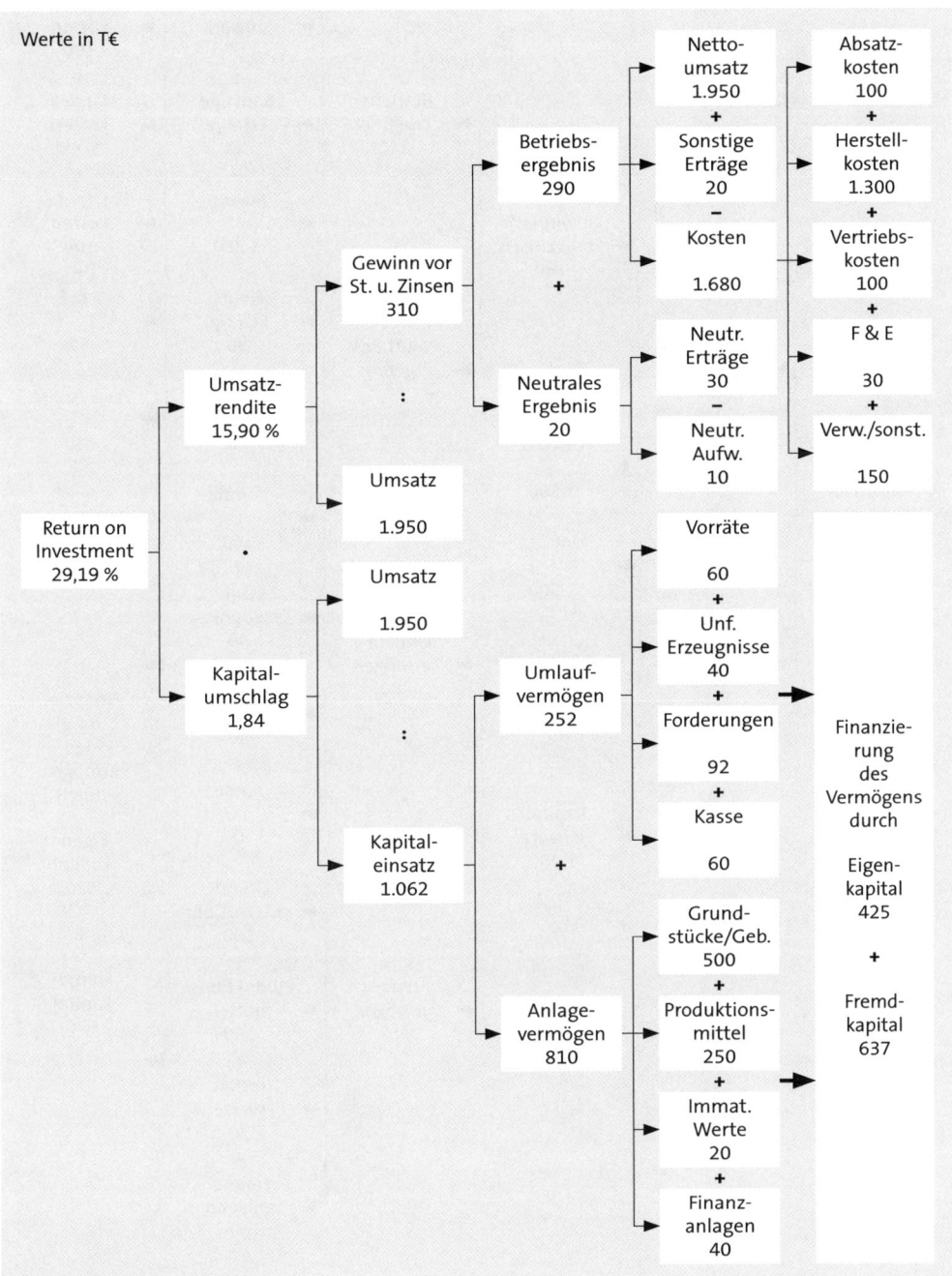

Bilanzsumme: 1.062 T€
EK-Quote: 40 %

b)

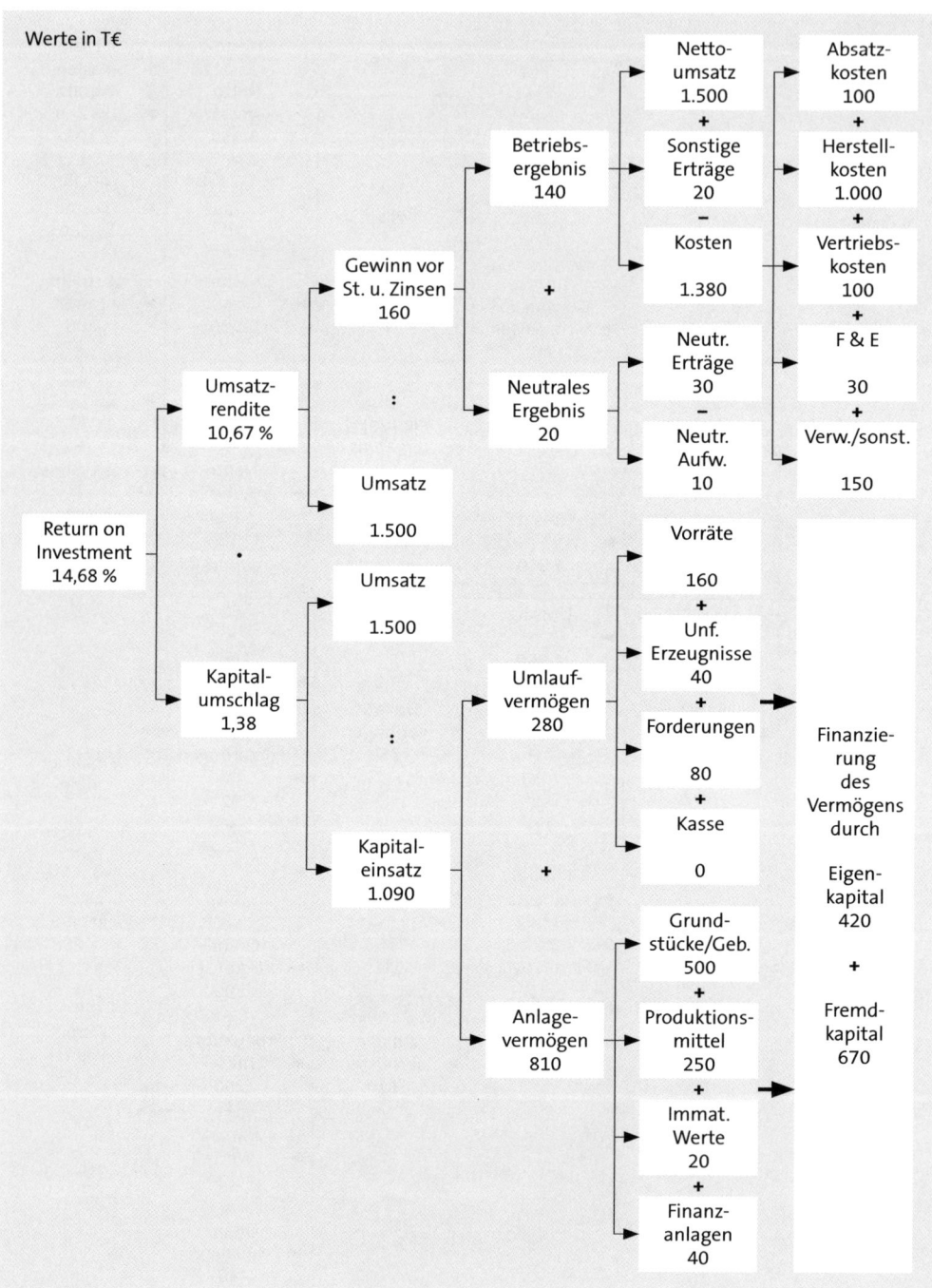

Werte in T€

	Netto-umsatz 1.500	Absatz-kosten 100
	+	+
Betriebs-ergebnis 140	Sonstige Erträge 20	Herstell-kosten 1.000
	−	+
	Kosten 1.380	Vertriebs-kosten 100

Return on Investment 14,68 %

Umsatzrendite 10,67 %

Gewinn vor St. u. Zinsen 160

Betriebsergebnis 140

Neutrales Ergebnis 20

Netto-umsatz 1.500

Sonstige Erträge 20

Kosten 1.380

Neutr. Erträge 30

Neutr. Aufw. 10

Absatzkosten 100

Herstellkosten 1.000

Vertriebskosten 100

F & E 30

Verw./sonst. 150

Umsatz 1.500

Kapitalumschlag 1,38

Umsatz 1.500

Kapitaleinsatz 1.090

Umlaufvermögen 280

Anlagevermögen 810

Vorräte 160

Unf. Erzeugnisse 40

Forderungen 80

Kasse 0

Grundstücke/Geb. 500

Produktionsmittel 250

Immat. Werte 20

Finanzanlagen 40

Finanzierung des Vermögens durch

Eigenkapital 420

Fremdkapital 670

Bilanzsumme: 1.090 T€
EK-Quote: 39 %

c)

Werte in T€

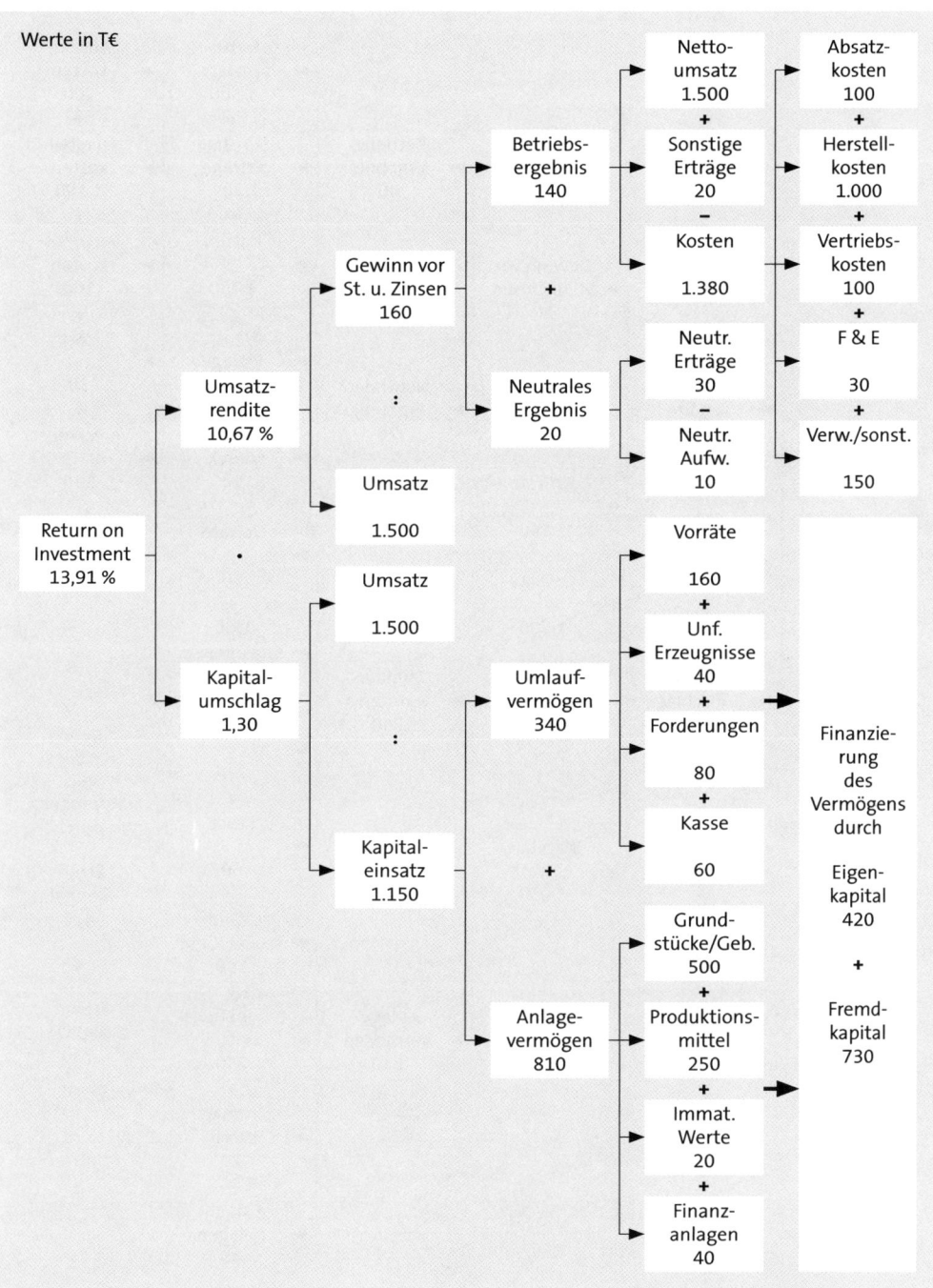

Bilanzsumme: 1.150 T€
EK-Quote: 37 %

d)

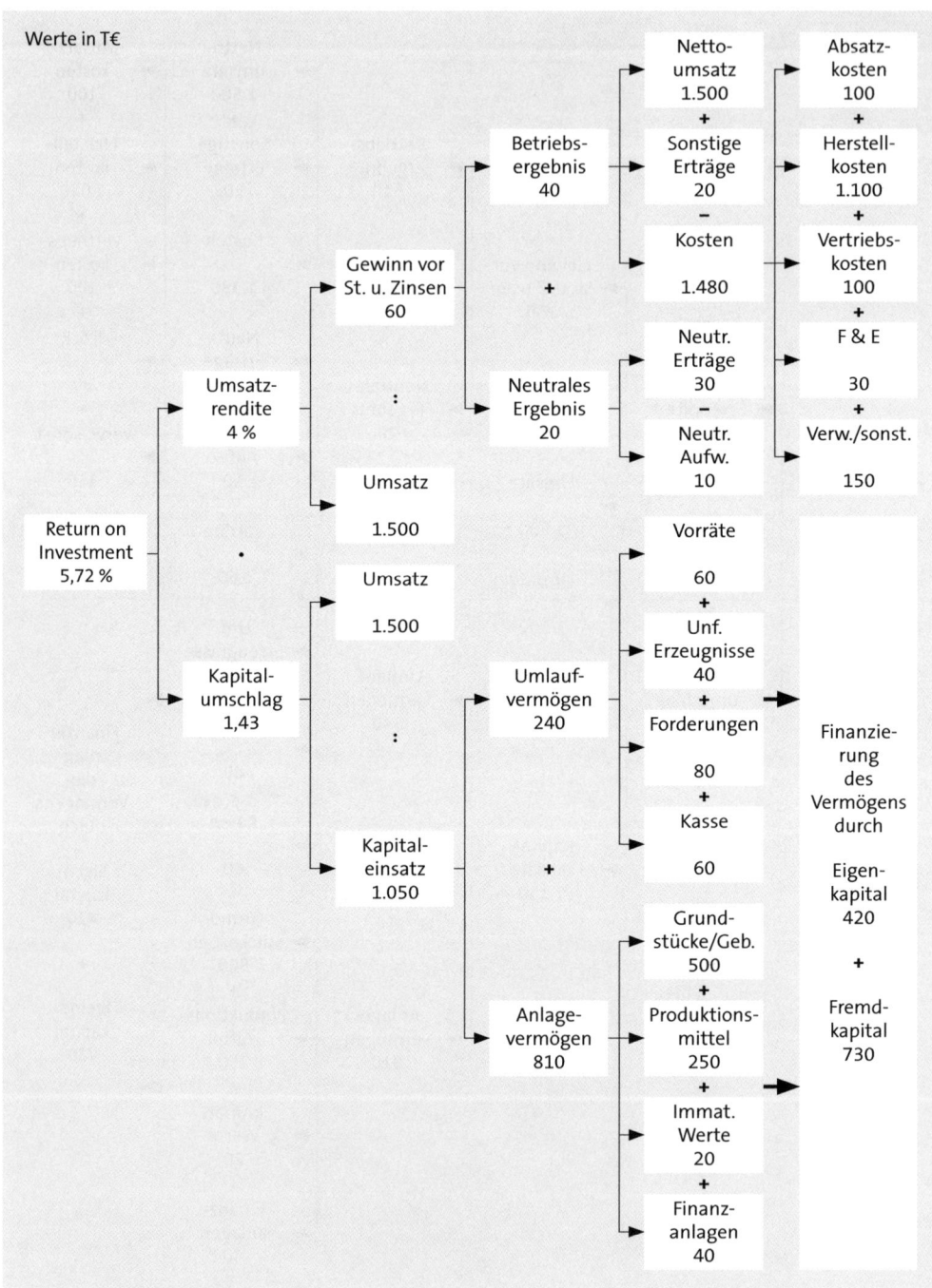

Werte in T€

				Netto-umsatz 1.500	Absatz-kosten 100
			Betriebs-ergebnis 40	+ Sonstige Erträge 20	+ Herstell-kosten 1.100
	Gewinn vor St. u. Zinsen 60	+		– Kosten 1.480	+ Vertriebs-kosten 100
Umsatz-rendite 4 %	:	Neutrales Ergebnis 20		Neutr. Erträge 30	+ F & E 30
	Umsatz 1.500			– Neutr. Aufw. 10	+ Verw./sonst. 150

Return on Investment 5,72 %

•

	Umsatz 1.500		Vorräte 60	
Kapital-umschlag 1,43	:	Umlauf-vermögen 240	+ Unf. Erzeugnisse 40	
			+ Forderungen 80	Finanzie-rung des Vermögens durch
	Kapital-einsatz 1.050	+	+ Kasse 60	Eigen-kapital 420
		Anlage-vermögen 810	Grund-stücke/Geb. 500	+
			+ Produktions-mittel 250	Fremd-kapital 730
			+ Immat. Werte 20	
			+ Finanz-anlagen 40	

Bilanzsumme: 1.150 T€
EK-Quote: 37 %

e)

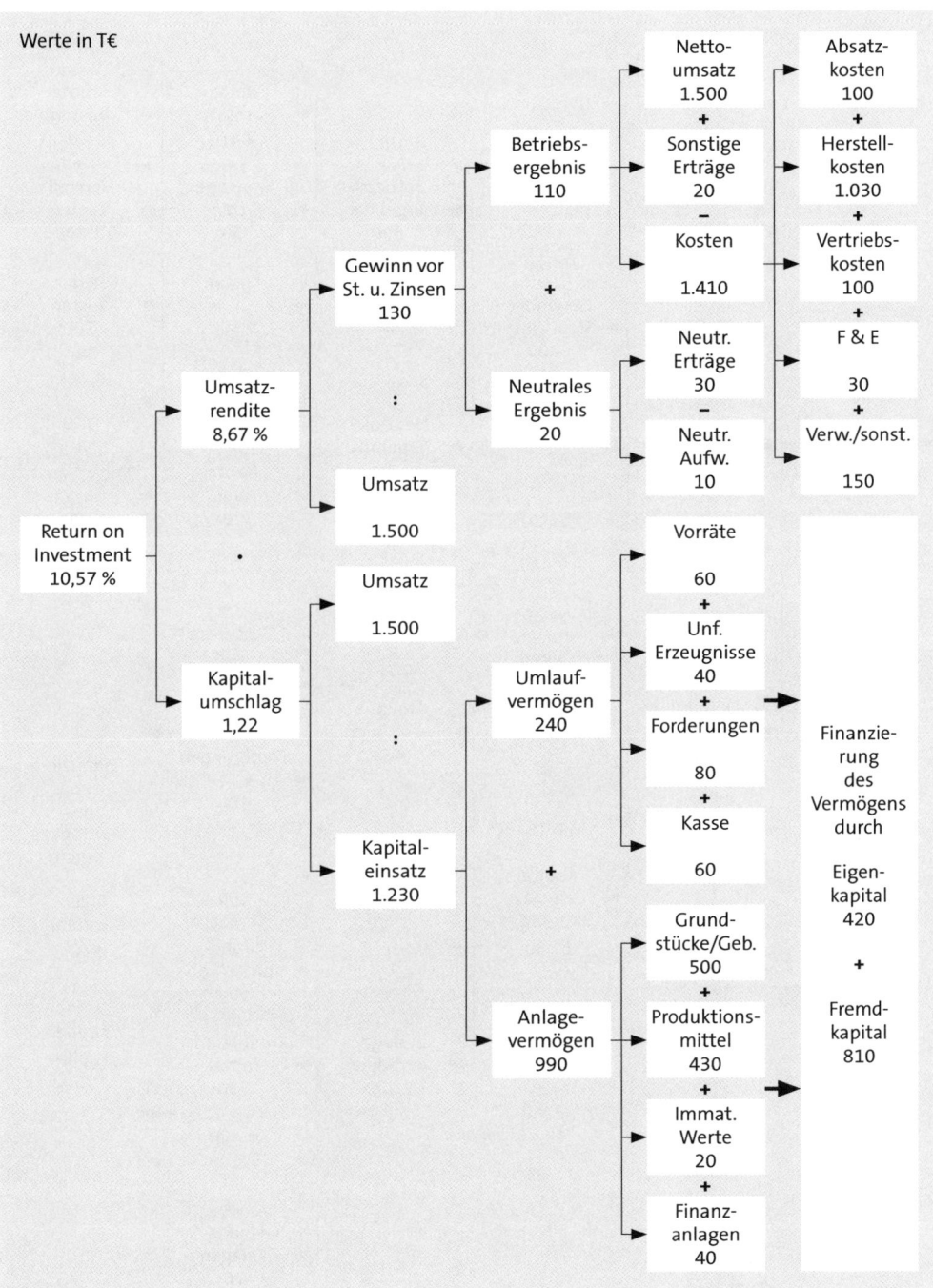

Werte in T€

Bilanzsumme: 1.230 T€
EK-Quote: 34 %

Lösung zu 78: ROI-Baum (IV)

a)

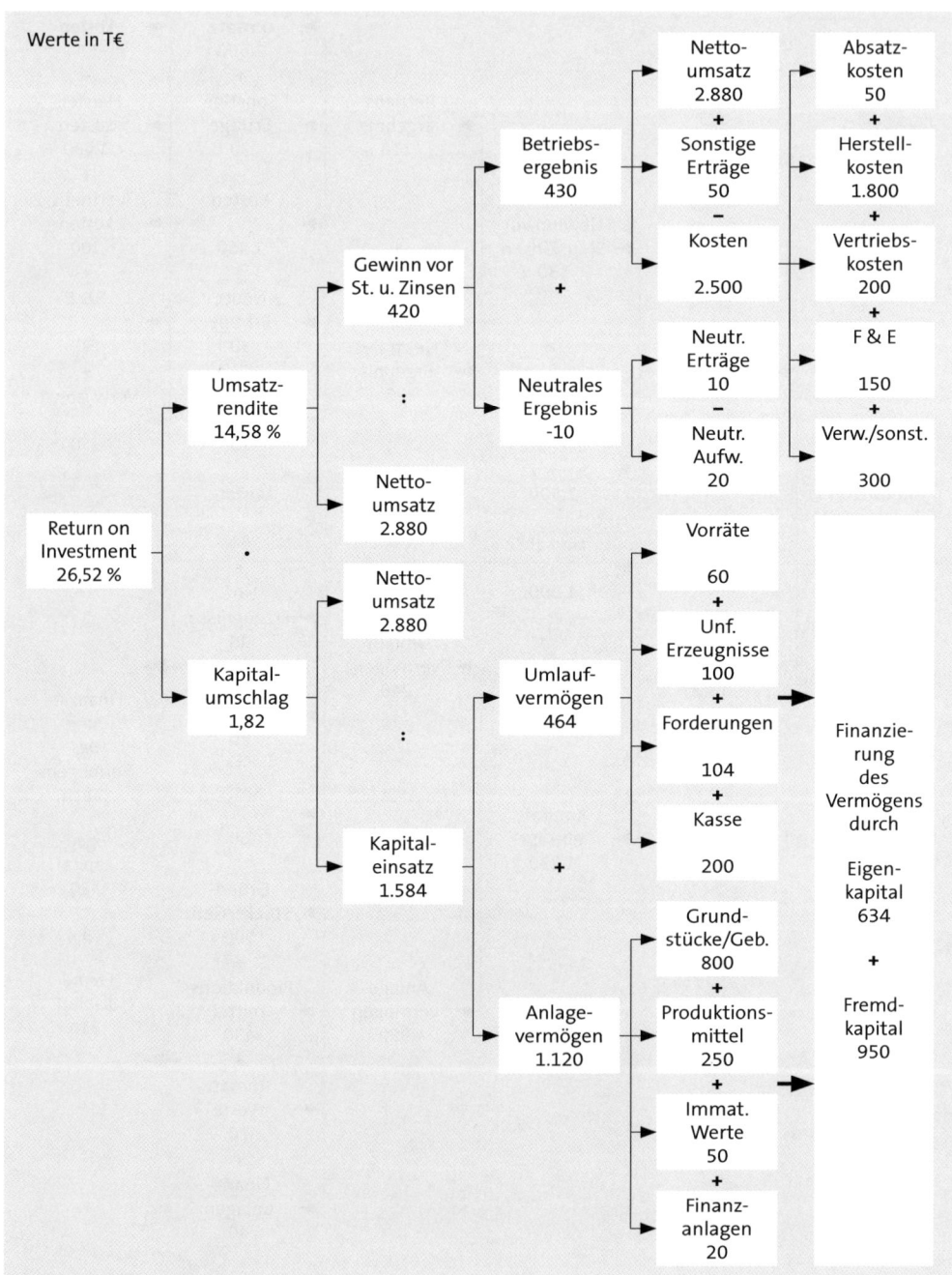

Bilanzsumme: 1.584 T€
EK-Quote: 40 %

b)

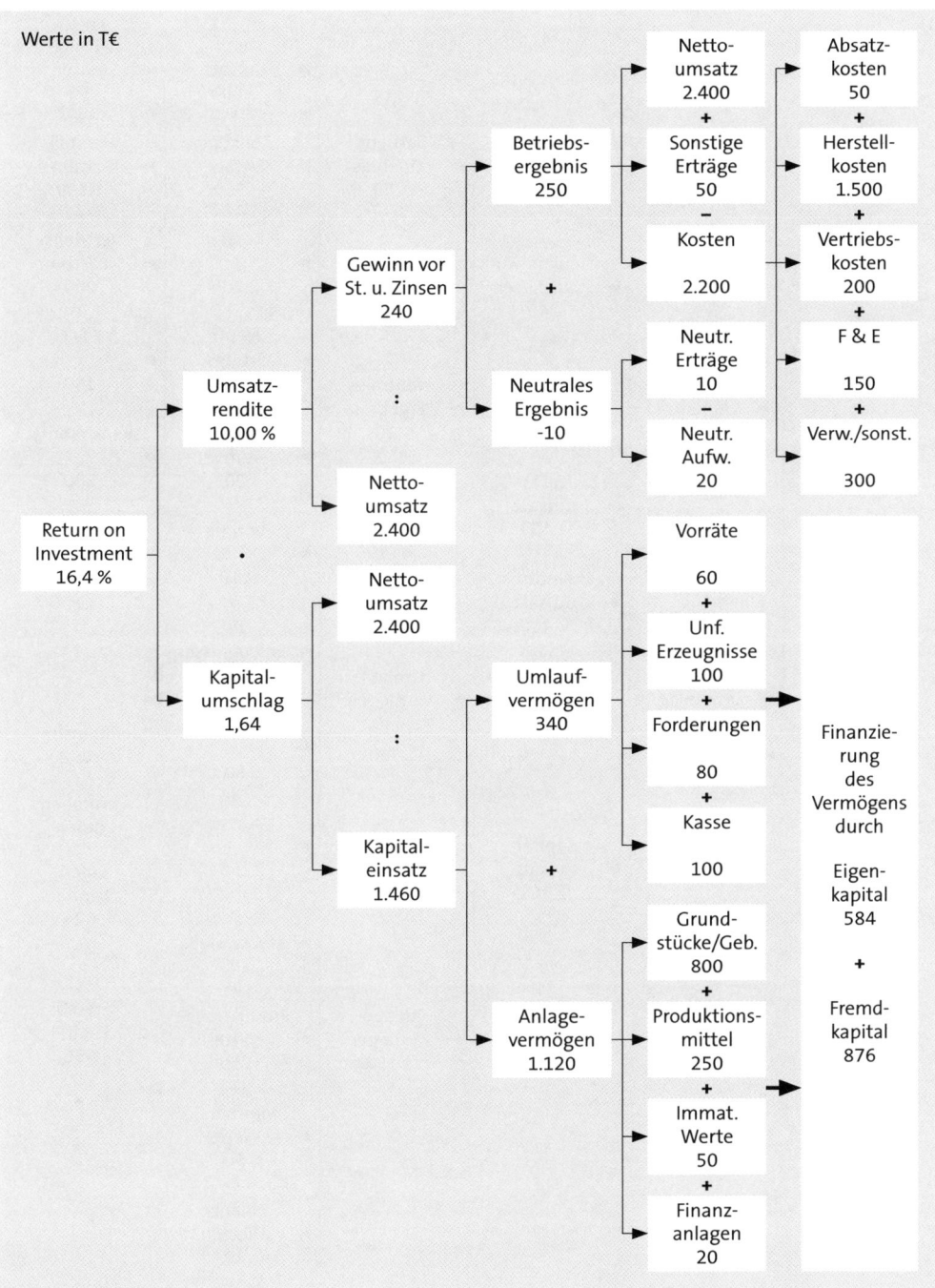

Werte in T€

| | | | | Netto-umsatz 2.400 | Absatz-kosten 50 |

Bilanzsumme: 1.460 T€
EK-Quote: 40 %

c)

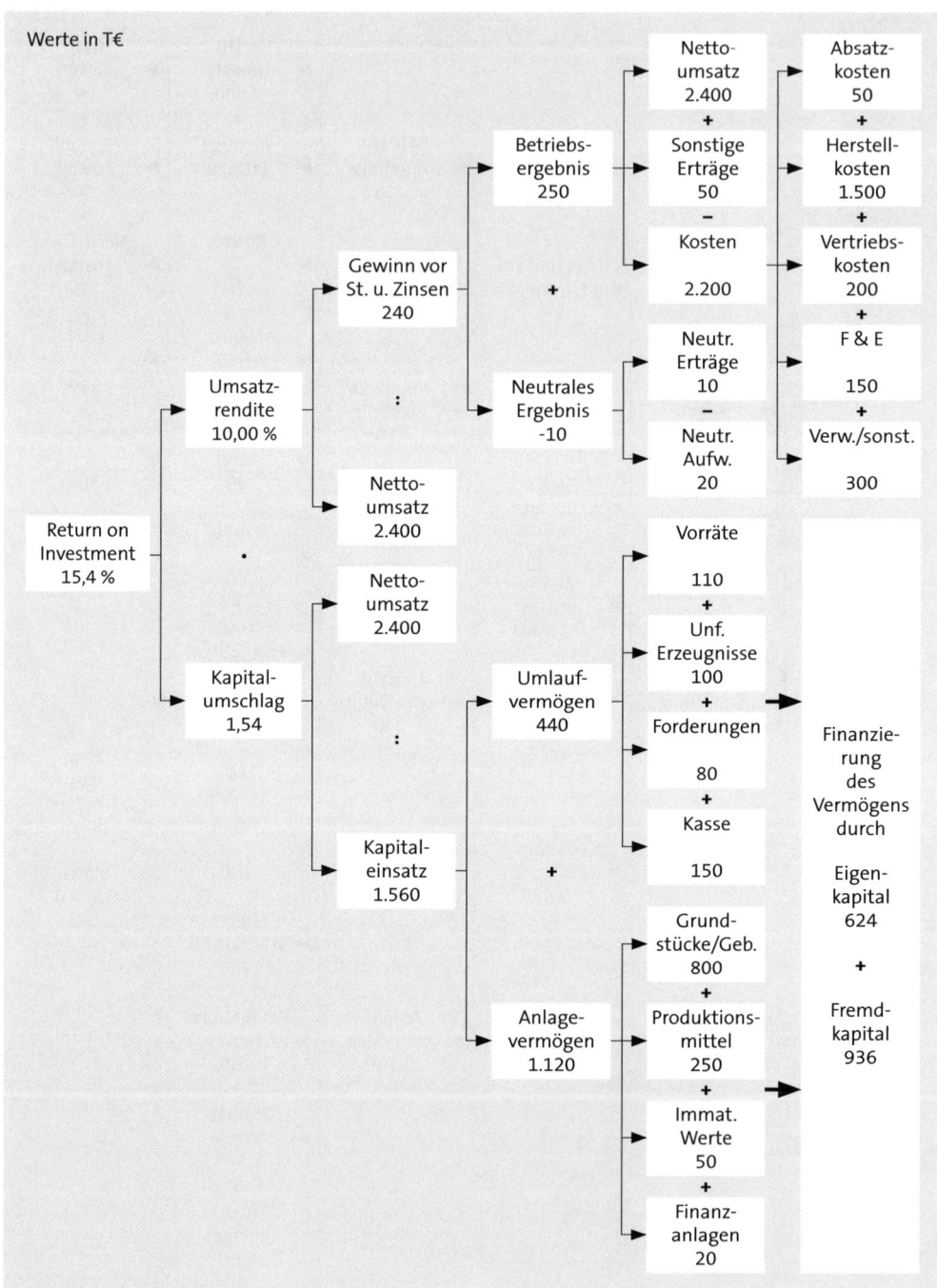

Werte in T€

Bilanzsumme: 1.560 T€
EK-Quote: 40 %

d)

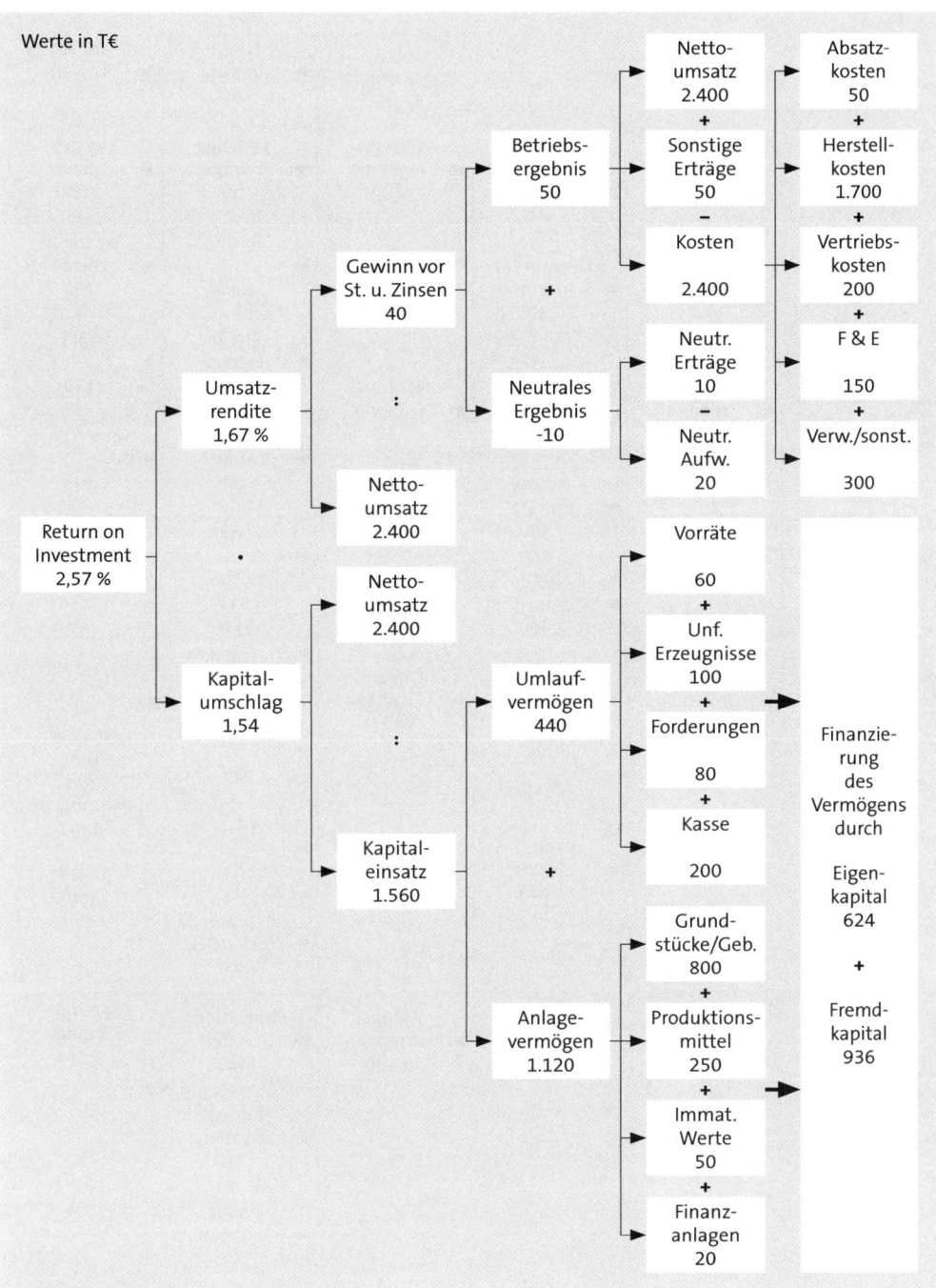

Werte in T€

Bilanzsumme: 1.560 T€
EK-Quote: 40 %

e)

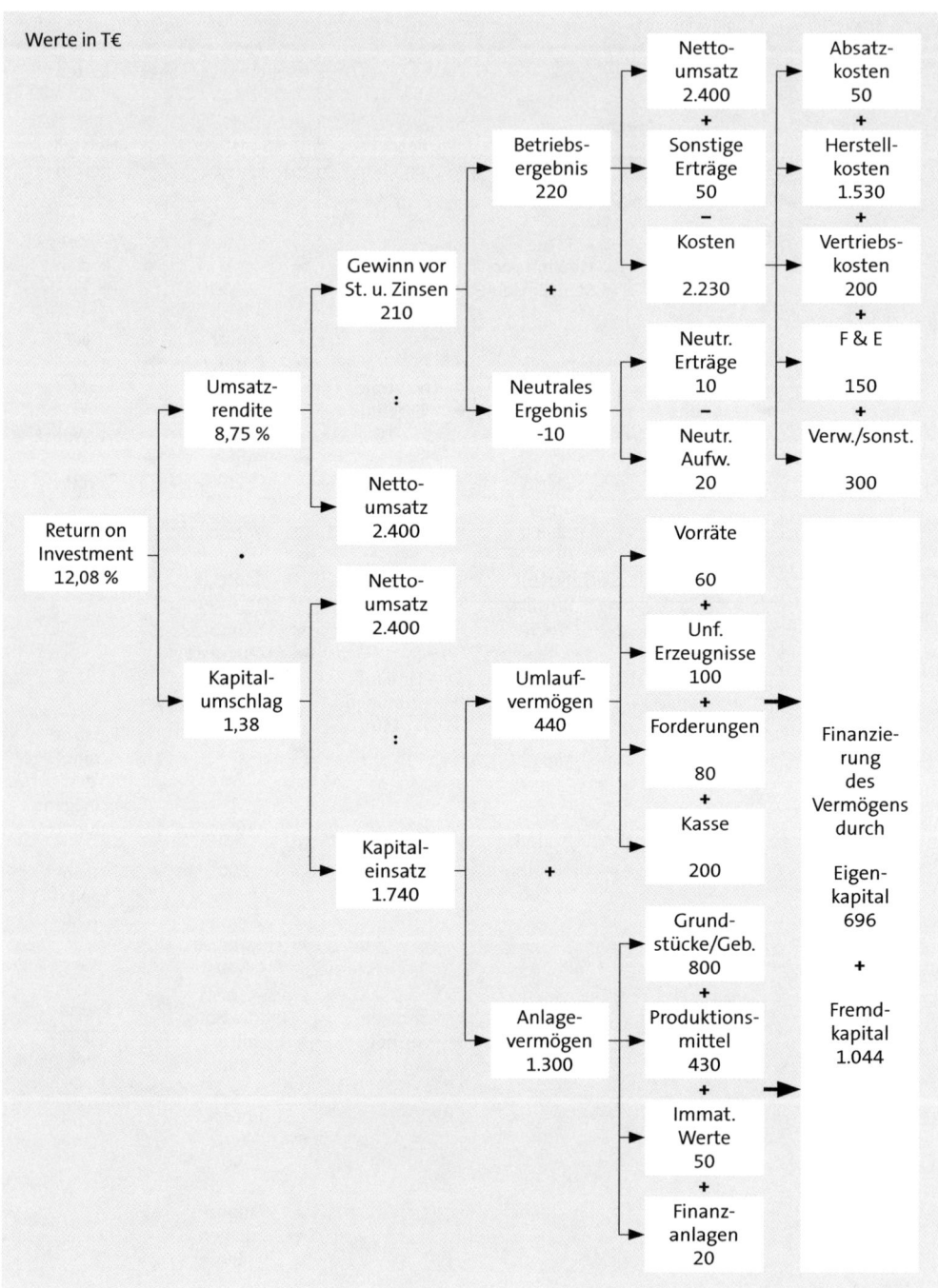

Werte in T€

Bilanzsumme: 1.740 T€
EK-Quote: 40 %

Lösung zu 79: ROI-Baum (IV)

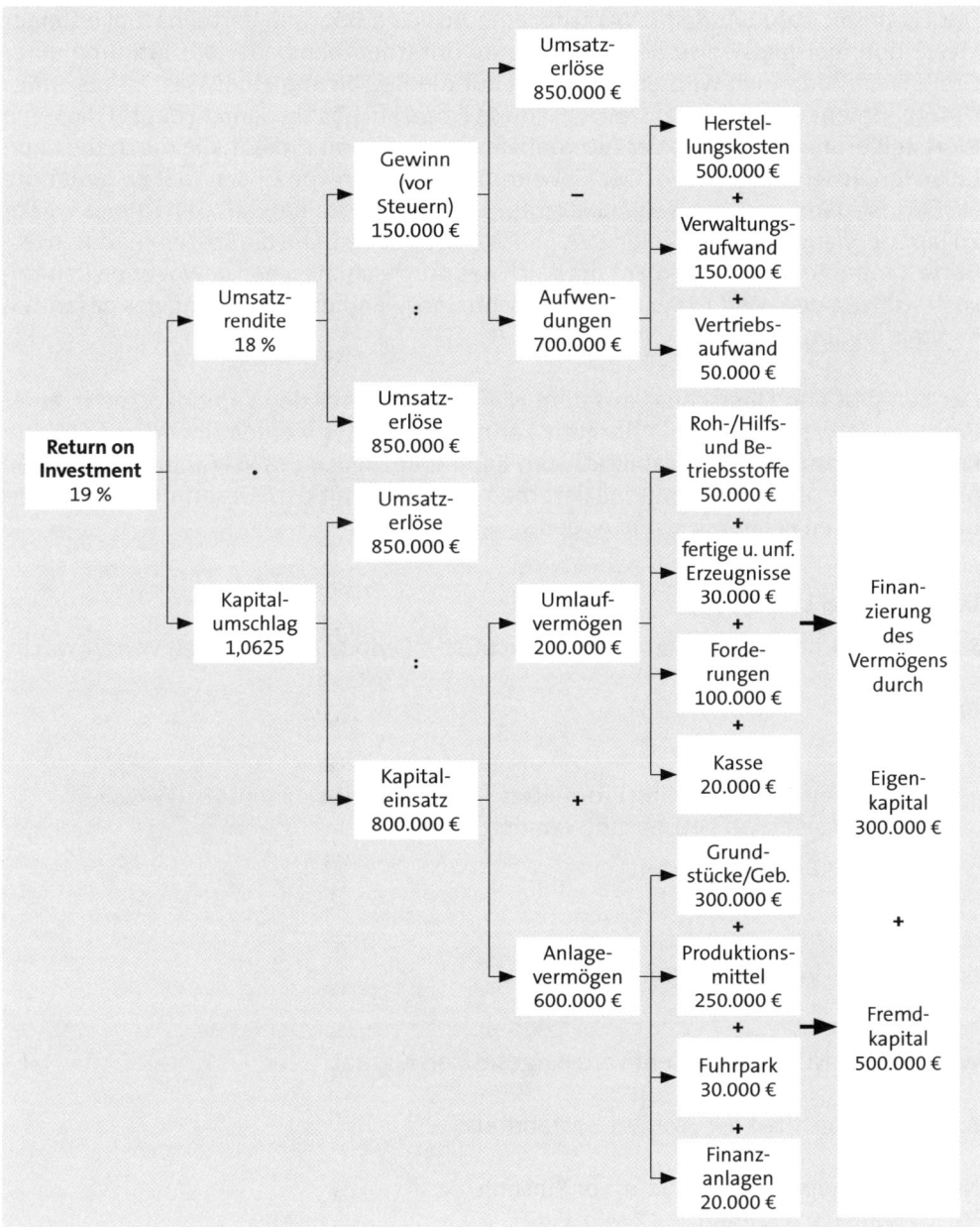

Bilanzsumme: 800.000 €
EK-Quote: 38 %

Lösung zu 80: EVA (I)

Der Economic Value Added (EVA) trifft eine Aussage über die Vorteilhaftigkeit einer Investition, beispielsweise beim Kauf eines Unternehmens oder bei Tätigung einer Großinvestition. Auch wird er verwendet für die Bewertung eines Geschäftes, eines Unternehmens oder eines Konzerns. Ist diese Kennzahl positiv, dann bedeutet dies eine Wertsteigerung gegenüber der Alternativanlage am Kapitalmarkt, die durch die Kapitalkosten ausgewiesen wird. Der Gewinn nach Steuern vor Zinsen (der so genannte NOPAT) ist dann größer als die Kosten für das investierte Kapital. Genau hier ist der Zusammenhang der Kennzahlen EVA und WACC zu sehen. Um die Kosten für das investierte Kapital zu messen, bedient man sich des durchschnittlichen gewogenen Kapitalkostensatzes, dem WACC, der die gewünschte (notwendige) Verzinsung des gesamten Kapitals angibt.

Der EVA gibt den Überschuss aus dem NOPAT gegenüber den Kapitalkosten in einer Währung (etwa in Euro) an. Alternativ kann er berechnet werden über den NOPAT in Prozent (Gesamtkapitalrentabilität) vom Kapital abzüglich des WACC in Prozent. Den prozentualen Überschuss multipliziert man daraufhin mit dem Gesamtkapital und erhält daraus den Economic Value Added.

Lösung zu 81: EVA (II)

Schritt 1: EVA bezeichnet den in der betrachteten Periode geschaffenen Wertzuwachs

Berechnung:

$$EVA = \text{NOPAT (Net Operating Profit after Taxes)} - (\text{Kapitalkostensatz (WACC)} \cdot \text{eingesetztes betriebsnotwendiges Kapital})$$

$$= \text{NOPAT} - \text{Kapitalkosten}$$

oder $\quad (\text{GKR} - \text{WACC}) \cdot \text{eingesetztes Kapital}$

wobei GKR = NOPAT in Prozent vom eingesetzten Kapital

Schritt 2: Berechnen der „Formel-Bestandteile":

NOPAT (= Gewinn nach Steuern, vor Zinsen):
→ Gewinn nach Steuern = 12 Mio. €
→ NOPAT = 12 Mio. € + 8 % • 35 Mio. € = 14,8 Mio. €

Anmerkung: Der NOPAT kann ausgehend vom Ergebnis nach Steuern oder vom Betriebsergebnis (was vom Namen her besser passen würde) berechnet werden. Meist wird er in der Praxis vom Ergebnis nach Steuern berechnet. Dieser Definition wird in diesem Buch gefolgt.

WACC (= Kapitalkostensatz)

$$\text{WACC} = \frac{40 \text{ Mio. } €}{75 \text{ Mio. } €} \cdot 0{,}12 + \frac{35 \text{ Mio. } €}{75 \text{ Mio. } €} \cdot 0{,}08 = 0{,}10$$

$\rightarrow$ WACC = 0,10 = 10 %

Eingesetztes betriebsnotwendiges Kapital = 40 Mio. € + 35 Mio. € = 75 Mio. €

Schritt 3: Berechnen des Economic Value Added (EVA)

EVA = 14,8 Mio. € - 0,10 • 75 Mio. € = 7,3 Mio. €

Lösung zu 82: EVA (III)

Schritt 1: EVA bezeichnet den in der betrachteten Periode geschaffenen Wertzuwachs.

Berechnung:

$$\text{EVA} = \text{NOPAT (Net Operating Profit after Taxes)} - (\text{Kapitalkostensatz (WACC)} \cdot \text{eingesetztes betriebsnotwendiges Kapital})$$
$$= \text{NOPAT} - \text{Kapitalkosten}$$

Schritt 2: Berechnen der „Formel-Bestandteile":

NOPAT (= Gewinn nach Steuern, vor Zinsen):
- Gewinn vor Steuer = 72 Mio. € - 30 Mio. € - 15 Mio. € - 8 Mio. € - 3 Mio. € = 16 Mio. €
- Gewinn nach Steuer = 16 Mio. € - 0,3 • 16 Mio. € = 11,2 Mio. €

$\rightarrow$ NOPAT = 11,2 Mio. € + 3 Mio. € = 14,2 Mio. €

WACC (= Kapitalkostensatz)
- Zunächst Zinssatz für Fremdkapital berechnen (wird folgend für die Berechnung des WACC benötigt):

$$\text{Zinssatz für Fremdkapital} = \frac{3}{39} = 0{,}077$$

$$\text{WACC} = \frac{30}{69} \cdot 0{,}12 + \frac{39}{69} \cdot 0{,}077 = 0{,}096$$

$\rightarrow$ WACC = 0,096 = 9,6 %

Eingesetztes betriebsnotwendiges Kapital = 30 Mio. € + 39 Mio. € = 69 Mio. €

Schritt 3: Berechnen des Economic Value Added (EVA)

EVA = 14,2 Mio.€ - 0,096 • 69 Mio. € = 7,576 Mio. €

Lösung zu 83: EVA (IV)

Schritt 1: EVA bezeichnet den in der betrachteten Periode geschaffenen Wertzuwachs.

Berechnung:

$$\text{EVA} = \frac{\text{NOPAT (Net Operating Profit after Taxes) - (Kapitalkostensatz (WACC)}}{\text{• eingesetztes betriebsnotwendiges Kapital)}}$$

Schritt 2: Berechnen der „Formel-Bestandteile":

NOPAT (= Gewinn nach Steuern, vor Zinsen):
► Gewinn vor Steuer = 110 Mio. € - 50 Mio. € - 25 Mio. € - 9 Mio. € - 5 Mio. € = 21 Mio. €
► Gewinn nach Steuer = 21 Mio. € - 0,3 • 21 Mio. € = 14,7 Mio. €

→ NOPAT = 14,7 Mio. € + 5 Mio. € = 19,7 Mio. €

WACC (= Kapitalkostensatz)
► Zunächst Zinssatz für Fremdkapital berechnen (wird folgend für die Berechnung des WACC benötigt):

Fremdkapital = AV + UV - EK

= 60 Mio. € + 44 Mio. € - 50 Mio. € = 54 Mio. €

$$\text{Zinssatz für Fremdkapital} = \frac{5 \text{ Mio. €}}{54 \text{ Mio. €}} = 0,093$$

$$\text{WACC} = \frac{50 \text{ Mio. €}}{104 \text{ Mio. €}} \cdot 0,11 + \frac{54 \text{ Mio. €}}{104 \text{ Mio. €}} \cdot 0,093 = 0,101$$

→ WACC = 10,11 %

Eingesetztes betriebsnotwendiges Kapital = 60 Mio. € + 44 Mio. € = 104 Mio. €

Schritt 3: Berechnen des Economic Value Added (EVA)

EVA = 19,7 Mio.€ - 0,1012 • 104 Mio. € = 9,18 Mio. €

2.7 Planung/Budgeting

2.7.1 Operative Planung

Lösung zu 84: Operative Planung und Budgetierung

Besonderheiten Budgetierung: Das Budget ist als Wertgröße formuliert, die in einem genau abgegrenzten Zeitraum durch die Entscheidungen und Handlungen eines Bereiches eingehalten werden soll. Mit dem Budget werden nicht die einzelnen Handlungsvariablen und Handlungsalternativen festgelegt, sondern ein Handlungsrahmen:

► nur für ein Jahr

► hauptsächlich für indirekte Bereiche (Verwaltungskostenstellen)

► Planung anhand historischer Vergangenheitswerte, Fortschreibung.

Besonderheiten der operativen Planung: Planung des operativen Geschäftes, der Prozessabläufe und der Verbräuche durch logisches (mathematisches, statistisches) Ableiten Schritt für Schritt aus den geplanten Verkäufen über die Beschäftigung, die Produktion und den Einkauf für die Zukunft.

► ursprünglich für direkte, produktionsnahe Bereiche

► analytische oder synthetische Planung von Kostenarten pro Kostenstelle abgeleitet aus der geplanten Beschäftigung

► früher oft mit einem Horizont bis zu drei Jahren

Heute kommt es zu einer Vermischung beider Bereiche, da die operative Planung häufig nur noch einen Planungshorizont von weniger als zwei Jahren hat. In der Praxis werden Planung und Budgetierung häufig synonym verwendet, wobei Planungs- und Budgetierungsbestandteile kombiniert werden.

Lösung zu 85: Ablauf der operativen Planung

► Es gibt zwei grundlegende Planungsphilosophien, den Top-down- und den Bottom-up-Ansatz. Meist werden beide Ansätze gleichzeitig angewandt, indem zwar Rahmenwerte vorgegeben werden, aber dennoch ausgehend von den dezentralen Einheiten geplant wird.

► Zunächst erfolgt meist eine Grobplanung. Die Detailplanung pro Kostenart und Kostenstelle folgt häufig erst nach Genehmigung des Grobplans.

► Die operative Planung/Budget-Planung enthält mittlerweile oft nur noch die neueste Vorschau für das aktuelle Jahr und die Planung für das Folgejahr. Zuweilen findet sich auch noch die Planung für zwei Jahre, selten ein längerer Planungshorizont.

► Ausgangspunkt ist der Sales Plan mit den Informationen, welche Produkte zu welchen Preisen in welcher Anzahl verkauft werden. Aus ihm können der Umsatzplan, aber auch der Produktionsplan abgeleitet werden – Letzterer durch Abgleich der Bruttobedarfsmengen mit den verfügbaren Lagerbeständen, wodurch die zu produzierenden Nettobedarfe errechnet werden können. Der Produktionsplan und der Sales Plan dienen als Ausgangspunkt führt eine Vielzahl von Plänen, die aus ihnen abgeleitet werden. Sind beispielsweise nicht genügend Kapazitäten zur Produktion der zum Verkauf benötigten Güter vorhanden, sind Investitionen oder Personaleinstellungen zu prüfen, wodurch Investitionsplan und Personalpläne benötigt werden. Ferner ist ein Beschaffungsplan für fremdbezogene Produkte und Einsatzstoffe zu erstellen. Weisen diese Pläne jedoch Restriktionen auf, die eine Erfüllung des Produktionsplanes oder des Sales Planes nicht erlauben, so müssen die Sales und Produktionspläne angepasst werden. Hierdurch entstehen Regelkreissysteme mit Rückkopplungen.

► Zusammengefasst werden diese Pläne dann in einem gesamten Kosten-, Ergebnis-, Finanz-, Liquiditätsplan durch Bewertung der gesamten Prozesse, Verbräuche und Maßnahmen der Einzelpläne.

Lösung zu 86: Der Controller im operativen Planungsprozess

► Das Zielsystem bildet den Ausgangspunkt für die eigentliche Planung, in der Maßnahmen und Ressourcen zur Zielerreichung festgelegt werden. Der Controller hilft, die Ziele zu definieren, indem er Informationen über Zukunftsszenarien bereithält.

► Der Controller ist für die Ausgestaltung des Planungssystems und für die Plankoordination verantwortlich, während die inhaltliche Planung durch die Führungskräfte der Bereiche erfolgt. Zu den Controllingaufgaben gehören die Erstellung der erforderlichen Planungsunterlagen (Formulare) und die zeitliche Koordination der Teilpläne (Planungsschritte) in Form eines Planungskalenders, der den Bereichen vorgegeben wird.

► Die Teilpläne der Bereiche werden anschließend durch den Controller aggregiert, d. h. auf Zielkonformität überprüft und zu einem abgestimmten Gesamtplan zusammengefasst.

► Den Abschluss der Planung bildet die Fixierung und Dokumentation der Planwerte in Form von Budgets. Budgets stellen wertmäßige Sollvorgaben für alle Bereiche dar, die zur Erreichung der Planziele im darauffolgenden Geschäftsjahr einzuhalten sind.

► Der Controller hat dem Management den Gesamtplan vorzustellen.

Der „Job" des Controllers in Kurzform:

► Ausgestaltung des Planungssystems

► Plankoordination (inhaltliche Planung durch die Führungskräfte!)

► Erstellung der Planungsunterlagen (Formulare)

► zeitliche Koordination der Teilpläne (Planungsschritte → Planungskalender)

► Aggregation der Teilpläne

► Überprüfung auf Zielkonformität

► Zusammenfassung zu einem Gesamtplan

► **Fixierung und Dokumentation der Planung → Budgets**

Budgets stellen wertmäßige Sollvorgaben für alle Bereiche dar, die zur Erreichung der Planziele im darauffolgenden Geschäftsjahr einzuhalten sind.

▸ **Rückversicherung bei der Geschäftsleitung**

Andauernde Meinungskonflikte über die Prämissen des Wirtschaftsplans und Uneinigkeit über Steuerungsmethoden ziehen handfeste politische Einflussnahmen seitens des Managements nach sich, die jede Planung absurd erscheinen lassen.

→ Der Controller muss die Unternehmenspolitik aktiv unterstützen und mittragen!

2.7.2 Budgetierung

Lösung zu 87: Budgetierung – Beispiel: Putzlappen

a) **Produktionsaktionsplan**

Absatzmenge - Anfangsbestand + Sollendbestand

Tuch A = 500.000 - 50.000 + 10.000 = 460.000 Stück

Tuch B = 300.000 - 100.000 + 200.000 = 400.000 Stück

b) **Beschaffungsbudget**

Materialbedarf M1 = 0,2 kg/Stück • 460.000 Stück + 0,4 kg/Stück • 400.000 Stück = 92.000 kg + 160.000 kg = 252.000 kg

Materialbedarf M2 = 0,1 kg/Stück • 460.000 Stück + 0,2 kg/Stück • 400.000 Stück = 46.000 kg + 80.000 kg = 126.000 kg

Beschaffungsbedarf

M1 = 252.000 + 5.000 (Bestandszunahme) = 257.000 kg

M2 = 126.000 - 5.000 (Bestandsabnahme) = 121.000 kg

Wertmäßig = 257.000 • 0,5 + 121.000 • 1 = 249.500 €

Lösung zu 88: Budgetierung – Beispiel: Bohrer

a) 2014

Umsatz/ Absatzplan	Menge (Stk.)	Preis (€)	Umsatz (€)	Produktions- menge (Stk.)	Beschaffungs- menge (Stk.)
P	1.800	200	360.000	1.550	
M	6.500	120	780.000	6.400	
B	9.200	80	736.000		8.900
Summe			1.876.000	7.950	
				Produktionsplan	Beschaffungsplan

Produkt P: Absatzmenge = 90 % von 2.000 Stück = 1.800 Stück
Bei einem neuen Preis von 200 € ergibt sich ein Umsatz von 360.000 €.
Da der Bestand um 250 Stück sinken soll, beträgt die Produktionsmenge 1.550 Stück.

Produkt M: Absatzmenge = 130 % von 5.000 Stück = 6.500 Stück
Bei einem neuen Preis von 120 € ergibst sich ein Umsatz von 780.000 €.

Da der Bestand um 100 Stück sinkt, beträgt die Produktionsmenge 6.400 Stück.

Produkt B: Absatzmenge = 115 % von 8.000 Stück = 9.200 Stück
Bei dem alten Preis von 80 € ergibt sich ein Umsatz von 736.000 €.
Da der Bestand um 300 Stück sinkt, beträgt die Beschaffungsmenge 8.900 Stück.

b) Umsatz in Euro/2014:

Modell M	780.000
Modell B	736.000
Modell P	360.000
Umsatz	1.876.000

Betriebsergebnis in Euro:

Modell P	216.000,00	(HK variabel = variable Kosten • Absatzmenge)	
Modell M	520.000,00	(HK variabel = variable Kosten • Absatzmenge)	
Modell B	644.000,00	(HK variabel = variable Kosten • Absatzmenge)	(9.200 Stück • 70 €/Stück)
Modell P	40.943,40	(HK fix neu = Produktionsmenge • Fixkosten/Stück neu)	(neues Jahr)
Modell M	169.056,60	(HK fix neu = Produktionsmenge • Fixkosten/Stück neu)	(neues Jahr)
Modell P	7.142,50	(HK fix alt = Bestandssenkung • Fixkosten/Stück alt)	(altes Jahr)
Modell M	2.857,00	(HK fix alt = Bestandssenkung • Fixkosten/Stück alt)	(altes Jahr)
VuV	220.000,00	(VuV der Periode, Anstieg um 10 %)	

Betriebs-
ergebnis = 56.000,50

HK neu fix = 26,42 €/Stück = Fixkosten/Stück (neus Jahr)
HK Vorjahr fix = 28,57 €/Stück = Fixkosten/Stück (altes Jahr)

2013

1.700.000 €	Umsatz				
1.200.000 €	var. HK				
200.000 €	fixe HK	lt. Angabe			
200.000 €	VuV	lt. Angabe			
100.000 €	BE				

2013

Umsatz/ Absatzplan	Menge	Preis in €	Umsatz in €
P	2.000	180	360.000
M	5.000	140	700.000
B	8.000	80	640.000
Summe			1.700.000

Variable Herstellkosten (HK variabel) = 2.000 Stück • 120 €/Stück + 5.000 Stück • 80 €/Stück + 8.000 Stück • 70 €/Stück = 1.200.000 €

Lösung zu 89: Budgetierung – Beispiel: Apfelschorle

a)

Produkt	Absatz-menge (Flaschen)	Absatz-preis (€/Flasche)	Anfangs-bestand (Flaschen)	Sollend-bestand (Flaschen)	Umsatz-plan (€)	Produkti-onsplan (Flaschen)
A	65.000	1	10.000	5.000	65.000	60.000
B	46.000	1,5	1.000	5.000	69.000	50.000
Gesamt	111.000				134.000	

b)

Produkt	Materialbedarf (l/Flasche)	
	Mineralwasser	Apfelsaft
A	0,25	0,75
B	0,1	0,9

Material	Bedarf für Produktion	Anfangs-bestand (l)	Sollend-bestand (l)	Beschaf-fungs-bedarf	Preis (€/l)	Beschaf-fungs-kosten (€)
Mineral-wasser	20.000	2.000	1.000	19.000	0,1	1.900
Apfelsaft	90.000	1.000	1.000	90.000	0,5	45.000
						46.900

c)

Produkt	Absatz-menge (Flaschen)	Absatz-preis (€/Flasche)	Anfangs-bestand (Flaschen)	Sollendbe-stand (Flaschen)	Umsatz-plan (€)	Produkti-onsplan (Flaschen)
A	50.000	1	10.000	5.000	50.000	45.000
B	50.000	1,5	1.000	5.000	75.000	54.000
Gesamt	100.000				125.000	

Produkt	Materialbedarf (l/Flasche)	
	Mineralwasser	Apfelsaft
A	0,25	0,75
B	0,1	0,9

Material	Bedarf für Produktion	Anfangs-bestand (l)	Sollend-bestand (l)	Beschaf-fungs-bedarf	Preis (€/l)	Beschaf-fungs-kosten (€)
Mineral-wasser	16.650	2.000	1.000	15.650	0,1	1.565
Apfelsaft	82.350	1.000	1.000	82.350	0,5	41.175
						42.740

Lösung zu 90: Budgetierung – Beispiel: Fahrräder

a) Ermittlung Produktionsaktionsplan, Umsatzbudget und Herstellkostenbudget:

Umsatzbudget

	Preis netto	Absatzmenge	Umsatz
Stadtbike	400 €	3.000 Stück	1.200.000 €
Gelände	450 €	2.000 Stück	900.000 €
Summe			2.100.000 €

Produktionsplan

	Anfangsbestand	Endbestand	Absatzmenge	Produktionsmenge
Stadtbike	200	250	3.000	3.050
Gelände	100	250	2.000	2.150

Herstellkostenbudget

	Produktions-menge	Material-kosten/St.	Fertigungs-kosten/St.	Herstell-kosten/St.	Herstell-kosten
Stadtbike	3.050	100	130	230	701.500
Gelände	2.150	120	150	270	580.500
Summe					1.282.000

b) Berechnung von Gewinn und Cashflow in Euro:

	Umsatz	2.100.000
+	Bestandserhöhung	11.500
		40.500
-	HK	1.282.000
-	Versandkosten	105.000
-	VuV-Kosten	200.000
=	**Ergebnis vor Steuern**	**565.000**
-	Steuern	169.500
=	**Jahresüberschuss**	**395.500**
+	Afa	50.000
=	**Cashflow**	**445.500**

c) Berechnung Gewinn/Stück und Umsatzrendite/Stück:

Kalkulation Modell „Stadtbike" in Euro/Stück

	Umsatz	400
-	HK	230
=	DB	170
-	Direkte Versandkosten	20,00
-	VuV-Aufschlag (auf HK)	37,49
=	**Stückgewinn**	**112,51**

Kalkulation Modell „Gelände" in Euro/Stück

	Umsatz	450
-	HK	270
=	DB	180
-	Direkte Versandkosten:	22,50
-	VuV-Aufschlag (auf HK):	44,01
=	**Stückgewinn:**	**113,49**

Umsatzrendite „Stadtbike" = 112,51 : 400 = 28,1 %

Umsatzrendite „Gelände" = 113,49 : 450 = 25,2 %

Nebenrechnung zum VuV-Aufschlag:

VuV/HK gesamt (abgesetzte Menge) = 200.000 : (3.000 · 230 € + 2.000 · 270) = 200.0000 : 1.230.000 = 16,3 %

Lösung zu 91: Budgetplanung (I)

Umsatz Vorjahr: 28.000.000 €
geplanter Umsatz: 32.000.000 €

Im Vergleich zum Vorjahr wird eine Steigerung des Umsatzes um 14,29 % geplant.

	Kostenbudget	Fortschreibungsbudget	
Marketing	800.000 €	914.320 €	
Werbung	600.000 €	685.740 €	
Verwaltung	500.000 €	460.000 €	
Produktentwicklung	196.000 €	224.000 €	
Summe	**2.096.000 €**	**2.284.060 €**	+ 8,97 %

Lösung zu 92: Budgetplanung (II)

Umsatz Vorjahr: 27.000.000 €
geplanter Umsatz: 34.000.000 €

Im Vergleich zum Vorjahr wird eine Steigerung des Umsatzes um 25,93 % geplant.

	Kostenbudget	Fortschreibungsbudget	
Marketing	1.000.000 €	1.259.300 €	
Werbung	500.000 €	629.650 €	
Verwaltung	900.000 €	828.000 €	
Produktentwicklung	245.000 €	306.000 €	
Gesamt	**2.645.000 €**	**3.022.950 €**	+ 14,3 %

2.7.3 Schwachstellen der Planung/Budgetierung

Lösung zu 93: Schwachstellen der traditionellen Planung/ Budgetierung und Verbesserungsmaßnahmen

Schwachstellen der traditionellen Budgetierung:

► **Starre Fixierung auf die Geschäftsperiode:** Es findet keine ausreichende Vorausschau in die Zukunft statt. Die Verknüpfung mit strategischen Zielen bleibt auf der Strecke. Vergangenheitsorientierung statt Zukunftsorientierung.

► **Ungünstige Aufwand/Nutzen-Relation:** Umständliche und langwierige Abstimmungsprozesse und ein hoher Detaillierungsgrad erzwingen einen hohen Einsatz an personellen Ressourcen nicht nur im Controlling, sondern auch in den beteiligten Fachabteilungen. Planung beginnt häufig schon kurz nach dem Jahresabschluss und dauert ein ¾ Jahr.

► **Schnelle Veralterung der Planung:** Die Planung ist bereits kurz nach der Verabschiedung, zuweilen schon davor, veraltet. Oft setzt die Planung auf den erwarteten Vorjahresdaten auf. Sind die für das aktuelle Geschäftsjahr geplanten Daten bereits nicht mehr erreichbar, ist dieser Plan für das Folgejahr erst recht unrealistisch.

► **Anreizprobleme:** Der Planungsprozess führt zu „politischen Spielen" mit dem Ziel einer persönlichen Bonusmaximierung als Budgetierungsprämisse. Die Planerfüllung tritt an Stelle einer Reaktion auf Marktentwicklungen; nicht-monetäre Größen werden vernachlässigt. Unrealistische Erwartungen der Geschäftsleitung führen zu Frustration, da Pläne nicht erreichbar sind.

Verbesserungsmaßnahmen der traditionellen Planung:

► Beschleunigung des Budgetierungsprozesses

► Verbesserung der Aussagekraft der Budgetierung

► Strategieorientierung

► rollierende Planung

► Forecasting (Prognose zur wirtschaftlichen Entwicklung)

► Zero Based Budgeting

► Activity Based Budgeting

2.7.4 Neuere Ansätze der Budgetierung

Lösung zu 94: Neue Ansätze der Budgetierung

Neuere Ansätze der Budgetierung:

► Better Budgeting

► Zero Based Budgeting

► Activity Based Budgeting

► Advanced Budgeting

► Beyond Budgeting

Anmerkung zu Better Budgeting: Wesentliche Kernziele der Planungsoptimierung sind Effizienzsteigerung, Verschlankung und Vereinfachung. Die traditionelle Budgetierung wird nicht infrage gestellt, aber:

- permanente Weiterentwicklung
- Anpassung an aktuelle Entwicklungen
- Politik der kleinen Schritte
- Verringerung der Detailtiefe
- verbesserte IT-Unterstützung
- regelmäßige Forecasts
- differenzierte Anpassung des Detailierungsgrades.

Anmerkung zu Zero Based Budgeting: Hierbei handelt es sich um eine Methode zur Budgeterstellung. Es wird quasi „bei Null" angefangen; alle Projekte und Maßnahmen werden infrage gestellt und bewertet, danach priorisiert. Bis zu einer Budgetgrenze werden alle Projekte nach Priorität geordnet genehmigt. Der Rest „fällt durch", egal wie sinnvoll und notwendig er ist.

Anmerkung zu Activity Based Budgeting: Hierbei handelt es sich um eine prozess-orientierte Betrachtung und Budgetierung. Beim Advanced Budgeting-Ansatz werden kurzfristige Maßnahmen umgesetzt, die auf eine Steigerung der Planungsqualität bei gleichzeitiger Verringerung der eingesetzten Ressourcen abzielen. Strategieorientierung, Forecasting und rollierende Planung gelten hier als Hauptmaßnahmen.

Ziel ist eine deutliche Verringerung der Detaillierung der Planung sowie eine stärkere Verbindung von Strategie und operativer Planung. Dies wird durch die Einbeziehung nicht-monetärer Größen in die Planung und die Implementierung eines Rolling-Forecast Prozesses erreicht.

Anmerkung zu Beyond Budgeting: Ist das Gegenteil zur klassischen Budgetierung. Die Organisation sollte pyramidenähnlich funktional und hierarchisch geteilt („Pyramidenorganisation"), eine lernende Organisation jenseits von Weisung und Kontrolle und zudem radikal dezentralisiert aufgebaut sein. Als Leitlinien und Gestaltungsfelder gelten die „12 Prinzipien": sechs Prinzipien für Empowerment und Dezentralisierung, nämlich Kundenfokus, Verantwortung, Leistungsklima, Handlungsfähigkeit, Führung, Transparenz, und sechs Prinzipien für flexible Prozesse im Leistungsmanagement, nämlich Zielsetzung, Vergütung, Planung, Kontrolle, Ressourcen und Koordination.

2.8 Reporting/Berichtswesen inkl. Frühwarnsysteme

Lösung zu 95: Kriterien für ein gutes Reporting

Acht Kriterien für ein gutes Reporting:

- Übersichtlichkeit
- keine Datenfriedhöfe

- Zusammenfassung: „auf den Punkt gebracht", auch „für den schnellen Leser"
- keine Doppelnennung der Daten
- Darstellung, was wirklich benötigt wird
- Veranschaulichung mit Grafiken
- Gleichartigkeit der Berichte
- Schnelligkeit vor Genauigkeit
- klare Definitionen
- weltweit einheitlich
- einheitliche Formblätter

Lösung zu 96: ERP-System (Enterprise Ressource Planning)

ERP-Systeme sind Enterprise Ressource Planning-Systeme, d. h. das ganze Unternehmen umfassende Planungssysteme zur Planung der Produktion und der notwendigen Ressourcen, ausgehend vom Verkauf (PPS-Systeme). Sie entstammen aus den ersten Materialwirtschaftssystemen (Materials Requirements Planning) und den daraus entstandenen ersten umfassenden Produktionsplanungs- und Produktionssteuerungssystemen (Management Ressource Planning).

Grundsätzlich wird ein ERP-System definiert als integriertes Softwaresystem zur Unterstützung und Automatisierung der Geschäftsprozesse, insbesondere zur Planung und Steuerung der externen und internen Ressourcen im Unternehmen. Dies sind u. a. die beweglichen Anlagegüter, die flüssigen Mittel, alle Materialien und der Faktor menschliche Arbeitskraft.

Die bekanntesten Systeme dieser Art sind die SAP Software, Movex und die Oracle Software.

Die ERP-Systeme sind meist modulartig aufgebaut, wobei jedes Modul bestimmte Funktionen einer Organisation abbildet und automatisiert. Die Module sind miteinander verknüpft, wodurch Daten aus einem Modul in den anderen Modulen verwendet werden.

Derartige Module sind:

- Materialbedarfsplanung/Materialwirtschaft
- Beschaffung/Einkauf
- Bestandsführung/Lagerhaltung
- Verkauf/Vertrieb
- Buchführung/Jahresabschluss
- Auftragsführung
- Controlling/Kostenrechnung

- Personalwirtschaft
- Qualitätswesen
- Produktionsplanung
- Instandhaltung
- Projektabrechnung.

Lösung zu 97: Kenngrößen und Kategorien im monatlichen Reporting

Kenngrößen:
Umsatz, Betriebsergebnis, Working Capital, Personal, Auftragseingang, Intercompany-Umsätze, Bestände, Cashflow, Auftragsbestand

Kategorien:
Istwerte pro Monat, kumulierte Werte, Vorjahresdaten, Planwerte, Abweichung zu Plan, Abweichung zu Vorjahr, neueste Vorschau Gesamtjahr, Forecasts nächster und übernächster Monat, Plan Gesamtjahr

Lösung zu 98: Reporting: Anforderungen und Besonderheiten

- Übersichtlichkeit
- Was wird benötigt? (Berichtsinhalte)
- keine Datenfriedhöfe
- Detailliertheitsgrad
- kurze Zusammenfasung am Anfang des Kommentars: „auf den Punkt gebracht", auch „für den schnellen Leser"
- IFRS, HGB?
- Sprache
- Welche Formblätter müssen ausgefüllt werden? (Berichtsform)
- Kommentare
- Übertragung der Monatsberichte per Mail, Wireless LAN oder im Managementinformationssystem
- keine Doppelnennung der Daten
- zeitliche Häufung
- Fristen für Abgabe (Berichtstermine)
- Arten von Berichten (Berichtsumfang, Bestandteile des Berichts)

Lösung zu 99: Frühwarnsysteme

a) Das Ziel von Frühwarnsystemen ist die Ortung von Gefahren für den Geschäftsverlauf und damit das Voraussehen von Krisen, um rechtzeitig reagieren zu können. Dabei sollten alle wesentlichen Einflussfaktoren, die sich auf den Geschäftsverlauf sowohl negativ als auch positiv auswirken, erfasst werden. Wichtig ist auch die Erfassung der Wirkungszusammenhänge. Frühwarninformationen dienen also der frühzeitigen Erkennung von Entwicklungen, wodurch Chancen genutzt und Risiken abgewendet werden können.

b) **Hochrechnungsbasierte Frühwarnsysteme**
Hierbei handelt es sich um Hochrechnungen mit realisierten Werten, also einen Soll/Wird-Vergleich. Hochrechnungsbasierte Frühwarnsysteme sind nur kurzfristig anwendbar, da eine kontinuierliche Entwicklung vorausgesetzt wird.

Fazit: Begrenzte Aussagefähigkeit, da die Hochrechnung auf aktuellen Werten basiert (Vergangenheitsorientierung)

Indikatorenbasierte Frühwarnsysteme
Hierbei handelt es sich um eine konsequente und gerichtete Suche nach oder Beobachtung von relevanten Erscheinungen oder Entwicklungen auch außerhalb des Unternehmens. Anhand von Frühwarnindikatoren, z. B. Auftragseingang, werden Rückschlüsse auf zu erwartende Ereignisse getroffen. Indikatorenbasierte Frühwarnsysteme sind kurz- und langfristig anwendbar, jedoch können neue Einflussfaktoren nicht berücksichtigt werden.

Fazit:

- schwierige Festlegung geeigneter Indikatoren oder Indikatorenkataloge
- Spannungsbogen Erfahrung/Intuition vs. umfassende Ermittlung
- oft werden Kosten für die Ermittlung gescheut
- oftmals „nur" eine akzeptable Lösung implementiert, statt einer fundierten Lösung

Strategische Frühaufklärungssysteme
Durch das Wahrnehmen bereits schwacher Signale (z. B. Politiker-Aussagen, Trendveränderungen) können sehr frühzeitig (eher als die Konkurrenz?) Auswirkungen auf das Unternehmen abgeleitet werden. Über „Scanning" identifiziert man zunächst, von welcher Stelle kleinste Signale Auswirkungen auf das Unternehmen haben könnten („360-Grad-Radar"), um diese Signalgeber dann systematisch beobachten zu können („Monitoring").

Fazit: Gefahr durch Unvollständigkeit des Systems: Das Konzept der schwachen Signale wird oftmals infrage gestellt, da Menschen aufgrund der Komplexität der Umwelt zu selektiver Wahrnehmung neigen und daher nur begrenzt Informationen aufnehmen.

c) Es muss möglich sein, Informationen über relevante Veränderungen im internen Bereich sowie im Unternehmensumfeld zur Verfügung zu stellen und diese Informationen zu analysieren.

Die Form des Frühwarnsystems wird bestimmt durch die Länge des Erkennungszeitraums. Fachkräfte bestimmen und überwachen passende Informationsquellen.

Fachkräfte müssen in der Lage sein, die entsprechenden Informationen erfassen und verarbeiten zu können.

d) Kriterien für die Auswahl von Indikatoren bei einem indikatorenbasierten Frühwarnsystem:

- Eindeutigkeit der Informationen: Ausschluss von Fehlinterpretationen
- umfassend abgedeckter Informationsbereich: Sind alle Signal-Quellen erfasst?

➤ Kosten-Nutzen-Verhältnis muss stimmen: Was kostet die Informationsbeschaffung? Inwiefern nutzen die Informationen dem Unternehmen?

(Quellen: *Fischer/Möller/Schultze, 2012; Hauff, 2009; Krystek/Müller, 1999*)

2.9 Währung/Inflation

2.9.1 Inflation

Lösung zu 100: Inflation

Beschreibung:

➤ Inflation bezeichnet den Prozess der laufenden Erhöhung des Preisniveaus im Zeitablauf.

➤ Unterscheidung zwischen Ländern mit normaler Inflation (2 - 5 % p. a.) und Hochinflation (5 - 15 % p. a.).

➤ Hyperinflation, wenn sich das Preisniveau innerhalb von drei Jahren mindestens verdoppelt.

➤ Hochinflation tritt häufig in Entwicklungs- und Schwellenländern auf.

Problembereiche:

➤ Import von Inputfaktoren

➤ Export von Gütern

Lösung zu 101: Arten der Inflation

➤ **Ausmaß**

- schleichende Inflation: kleiner als ca. 5 %

- trabende Inflation: zwischen ca. 5 - 10 %

- galoppierende Inflation: höher als ca. 10 %

- Hyperinflation: höher als ca. 50 %

➤ **Zeit**

- zeitweise Inflation

- ständig anhaltende Inflation

Lösung zu 102: Scheingewinne

a) **Beschreibung:**
Ein Scheingewinn ist ein Gewinn, der in Zeiten sinkenden Geldwertes dadurch entsteht, dass aufgrund steigender Wiederbeschaffungskosten das Vermögen in Geld gemessen zunimmt, während es substanzmäßig gleichbleibt oder sich sogar vermindert.

Problematik:

Erfolgswirksame Dimension

Inflationseffekt bei Verbräuchen aus Vorräten und Abschreibungen auf Sachanlagen. Ursache: Gewinngröße enthält Kosten- und Erlösbestandteile, die naturgemäß zu unterschiedlichen Zeitpunkten anfallen → „Time-lag" zwischen Preiserhöhungen der Inputfaktoren und der Absatzpreise. Scheingewinne beruhen nicht auf realen Vorgängen, sondern auf Instabilität der Maßeinheit Geld.

Liquiditätswirksame Dimension

- Finanzierung für die Wiederbeschaffung nicht durch Innenfinanzierung gesichert
- Gefahr einer inflationsbedingten Finanzierungslücke
- Besteuerung und Ausschüttung der Scheingewinne entziehen Finanzmittel

Allgemein:

- Intransparenz
- keine Vergleichbarkeit
- Realwertverlust bei Nichtanpassung der Preise
- Substanzerhaltung nicht gewährleistet

b) Lösungsansätze zum Umgang mit Scheingewinnen:
   - tägliche Bewertung
   - Bewertung durch die Methoden Fifo und Lifo

c) Der Verkaufserlös von 7.500 € bei einem Einstandsbetrag des Postens von 6.000 € ergibt einen „Gewinn" von 1.500 €. Die Wiederbeschaffung dieses Postens würde aber 8.000 € betragen. Folglich wäre in der „Realität" sogar ein Verlust von 500 € entstanden!

   Zusammenfassend ist ein „Buchgewinn" von 1.500 € entstanden, der in Wirklichkeit keiner ist (es handelt sich sogar um einen Verlust). Der Gewinn ist also nur „zum Anschein". Es entsteht ein Scheingewinn von 1.500 €.

2.9.2 Währungskursdifferenzen

Lösung zu 103: Währungskursverluste (I)

Wie entstehen echte Währungskursdifferenzen?

1. aus Finanzgeschäften (spekulativ)
   - auf dem Papier, noch nicht realisierte Verluste (siehe beim Jahresabschluss die Bewertung der langfristigen Schulden nach dem Höchstwertprinzip); monatliche Bewertung von Bankforderungen und Bankverbindlichkeiten in Fremdwährung
   - realisierte Verluste aus dem erledigten Transaktionsgeschäft

2. aus Lieferungsgeschäften
   durch Auseinanderfallen der Zeitpunkte Bestellung, Zahlung, Verbuchung und Gutschrift der Bank zusammen mit der Änderung der Kurse zu den jeweiligen Zeitpunkten

Währungskursverluste können entstehen aus Währungskursdifferenzen zwischen den verschiedenen Zeitpunkten:

1. Abschluss des Geschäftes und Lieferung
2. Lieferung und Rechnungserhalt
3. Rechnungserhalt und Zahlung
4. Zahlung und Belastung des Bankkontos.

Lösung zu 104: Währungskursverluste (II)

Datum	Vorgang	Was?	Preis/ Stück (USD)	Preis gesamt (USD)	Kurs (USD/€)	Wert pro Stück (€)	Gesamt- wert (€)
05.01.2012	Bestellung	5 Autos	12.000	60.000	0,7	8.400	42.000
06.01.2012	Auslieferungsdatum beim Lieferanten	5 Autos	12.000	60.000	0,75	9.000	45.000
07.10.2012	Wareneingangs- verbuchung	5 Autos	12.000	60.000	0,81	9.720	48.600
07.11.2012	Rechnungserhalt	5 Autos	12.000	60.000	0,82	9.840	49.200
07.12.2012	Verbuchung Rechnung	5 Autos	12.000	60.000	0,83	9.960	49.800
08.05.2012	Zahlungs- verbuchung	5 Autos	12.000	60.000	0,87	10.440	52.200
08.08.2012	Lastschrift der Bank auf Konto	5 Autos	12.000	60.000	0,89	10.680	53.400

Den Währungskursverlusten sind die Werte aus Bestellung, Verbuchung der Rechnung, Zahlungsverbuchung und Lastschrift Konto zuzurechnen.

Bei Wareneingang und Rechnungserhalt – und insbesondere beim Auslieferdatum – passiert im Rechnungswesen des Unternehmens nichts.

Im Rechnungswesen sind nur die Kursverluste ab Rechnungsverbuchung sichtbar (Buchung: Verbindlichkeit gegen das sogenannte WERE-Konto; Wareneingangs-Rechnungserhaltskonto); die Bestellung und der Wareneingang erscheinen nur im Bestellsystem und Materialwirtschaftssystem.

Auf dem Bestandskonto wird der Wert in Euro bei Rechnungsverbuchung sozusagen durch den neuen umgerechneten Wert überschrieben (über den Ausgleich des WERE-Kontos); der Kursverlust wird auf das Bestandskonto übernommen.

Die weiteren Kursverluste bei Zahlung werden direkt dem Konto Kursverluste hinzugebucht; der Rechnungsbetrag und damit das Bestandskonto werden nicht mehr korrigiert. Die ursprüngliche Bestellung wird nicht abgeändert.

Lösung zu 105: Währungskursverluste aus der Umrechnung von Fremdwährungen (I)

	lfd. Jahr TUS-$	Vorjahr TUS-$	Abweichung TUS-$	Kurs aktuell 1 US-$ = 0,75 €	Kurs Vorjahr 1 US-$ = 0,85 €	lfd. Jahr in T€	Vorjahr in T€	Abweichung in T€	zu Kurs Vorjahr in T€	Abweichung zu Vorjahr zu Vj-Kursen in T€	Kurseffekt in T€
Umsatz	800	700	100	0,75	0,85	600	595	5	680	85	80
Betriebsergebnis	50	50	0	0,75	0,85	37,5	42,5	-5	42,5	0	5

Lösung zu 106: Währungskursverluste aus der Umrechnung von Fremdwährungen (II)

	lfd. Jahr TUS-$	Vorjahr TUS-$	Abweichung TUS-$	Kurs aktuell 1 US-$ = 0,75 €	Kurs Vorjahr 1 US-$ = 0,80 €	lfd. Jahr in T€	Vorjahr in T€	Abweichung in T€	zu Kurs Vorjahr in T€	Kurseffekt in T€	Vergleich mit Vorjahr in T€ zu Vorjahres-kursen
Umsatz	1.200	900	300	0,75	0,8	900	720	180	960	60	240
Betriebsergebnis	80	80	0	0,75	0,8	60	64	-4	64	4	0

Der Vorstand hat mit seiner Aussage Recht.

Lösung zu 107: Währungskursverluste aus der Umrechnung von Fremdwährungen (III)

	lfd. Jahr TUS-$	Plan TUS-$	Abweichung TUS-$	Kurs aktuell 1 US-$ = 0,9 €	Plankurs 1 US-$ = 1 €	lfd. Jahr in T€	Plan in T€	Abweichung in T€	zu Kurs Plan in T€	Kurseffekt in T€	Vergleich mit Plan in T€ zu Plankursen
Umsatz	1.350	1.000	350	0,9	1	1.215	1.000	215	1.350	135	350
Betriebsergebnis	160	150	10	0,9	1	144	150	-6	160	16	10

3. Strategisches Controlling

3.1 Strategische Planung

Lösung zu 108: Werte und Wertewandel

▸ **Werte** sind erstrebenswerte Zustände bzw. Ziele, die sich eine Gesellschaft setzt, um das Zusammenleben sinnvoll zu regeln, respektive zu sichern.

▸ Werte sind Konzepte und Überzeugungen, die Erfolgsstandards schaffen.

▸ Die Gesellschaft definiert diese Werte nur allgemein; konkret äußern sie sich in Normen. Sie bestimmen zusammen mit den Normen das Verhalten von Individuen und Gruppen.

▸ Werte werden i. d. R. über die Sozialisation an nachfolgende Generationen weitergegeben. Dies geschieht nicht vollständig; so lässt sich beispielsweise in den westlichen Industriegesellschaften ein stetiger **Wertewandel** beobachten. Die Ursachen für den Wertewandel sind vielfältig (z. B. veränderte Umweltbedingungen, Konflikthaltung gegenüber anderen Generationen etc.). Werte unterscheiden sich von Einstellungen darin, dass Werte stabiler sind.

Lösung zu 109: Beispiele für Werte

Traditionelle Werte:

▸ Gewinn erzielen

▸ technologische Entwicklung

▸ Fleiß

▸ Pflichterfüllung

▸ Disziplin

▸ Tüchtigkeit

▸ Mut

▸ Großfamilie

▸ Ordnung

▸ Leistungs-/Anpassungsfähigkeit

▸ soziale Verantwortung

„Neuere" Werte:

▸ Gewinn/Wachstum erzielen

▸ technischer Fortschritt, Zukunftsorientierung, innovativ sein

▸ Flexibilität

▸ Eigeninitiative/Risikobereitschaft

▸ Kollegialität/Teamfähigkeit

▸ Lebensqualität

- Lernbereitschaft/weitreichendes Fachwissen, Weiterbildung
- Entscheidungssicherheit, Persönlichkeit
- soziale Verantwortung, Umweltbewusstsein
- Verantwortungsbewusstsein/Gerechtigkeit
- Selbstentfaltung, Kreativität

Lösung zu 110: Werte im Unternehmen

Schriftliche Fixierung von Werten im Unternehmen in:

- den Leitsätzen
- der Vision
- der Mission
- den Geschäftsgrundsätzen

Lösung zu 111: Zusammenhang Vision, Leitbild, Unternehmenskultur und strategische Planung

Unterschiede und Gemeinsamkeiten von Vision, Mission, Geschäftsgrundsätzen und Leitsätzen:

1. **Vision:**
   - meist nur ein Einzeiler, prägnant, klar verständlich, hoher Wiedererkennungsfaktor
   - gibt ein weit in der Zukunft liegendes, unter Umständen nie erreichbares Ziel an

2. **Mission:**
   - meist nur ein Einzeiler, prägnant, klar verständlich, hoher Wiedererkennungsfaktor
   - das Unternehmen hat einen Auftrag bzw. ein Ziel zu erreichen (oder hat sich den Auftrag selbst gestellt)
   - Auftrag kann schon weitgehend verwirklicht sein
   - Mitarbeiter müssen sich damit identifizieren können

3. **Geschäftsgrundsätze:**
   - häufig abgeleitet aus Vision und Mission
   - bestehend aus mehreren Sätzen
   - geben normhaft das Zusammenleben vor
   - werden im Alltag gelebt
   - Äußerungen zu den Themen:
     - Innovation/F&E/Technologie
     - Umgang miteinander, Mitarbeiter, Exzellenz, Weiterbildung

- Wachstum, Gewinn, Shareholder

- Kunden

- Lieferanten

- Qualität

4. **Leitsätze:**

Siehe Geschäftsgrundsätze, im Grunde nur alternative Bezeichnung, wobei durch den Begriff Leitsätze das Normhafte etwas weniger hervorgehoben wird. Stattdessen steht im Vordergrund, sich von bestimmten Werten leiten zu lassen.

Werte ergeben sich aus dem Wertmanagementprozess der Unternehmen. Sie bilden sich aus den Traditionen, der Geschichte des Unternehmens sowie durch die Einstellungen und Ziele der Stakeholder, die auf das Unternehmen einwirken. Das sind in erster Linie die Shareholder und das Management, die bewusst auf das Zielsystem, die Strategien und die Unternehmenskultur einwirken können, indem sie Mission, Leitsätze, Unternehmensgrundsätze entwickeln, aber auch ganz bewusst das Unternehmen nach entsprechenden Richtlinien führen. Aber auch die Mitarbeiter, die Umwelt, die Lieferanten, die Kunden, die Banken etc. können auf das Unternehmen einwirken und ihre Ziele, Vorstellungen und Werte in den Wertmanagementprozess einbringen.

Aus allen Werten, Verhaltensweisen, Regeln, dem Unternehmenszweck, den Normen, Einstellungen, Traditionen sowie der Unternehmensgeschichte, der Außendarstellung und dem Verhalten der Mitarbeiter und der Geschäftsführung zusammengefasst ergibt sich als Gesamtheit die Unternehmenskultur. Sie macht ein Unternehmen einzigartig gegenüber anderen Unternehmen. Leitsätze, Mission, Geschäftsgrundsätze etc. bilden die Grundlage für die Entwicklung der Strategien und Ziele des Unternehmens. Sie werden aus ihnen abgeleitet oder müssen zumindest bei der Ziel- und Strategiebildung beachtet werden.

Lösung zu 112: Unternehmenskultur, Unternehmensidentität und Wertemanagement

Unternehmensidentität:
Jedes Unternehmen verfügt über eine **eigene Identität**, d. h. über eine **eigene Persönlichkeit**.

Diese Unternehmensidentität besteht aus unverwechselbaren, individuellen Merkmalen und Eigenschaften und gibt dem Unternehmen ein **„Gesicht"**. Sie entspricht der Kultur des Unternehmens.

Die Unternehmensidentität schafft zudem das **Selbstverständnis** des Unternehmens und dient der **Darstellung nach innen und nach außen**: nach außen über das Profil gegenüber externen Anspruchsgruppen, wie Kunden, Lieferanten, potenziellen Mitarbeitern, Gesellschaft, und nach innen über die Identifikation von Mitarbeitern und Eigentümern mit dem Unternehmen.

Bestandteile der Unternehmensidentität

1. der „Kern"
   - Unternehmensgeschichte
   - Unternehmenszweck
   - Werte, Normen, Einstellungen
2. die Elemente
   - Erscheinungsbild (Corporate Design)
   - Kommunikation (nach innen und außen)
   - Verhalten der Mitarbeiter (Corporate Behaviour)

Unternehmenskultur:
Die Unternehmenskultur ist ein System von Wertvorstellungen, Verhaltensnormen, Denk- und Handlungsweisen, das von einem System von Menschen akzeptiert worden ist und diese Gruppe von anderen Gruppen unterscheidet.

Die Unternehmenskultur bringt **nicht nur** die **gelebten Werte** eines Unternehmens zum Ausdruck, **sondern vielmehr** die **angestrebten** bzw. die **gewünschten Einstellungen und Verhaltensweisen**.

Unternehmensidentität und Unternehmenskultur werden meist synonym betrachtet.

Vision und Mission:
Die **Vision** ist im Bereich der Unternehmensführung die Beschreibung eines idealen Zustands in der Zukunft bzw. gibt die zentralen Elemente auf dem Weg zu diesem Idealzustand an. Im Zusammenhang mit der Vision stehen auch die Strategien und Unternehmensziele.

Eine **Mission** beschreibt den wesentlichen Zweck oder den Auftrag des Unternehmens. Sie legt dar, warum das Unternehmen oder eine Organisationseinheit existiert.

Wertemanagement:
Das Wertemanagement ist ein langfristiges, ganzheitliches Konzept zur Strategiefindung. Voraussetzung ist eine entsprechende Unternehmenskultur, die sich an Visionen und Leitbildern ausrichtet und von allen Anspruchsgruppen getragen wird.

Der theoretische Ansatz des Wertemanagements sieht vor, unerschlossene Nutzenpotenziale durch Berücksichtigung der Ziele und Interessen aller Anspruchsgruppen so zu nutzen, dass eine Wertsteigerung des Unternehmens und für alle Anspruchsgruppen erzielt wird.

Lösung zu 113: Strategische Planung

Für einen Planungszeitraum von drei bis fünf Jahren wird die langfristige strategische Planung durchgeführt und dient als Basis für die kürzerfristige operative Planung.

Im Vergleich zur operativen Planung soll die strategische Planung die Rahmenbedingungen festlegen und die Folgeperiode grob bezüglich der eingesetzten Technologien, Ressourcen, Strategien, Ziele und Produkte festlegen. Die strategische Planung entstand in den 70er-Jahren als Reaktion auf die zunehmende Komplexität der Märkte, hervorgerufen durch neue Technologien, sich veränderndes Konsumverhalten und zunehmende Internationalisierung. Dadurch entstehen für Unternehmen neue Chancen, aber auch Risiken, die es mithilfe der strategischen Planung zu ergreifen bzw. zu handhaben gilt.

Als **Phasen des strategischen Planungsprozesses** sind zu unterscheiden:

1. Analyse des Planungsfeldes, d. h. der Situation, in der sich das Unternehmen befindet. Dies geschieht mithilfe der SWOT-Analyse und der Analyse des Unternehmensumfeldes:

   ▸ **Umfeldanalyse:** Sie umfasst die Märkte, die Branchenstruktur, das wirtschaftliche, rechtliche und gesellschaftliche Umfeld und bewertet das jeweilige Geschäftsfeld des Unternehmens.

   ▸ Anschließend hat eine **Unternehmensanalyse** zu erfolgen, die die Stärken und Schwächen des Unternehmens und der strategischen Geschäftseinheiten im Vergleich zur Konkurrenz erfasst. Als Instrumente der strategischen Analyse kommen u. a. die GAP-Analyse, die Portfolio-Analyse und die Produktlebenszyklusanalyse zum Einsatz.

2. Festlegung der strategischen Ziele aufbauend auf den Werten und der Unternehmenskultur.

3. Ableitung von Strategien für das Gesamtunternehmen und für einzelne strategische Geschäftseinheiten. Dies erfolgt meist auf der Basis der jeweiligen Portfolio-Positionen und deren Handlungsempfehlungen.

4. Umsetzung der Strategien in Handlungsprogramme, Ableiten operativer Pläne.

Ziele:

▸ Erkennen von Stärken und Schwächen sowie Chancen und Risiken

▸ langfristige Gestaltung und Ressourcenplanung

▸ Planen von Geschäftsfeldern und Ableiten von Strategien

3.1.1 SWOT-Analyse

Lösung zu 114: SWOT-Analyse (I)

Die englische Abkürzung SWOT steht für Strengths (Stärken), Weaknesses (Schwächen), Opportunities (Chancen) und Threats (Gefahren). Die SWOT-Analyse ist ein Instrument der strategischen Planung am Anfang des Planungsprozesses und dient der Einordnung des eigenen Unternehmens in die Umgebung/Umwelt mit der Fragestellung „Wie stehe ich im Vergleich zu den Konkurrenten und in der Wahrnehmung der Lieferanten und Kunden etc. dar?"

Für Unternehmen ergibt sich die Notwendigkeit, das Umfeld auf Chancen und Gefahren zu analysieren und sich die eigenen Stärken und Schwächen bewusst zu machen. Der Kern der Strategie besteht dann in der Entscheidung darüber, welche dieser Stärken das Unternehmen nutzen will, um welche Chancen (Möglichkeiten) zu realisieren. Ferner stellt sich die Frage, wie man den Risiken begegnet und welche Schwächen man verbessern will.

Die SWOT-Analyse teilt sich auf in die **Umfeldanalyse** und die **Unternehmensanalyse**. Mithilfe der Umfeldanalyse sollen die Chancen und Risiken, mithilfe der Unternehmensanalyse die Stärken und Schwächen herausgefunden werden.

Die Umweltanalyse setzt sich aus der Analyse der globalen Umwelt und der unternehmensspezifischen Umwelt zusammen. Zur globalen Umwelt zählen die

- ökonomische Umwelt
- soziokulturelle Umwelt
- technologische/ökologische Umwelt
- politisch-rechtliche Umwelt

zusammen mit der Betrachtung

- des konjunkturellen Umfelds
- der politisch-rechtlichen Rahmenbedingungen
- ökologischer Gesichtspunkte und
- sonstiger Einflussfaktoren.

Die unternehmensspezifische Umwelt betrachtet den

- Beschaffungsmarkt
- Absatzmarkt
- Kapitalmarkt
- Arbeitsmarkt.

Sie mündet in die Branchenstrukturanalyse und die Wettbewerbsanalyse/Konkurrenzanalyse.

Die Ergebnisse der SWOT-Analyse werden häufig in Stärken/Schwächen-Profilen dargestellt.

Lösung zu 115: SWOT-Analyse (II)

Die englische Abkürzung SWOT steht für Strengths (Stärken), Weaknesses (Schwächen), Opportunities (Chancen) und Threats (Gefahren).

Lösung zu 116: Potenzialanalyse

Die Potenzialanalyse (Stärken/Schwächen-Analyse) vergleicht die eigene Organisation (Unternehmen, Abteilung, Konzern, Betrieb) mit den Wettbewerbern. Sie ist damit eine Benchmarking-Form (Wettbewerbsbenchmarking). Dabei können ein oder mehrere Wettbewerber als Vergleichsmaßstab herangezogen werden. Häufig erfolgt der Vergleich mit dem stärksten Wettbewerber, wodurch man sich Erkenntnisse von Best Practice-Fällen, die übernommen werden können, erhofft. Die Potenzialanalyse zeigt, wo die eigene Organisation besser abschneidet als der Wettbewerber, wo ihre Stärken liegen und wo sie Schwächen aufweist. Die Kriterien, die für den Vergleich herangezogen werden, können aus allen Bereichen/Funktionen des Unternehmens abgeleitet werden.

Nach der Analyse gilt es dann, durch gezielte Verbesserungsmaßnahmen Schwächen zu beseitigen, sprich Potenziale zu erschließen, und die Stärken weiter auszubauen, um Wettbewerbsvorteile erhalten zu können.

Der grundlegende Ablauf erfolgt in der Praxis in folgenden Schritten:

1. Planung und Vorbereitung
2. sinnvolle Bewertungskriterien auswählen
3. Wettbewerber auswählen
4. Analyse, Datenerhebung
5. Auswertung, Erstellen von Stärken/Schwächen-Profilen
6. Best Practice-Fälle übernehmen, Verbesserungspotenziale erschließen und Ressourcen hierfür bereitstellen.

3.1.2 Portfolio-Analyse

Lösung zu 117: BCG-Matrix (I)

a) **Schritt 1:** Bestimmen der jeweiligen relativen Marktanteile und der jeweiligen relativen Marktentwicklungen:

$$\text{Relativer Marktanteil} = \frac{\text{Eigener absoluter Marktanteil}}{\text{Absoluter Marktanteil des größten Konkurrenten}}$$

$$\text{Relativer Marktanteil Jeans} = \frac{100\,\% - (28\,\% - 19\,\% - 13\,\% - 20\,\%)}{28\,\% \text{ (Geier Moden AG)}} = 71,4\,\%$$

Anmerkung: Der (eigene) absolute Marktanteil kann natürlich auch durch das Verhältnis eigener Umsatz : Marktvolumen bestimmt werden.

$$\text{Relativer Marktanteil Freizeitbekleidung} = \frac{39\,\%}{20\,\%} = 195\,\%$$

$$\text{Relativer Marktanteil Bademoden} = \frac{18\,\%}{42\,\%} = 42,9\,\%$$

$$\text{Relativer Marktanteil Business-Bekleidung} = \frac{40\,\%}{25\,\%} = 160\,\%$$

$$\text{Relatives Marktwachstum} = \frac{\text{Aktuelles Marktvolumen}}{\text{Marktvolumen des Vorjahres}} - 100\,\%$$

$$\text{Relatives Marktwachstum Jeans} = \frac{235}{202} - 1 = 1,16 - 1 = 0,16 = 16\,\%$$

$$\text{Relatives Marktwachstum Freizeitbekleidung} = \frac{95}{85} - 1 = 1,12 - 1 = 0,12 = 12\,\%$$

$$\text{Relatives Marktwachstum Bademoden} = \frac{92}{104} - 1 = 0,88 - 1 = -0,12 = -12\,\%$$

$$\text{Relatives Marktwachstum Business-Bekleidung} = \frac{172}{151} - 1 = 1,14 - 1 = -0,14 = 14\,\%$$

Schritt 2: Erstellen einer Vier-Felder-Matrix (BCG-Matrix) mit der X-Achse „Relativer Marktanteil" und der Y-Achse „Marktwachstum". Bei der Skalierung sind die oben errechneten Ergebnisse zu beachten. Ebenso ist bei der Darstellung der Geschäftsfelder der Umsatzanteil über die Größe der „Bubbles" grob zu berücksichtigen.

Umsatzanteile:

Gesamtumsatz 2015: 47 Mio. € + 37,05 Mio. € + 16,56 Mio. € + 68,8 Mio. € = 169,41 Mio. €

→ Umsatzanteil Jeans: $\dfrac{47\text{ Mio. €}}{169,41\text{ Mio. €}} = $ ca. 0,28 = 28 %

→ Umsatzanteil Freizeitbekleidung: $\dfrac{37,05\text{ Mio. €}}{169,41\text{ Mio. €}} = $ ca. 0,22 = 22 %

→ Umsatzanteil Bademoden: $\dfrac{16,56\text{ Mio. €}}{169,41\text{ Mio. €}} = $ ca. 0,10 = 10 %

→ Umsatzanteil Business-Bekleidung: $\dfrac{68,8\text{ Mio. €}}{169,41\text{ Mio. €}} = $ ca. 0,41 = 41 %

Anmerkung: Beispielsweise sollte die „Business-Bubble" größer sein als die „Jeans-Bubble", die wiederum deutlich größer als die „Freizeitbekleidung-Bubble" ist. Die „Freizeitbekleidung-Bubble" sollte etwa doppelt so groß sein wie die „Bademoden-Bubble".

Der Grund für eine solche Berücksichtigung der Umsatzanteile ist das Abwägen von Handlungsempfehlung und Umsatzrelevanz des jeweiligen Geschäftsfeldes für das Unternehmen.

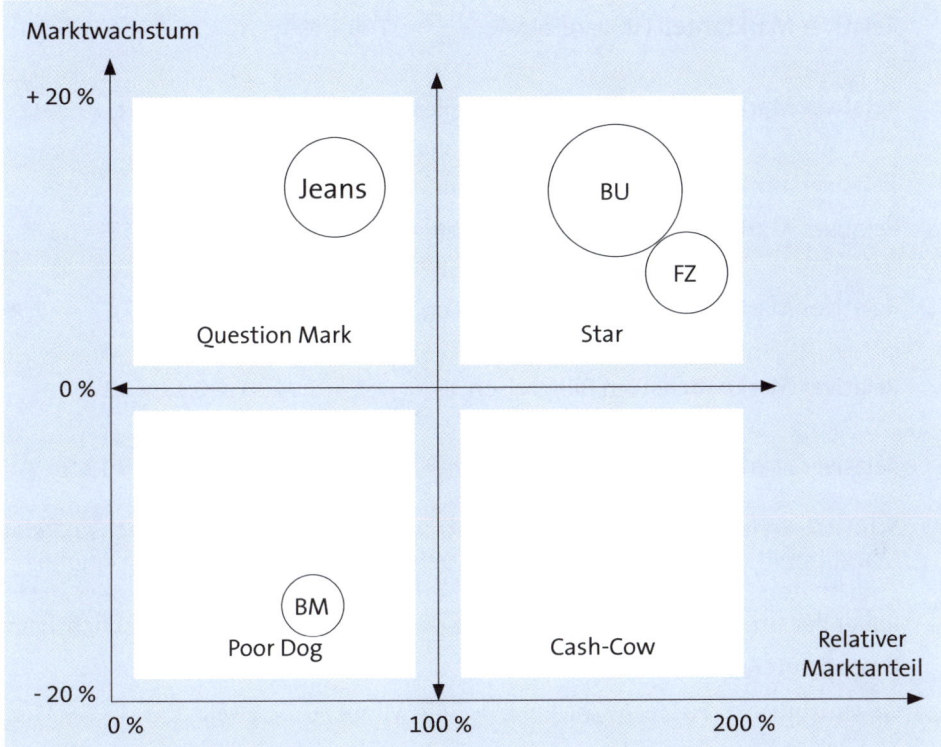

b) Handlungsempfehlung Jeans: Selektionsstrategie: Investieren, um mithalten zu können. Wenn sich der Erfolg nicht einstellt: Desinvestition.

Handlungsempfehlung Business-Bekleidung/Freizeitbekleidung: Investitionsstrategie

Handlungsempfehlung Bademoden: Desinvestitionsstrategie

Lösung zu 118: BCG-Matrix (II)

a) **Schritt 1:** Bestimmen der jeweiligen relativen Marktanteile und der jeweiligen relativen Marktentwicklungen

$$\text{Relativer Marktanteil} = \frac{\text{Eigener absoluter Marktanteil}}{\text{Absoluter Marktanteil des größten Konkurrenten}}$$

$$\text{Relativer Marktanteil Erlebnisreisen} = \frac{14\,\%}{33\,\%} = 42,4\,\%$$

$$\text{Relativer Marktanteil Wellnessreisen} = \frac{20\,\%}{32\,\%} = 62,5\,\%$$

$$\text{Relativer Marktanteil Billigreisen} = \frac{12\,\%}{40\,\%} = 30,0\,\%$$

$$\text{Relativer Marktanteil Luxusreisen} = \frac{40\,\%}{27\,\%} = 148,1\,\%$$

$$\text{Relatives Marktwachstum} = \frac{\text{Aktuelles Marktvolumen}}{\text{Marktvolumen des Vorjahres}} - 100\,\%$$

$$\text{Relatives Marktwachstum Erlebnisreisen} = \frac{485}{422} - 1 = 1,15 - 1 = 0,156 = 15\,\%$$

$$\text{Relatives Marktwachstum Wellnessreisen} = \frac{172}{185} - 1 = 0,93 - 1 = -0,07 = -7\,\%$$

$$\text{Relatives Marktwachstum Billigreisen} = \frac{230}{205} - 1 = 1,12 - 1 = 0,12 = 12\,\%$$

$$\text{Relatives Marktwachstum Lusxusreisen} = \frac{344}{304} - 1 = 1,13 - 1 = 0,13 = 13\,\%$$

Schritt 2: Erstellen einer Vier-Felder-Matrix (BCG-Matrix) mit der X-Achse „Relativer Marktanteil" und der Y-Achse „Marktwachstum". Bei der Skalierung sind die oben errechneten Ergebnisse zu beachten. Ebenso ist bei der Darstellung der Geschäftsfelder der Umsatzanteil über die Größe der „Bubbles" grob zu berücksichtigen.

Umsatzanteile:

Gesamtumsatz 2015: 67,9 Mio. € + 34,4 Mio. € + 27,6 Mio. € + 137,6 Mio. € = 267,5 Mio. €

→ Umsatzanteil Erlebnisreisen: $\dfrac{67,9 \text{ Mio. €}}{267,5 \text{ Mio. €}} = \text{ca. } 0,25 = 25\,\%$

→ Umsatzanteil Wellnessreisen: $\dfrac{34,4 \text{ Mio. €}}{267,5 \text{ Mio. €}} = \text{ca. } 0,13 = 13\,\%$

→ Umsatzanteil Billigreisen: $\dfrac{27,6 \text{ Mio. €}}{267,5 \text{ Mio. €}} = \text{ca. } 0,10 = 10\,\%$

→ Umsatzanteil Luxusreisen: $\dfrac{137,6 \text{ Mio. €}}{267,5 \text{ Mio. €}} = \text{ca. } 0,51 = 51\,\%$

BCG-Matrix:

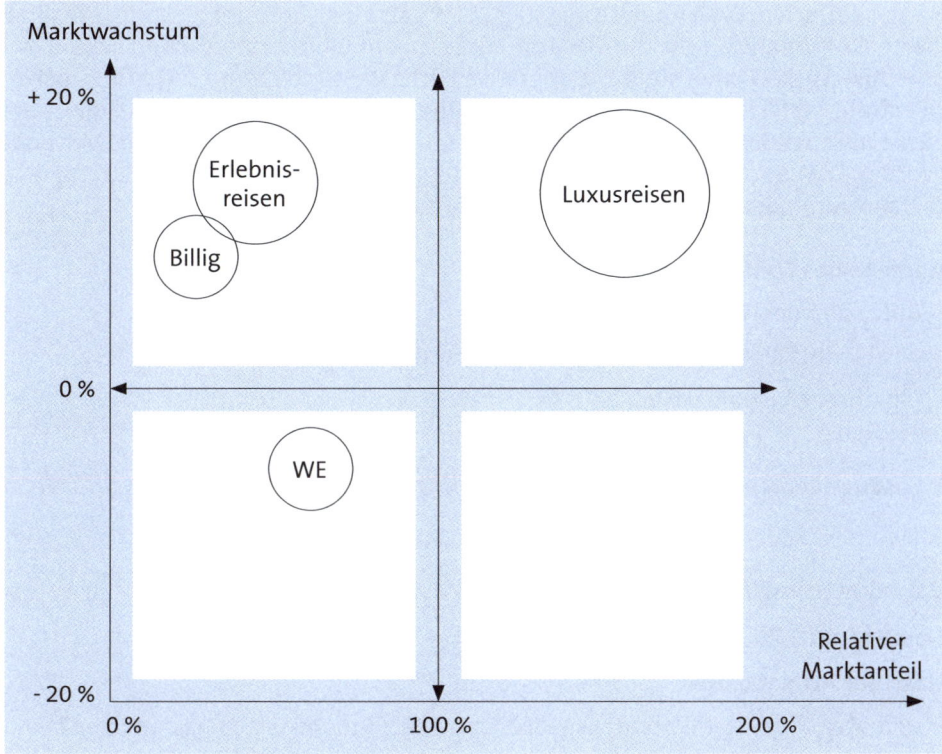

b) Handlungsempfehlung Billigreisen/Erlebnisreisen: Selektionsstrategie: Investieren, um mithalten zu können. Wenn sich der Erfolg nicht einstellt: Desinvestition.

Handlungsempfehlung Luxusreisen: Investitionsstrategie

Handlungsempfehlung Wellnessreisen: Desinvestitionsstrategie

3.1.3 GAP-Analyse

Lösung zu 119: Ziele der GAP-Analyse

► Vergleich eines bestimmten Planungszeitraums und der jeweiligen Planungsgrößen mit der tatsächlichen Entwicklung

► Früherkennung eventueller strategischer Probleme

► Lenken der Aufmerksamkeit auf zukünftige Probleme

Lösung zu 120: GAP-Analyse

Bei der **einfachen GAP-Analyse** wird das „GAP", also die Lücke, festgestellt. Die **differenzierte GAP-Analyse** teilt die Gesamt-Lücke auf in eine strategische Lücke und eine operative Lücke. Dabei stellt die operative Lücke die sogenannte „Leistungslücke" dar. Die strategische Lücke weist auf eine fehlerhafte Strategie hin, während die operative Lücke aussagt, inwieweit diese (fehlerhafte) Strategie bearbeitet wird. Mit anderen Worten: Die Verfolgung der „falschen" Strategie ist OK. Aber die falsche Strategie könnte dann zumindest noch effizienter umgesetzt werden.

Aufgabe des Controllers:

► Aufzeigen der Abweichungen

- zahlenmäßige Aufbereitung → Prognoserechnungen

- grafische Visualisierung

► Erarbeiten und Umsetzen geeigneter Maßnahmen

► Zusammenarbeit mit den Fachabteilungen!

3.2 Investitionsrechnungen

Lösung zu 121: Investitionsarten

Nach der Art der Güter:

► immaterielle Güter (Patente, Rechte, Lizenzen, Firmenwert, Finanzanlagen)

► materielle Güter (Sachgüter wie Gebäude, Maschinen, Grundstücke, Betriebs- und Geschäftsausstattung und Fuhrpark)

Nach der Art der Investition:

► Ersatzinvestition

► Kapazitätserweiterungsinvestition

► Investition in Kapazitäten für neue Produkte

► Rationalisierungsinvestition

► sonstige Investitionen, z. B. für Umwelt- oder Arbeitsschutz, für EDV oder F&E

► strategische Investitionen (Akquisitionen)

Lösung zu 122: Definition und Zweck von Investitionen

Investitionen dienen der Beschaffung von materiellen und immateriellen Gütern zur langfristigen Nutzung im Unternehmen. Die Ausgabe für die Vermögensgegenstände soll möglichst über spätere Einzahlungen wiederverdient werden. Mit einer Investition sollen später Erträge generiert werden. Gegenstände werden zum langfristigen „Überleben" des Unternehmens benötigt.

Lösung zu 123: Bilanzielle Behandlung von Investitionen

Auszahlungen werden bei Anschaffung (oder Verbindlichkeit bei späterer Zahlung) bilanziell erfasst. Im Anlagevermögen erfolgt dann bei Lieferung und Leistung die Gegenbuchung zu Anschaffungs- und Herstellkosten (AHK). Über die Abschreibung (Afa) ist die Investition in den Jahren der Nutzung ergebniswirksam. Die Abschreibung vermindert dabei den Wert des AV-Gegenstandes.

Lösung zu 124: Abschreibungsursachen

► Verschleiß

- Gebrauchsverschleiß (Nutzung)

- Substanzverringerung (z. B. Abbau der natürlichen Reserven bei Öl)

- Katastrophenverschleiß (z. B. Brand, Zerstörung)

- natürlicher Verschleiß (z. B. Rost)

► Fristablauf (Lizenzen)

► technische Überholung (schnellere Anlagen, höhere Kapazität)

► wirtschaftliche Veralterung (kostengünstigere Produktion, z. B. durch weniger Ausschuss, weniger Ressourcenverbrauch)

Lösung zu 125: Sinn und Zweck von Abschreibungen

1. Verteilung der Anschaffungsausgabe auf den Zeitraum der Nutzung (in dem die Erträge anfallen)

2. Erfassung des Verschleißes

3. „Wiederverdienen" der Ausgabe (Wiedereinsparen), um am Ende der Nutzung wieder eine neue Maschine kaufen zu können

4. Bestandteil der Kosten- und Leistungsrechnung/Kalkulationen, damit das ausgegebene Geld „wiederverdient" wird

5. Steuern sparen

Lösung zu 126: Abschreibungsarten

► **lineare Abschreibung:** gleichmäßige, zeitabhängige Verteilung der Abschreibungsbeträge über die Nutzungsdauer

► **leistungsmäßige Abschreibung:** Verteilung der Abschreibungsbeträge anhand der leistungsmäßigen Inanspruchnahme

► **degressive Abschreibung:** fallende Abschreibungsbeträge über den Zeitablauf, meist berechnet über Prozentsätze gemäß der Annahme, dass der Verschleiß am Anfang der Nutzung eines Wirtschaftsgutes am höchsten ist

Lösung zu 127: Bilanzielle und kostenrechnerische Abschreibungen

Bilanzielle Abschreibungen:

- ► Höchstgrenze Anschaffungs- und Herstellkosten (AHK)
- ► normale Nutzungsdauer nach HGB, nach IFRS tatsächlich erwartete Nutzungsdauer
- ► bei Verlängerung nur Verteilung des noch bestehenden Restwerts
- ► nach HGB kein Restwert, nur nach IFRS
- ► Afa nur bis auf 0
- ► Component Approach nach IFRS
- ► Abschreibungsbeginn bei HGB mit Lieferung und Leistung, bei IFRS mit Nutzungsbeginn

Kalkulatorische Abschreibungen:

- ► Wiederbeschaffungswerte als Ausgangspunkt
- ► tatsächliche Nutzungsdauer
- ► Abschreibungssumme kann bei Laufzeitverlängerung Wiederbeschaffungskosten (WBK) übersteigen.
- ► Bei Laufzeitverlängerung keine Korrektur; neuer Abschreibungsbetrag wird nach neuesten Erkenntnissen berechnet. Der eigentlich „richtige" Afa-Betrag wird so berechnet, als ob von Anfang an die Informationen vorhanden gewesen wären.
- ► Restwert wird berücksichtigt.
- ► Abschreibungsbeginn mit Nutzung

Lösung zu 128: Ablaufschritte einer Investition im Unternehmen

Ablaufschritte:

- ► Idee
- ► technische Planung, erste wirtschaftliche Abschätzung
- ► Genehmigungsprozedere mit Investitionsantrag, Investitionsrechnung
- ► Verhandlung mit Lieferanten, technische Detailplanung, Lastenbucherstellung, Auswahl der Lieferanten
- ► Bestellung
- ► Lieferung
- ► Aufbau
- ► Testphase
- ► Verbuchung
- ► Nutzungsbeginn, Anlaufphase, Beginn der Abschreibung
- ► Investitionsnachrechnung, Investitionskontrolle

Lösung zu 129: Verfahren zur Investitionsrechnung

Es gibt statische und dynamische Investitionsrechnungen:

- **statische Verfahren:** Kostenvergleichsrechnung, Gewinnvergleichsrechnung, Rentabilitätsvergleichsrechnung und statische Amortisationsrechnung

  Diese Verfahren werden statisch genannt, weil in den Berechnungen Zeitverläufe ignoriert werden. Statt die verschiedenen Zahlungen eines Zeitpunktes zu ermitteln, wird ein Durchschnittswert aller Einzahlungen bzw. Auszahlungen gebildet.

- **dynamische Verfahren:** Kapitalwertmethode, Endwertmethode, Methode des internen Zinsfußes, dynamische Amortisationsrechnung und Annuitätenmethode

  Bei den dynamischen Verfahren werden im Gegensatz zu den statischen Verfahren die Zeitpunkte der Einzahlungen und Auszahlungen mit in die Berechnungen einbezogen (Zins und Zinseszins).

3.2.1 Statische Verfahren

Lösung zu 130: Statische Investitionsrechnung (I)

a)

	Alternative A	Alternative B
Anschaffungskosten (€)	500.000	800.000
Nutzungsdauer (Jahre)	8	10
Kapazität (Stück/Jahr)	50.000	75.000
Restwert (€)		50.000
Durchschnittlich gebundenes Kapital (€)	250.000	425.000
Abschreibungen (€/Jahr)	62.500	75.000
Zinsen (€/Jahr)	20.000	34.000
Gehälter (€/Jahr)	40.000	70.000
Sonstige Fixkosten (€/Jahr)	100.000	180.000
Summe Fixkosten	**222.500**	**359.000**
Variable Löhne (€/Stück)	8	5
Sonstige variable Kosten (€/Stück)	4	2
Summe variable Kosten (€/Stück)	12	7

Kalk. Abschreibung = (Anschaffungskosten - Restwert : Nutzungsdauer)

Zinsen = durchschnittliche Kapitalbindung • Zinssatz

= (Anschaffungskosten + Restwert) : 2 • Zinssatz

b) Gesamtkosten bei 25.000 Stück

	Alternative A	Alternative B
Fixkosten	222.500 €	359.000 €
Variable Kosten	300.000 €	175.000 €
Gesamtkosten	522.500 €	534.000 €

Alternative A ist vorteilhaft.

Gesamtkosten bei 50.000 Stück

	Alternative A	Alternative B
Fixkosten	222.500 €	359.000 €
Variable Kosten	600.000 €	350.000 €
Gesamtkosten	822.500 €	709.000 €

Alternative B ist vorteilhaft.

c) Errechnung der Menge, bei der die Kosten gleich sind

Fixkosten A + variable Kosten A • x = Fixkosten B + variable Kosten B • x

222.500 € + 12 €/Stück • x = 359.000 € + 7 €/Stück • x

5 €/Stück • x = 136.500 €

x = 27.300 Stück

Bei 27.300 Stück sind die Kosten gleich hoch und die Vorteilhaftigkeit der Alternative A dreht sich bei steigender Stückzahl nun um.

d) Berechnung der Rentabilität für beide Alternativen bei 25.000 Stück

	Alternative A	Alternative B	
Durchschnittlich gebundenes Kapital	250.000 €	425.000 €	siehe oben
Umsatz	850.000 €	850.000 €	Menge • Preis = 25.000 Stück • 34 €/Stück
Gewinn vor Steuern	327.500 €	316.000 €	Umsatz - Gesamtkosten
Gewinn nach Steuern	262.000 €	252.800 €	abzüglich Steuern
Rentabilität	105 %	59 %	Gewinn nach Steuern : durchschnittliches Kapital

Alternative A ist vorteilhaft.

e) Berechnung der statischen Amortisation für beide Alternativen bei 25.000 Stück

	Alternative A	Alternative B	
Kapitaleinsatz	500.000 €	750.000 €	= AHK - Restwert
Gewinn nach Steuern	262.000 €	252.800 €	
Abschreibung	62.500 €	75.000 €	
Rückfluss	324.500 €	327.800 €	= Cashflow
Statische Amortisation in Jahren	1,54	2,29	Kapitaleinsatz : Rückfluss

A ist vorteilhaft.

Lösung zu 131: Statische Investitionsrechnung (II)

a) Betriebsmittelkosten:

A: $\dfrac{\text{Kalkulatorische}}{\text{Abschreibung}}$ = (Anschaffungskosten - Restwert) : Nutzungsdauer

(1.600.000 € - 200.000 €) : 4 = 350.000 €

B: Kalkulatorische Abschreibung = (2.000.000 € - 240.000 €) : 4 = 440.000 €

Kapitalkosten = $\dfrac{\text{durchschnittliche Kapitalbindung} \cdot \text{Zinssatz} =}{(\text{Anschaffungskosten} + \text{Restwert}) : 2 \cdot \text{Zinssatz}}$

A: Kalkulatorische Zinsen = (1.600.000 € + 200.000 €) : 2 · 6 % = 54.000 €

B: Kalkulatorische Zinsen = (2.000.000 € + 240.000 €) : 2 · 6 % = 67.200 €

Gesamtkosten der Alternative

Anmerkung: Die blau markierte Lösung ist jeweils vorteilhaft.

	A	B
Kalkulatorische Abschreibung	350.000 €	440.000 €
Kalkulatorische Zinsen	54.000 €	67.200 €
Fixe Kosten/Jahr	600.000 €	550.000 €
Variable Kosten/Jahr	400.000 €	350.000 €
Gesamtkosten	**1.404.000 €**	**1.407.200 €**

b)

	A	B
Umsatzerlöse	1.500.000 €	1.600.000 €
Gesamtkosten	1.404.000 €	1.407.200 €
Gewinn	**96.000 €**	**192.800 €**

c)

	A	B
Gewinn (€)	96.000	192.800
Durchschnittlicher Kapitaleinsatz (€)	(1.600.000 + 200.000) : 2 = 900.000	(2.000.000 + 240.000) : 2 = 1.120.000
Rentabilität (= Gewinn/Kapitaleinsatz)	**10,67 %**	**17,21 %**

d) Amortisationsdauer:

	A	B
Gewinn (€)	96.000	192.800
Abschreibungen (€)	350.000	440.000
Cashflow (€)	**446.000**	**632.800**
AHK (€)	1.600.000	2.000.000
Restverkaufserlös (€)	200.000	240.000
Zu amortisierender Wert (€)	1.400.000	1.760.000
Cashflow (€)	446.000	632.800
Amortisationsdauer	**3,14** Jahre	**2,78** Jahre

Lösung zu 132: Statische Investitionsrechnung (III)

a)

	Alternative A	Alternative B
Anschaffungskosten (€)	320.000	740.000
Nutzungsdauer (Jahre)	4	7
Kapazität (Stück/Jahr)	40.000	60.000
Restwert (€)	20.000	40.000
Abschreibungen (€/Jahr)	75.000	100.000
Zinsen (€/Jahr)	10.200	23.400
Gehälter (€/Jahr)	50.000	100.000
Sonstige Fixkosten (€/Jahr)	80.000	150.000
Summe Fixkosten (€)	**215.200**	**373.400**
Variable Löhne (€/Stück)	7	4
Sonstige variable Kosten (€/Stück)	4	2
Summe variable Kosten (€/Stück)	11	6

Kalk. Abschreibung = (Anschaffungskosten - Restwert) : Nutzungsdauer

Zinsen = durchschnittliche Kapitalbindung • Zinssatz

= (Anschaffungskosten + Restwert) : 2 • Zinssatz

b) Gesamtkosten bei 30.000 Stück

	Alternative A	Alternative B
Fixkosten	215.200 €	373.400 €
Variable Kosten	330.000 €	180.000 €
Gesamtkosten	**545.200 €**	**553.400 €**

Alternative A ist vorteilhaft.

Gesamtkosten bei 40.000 Stück

	Alternative A	Alternative B
Fixkosten	215.200 €	373.400 €
Variable Kosten	440.000 €	240.000 €
Gesamtkosten	**655.200 €**	**613.400 €**

Alternative B ist vorteilhaft.

c) Errechnung der Menge, bei der die Stückkosten gleich hoch sind

Fixkosten A + variable Kosten A · x = Fixkosten B + variable Kosten B · x

215.200 € + 11 €/Stück · x = 373.400 € + 6 €/Stück · x

5 €/Stück · x = 158.200 €

x = 31.640 Stück

Bei 31.640 Stück sind die Kosten gleich hoch und die Vorteilhaftigkeit der Alternative A dreht sich bei steigender Stückzahl nun um.

d) Berechnung der Rentabilität für beide Alternativen bei 40.000 Stück

	Alternative A	Alternative B
Durchschnittliches Kapital	170.000 €	390.000 €
Umsatz	1.000.000 €	1.000.000 €
Gewinn vor Steuern	344.800 €	386.600 €
Gewinn nach Steuern	241.360 €	270.620 €
Rentabilität	142 %	69 %

Alternative A ist vorteilhaft.

Berechnung der Rentabilität für beide Alternativen bei 60.000 Stück

Wegen der Kapazitätsgrenze von A ändern sich nur die Daten von B.

	Alternative A	Alternative B	
Durchschnittliches Kapital	170.000 €	390.000 €	siehe oben
Umsatz	1.000.000 €	1.500.000 €	Menge · Preis
Gewinn vor Steuern	344.800 €	766.600 €	Umsatz - Gesamtkosten
Gewinn nach Steuern	241.360 €	536.620 €	abzüglich Steuern
Rentabilität	142 %	138 %	Gewinn nach Steuern : durchschnittlich gebundenes Kapital

Alternative A ist vorteilhaft.

e) Berechnung der statischen Amortisation für beide Alternativen bei 40.000 Stück

	Alternative A	Alternative B	
Zu amortisierender Wert (Kapitaleinsatz)	300.000 €	700.000 €	= AHK - Restwert
Gewinn nach Steuern	241.360 €	270.620 €	
Abschreibung	75.000 €	100.000 €	
Rückfluss	316.360 €	370.620 €	= Cashflow
Statische Amortisation in Jahren	0,95	1,89	Kapitaleinsatz : Rückfluss

Alternative A ist vorteilhaft.

3.2.2 Dynamische Verfahren

Lösung zu 133: Kapitalwertmethode

Werte in Euro

t0	t1	t2	t3
-4.000 €	-200 €	-1.190 €	-338 €
	2.400 €	2.400 €	3.000 €
	2.200 €	1.210 €	2.662 €

$$2.000 \quad \text{'}1/1,1$$
$$1.000 \quad \text{'}1/1,1^2$$
$$\underline{2.000} \quad \text{'}1/1,1^3$$
$$1.000 \text{ Co}$$

Ertragswert: 5.000 €

Co = Ertragswert - Anfangsauszahlung

Es stehen heute 1.000 € zur Verfügung, die anderweitig ausgegeben werden können.

Lösung zu 134: Discounted-Cashflow als besonderer Kapitalwert

Vorgehensweise zur Bestimmung des Unternehmenswerts (UW): abgezinste Zahlungsreihe aufstellen und den (abgezinsten) potenziellen Verkaufserlös hinzuaddieren:

$$\text{UW (heute)} = \frac{1.450.000 \, €}{1,07} + \frac{1.480.000 \, €}{1,07^2} + \frac{1.550.000 \, €}{1,07^3} + \frac{1.560.000 \, €}{1,07^4} + \frac{40.550.000 \, €}{1,07^4}$$

$$= 1.355.140 \, € + 1.292.689 \, € + 1.265.262 \, € + 1.190.117 \, € + 30.935.401 \, €$$

$$= \mathbf{36.038.609 \, €}$$

Lösung zu 135: Interner Zinsfuß (I)

Schritt 1: für das Komfortmodell KR 2020 die jeweiligen Kapitalwerte der Investition ausrechnen über die Addition der Barwerte

	KR2020 (€)	Barwerte (€) 8 %	Barwerte (€) 12 %
Überschuss Jahr 1	35.000	32.407,41	31.250,00
Überschuss Jahr 2	40.000	34.293,55	31.887,76
Überschuss Jahr 3	45.000	35.722,45	32.030,11
Überschuss Jahr 4	45.000	33.076,34	28.598,31
Überschuss Jahr 5	45.000	30.626,24	25.534,21
Summe		166.125,99	149.300,39
- Anschaffungswert		150.000,00	150.000,00
Kapitalwert		**16.125,99**	**-699,61**

Schritt 2: für das Komfortmodell KR2020 den internen Zinsfuß berechnen (über Formel)

Komponenten der Formel:
Untere Zinsgrenze: 8 %
Obere Zinsgrenze: 12 %
Kapitalwert untere Zinsgrenze: 16.125,99 €
Kapitalwert obere Zinsgrenze: -699,61 €

Allgemeines Vorgehen für die rechnerische Bestimmung des internen Zinsfußes:

$$\text{Interner Zinsfuß} = \text{Untere Zinsgrenze} - \text{Kapitalwert untere Zinsgrenze} \cdot \frac{\text{Obere Zinsgrenze} - \text{Untere Zinsgrenze}}{\text{Kapitalwert obere Zinsgrenze} - \text{Kapitalwert untere Zinsgrenze}}$$

$$\text{Interner Zinsfuß KR2020} = 0,08 - 16.125,99 \, € \cdot \frac{0,12 - 0,08}{-699,61 \, € - 16.125,99 \, €} = \mathbf{0,118} \, \hat{=} \, \mathbf{11,8 \, \%}$$

Schritt 3: für das Luxusmodell LR 2020 die jeweiligen Kapitalwerte der Investition ausrechnen über die Addition der Barwerte

	LR2020 (€)	Barwerte (€) 8 %	Barwerte (€) 12 %
Überschuss Jahr 1	40.000	37.037,04	35.714,29
Überschuss Jahr 2	45.000	38.580,25	35.873,72
Überschuss Jahr 3	50.000	39.691,61	35.589,01
Überschuss Jahr 4	50.000	36.751,49	31.775,90
Überschuss Jahr 5	50.000	34.029,16	28.371,34
Summe		186.089,55	167.324,26
- Anschaffungswert		170.000,00	170.000,00
Kapitalwert		16.089,55	-2.675,74

Schritt 4: für das Luxusmodell LR2020 den internen Zinsfuß berechnen (über Formel)

Komponenten der Formel:
Untere Zinsgrenze: 8 %
Obere Zinsgrenze: 12 %
Kapitalwert untere Zinsgrenze: 16.089,55 €
Kapitalwert obere Zinsgrenze: -2.675,74 €

$$\text{Interner Zinsfuß LR2020} = 0,08 - 16.089,55 \text{ €} \cdot \frac{0,12 - 0,08}{-2.675,74 \text{ €} - 16.089,55 \text{ €}} = \mathbf{0,046} \triangleq \mathbf{4,6\%}$$

Der interne Zinsfuß der Investition KR2020 (Komfortmodell) ist um 7,2 Prozentpunkte höher als der Interne Zinsfuß der Investition LR2020 (Luxusmodell). Damit ist die Investition KR2020 vorteilhafter (nach der Internen Zinsfuß-Methode).

Wie groß dürfen die Bereitstellungskosten (Anschaffung + Installation) des Solarparks höchstens sein, wenn Sie die Überschüsse aus der folgenden Tabelle für Ihre Entscheidung berücksichtigen? (8 Punkte)

Überschuss Jahr 1	125.000 €
Überschuss Jahr 2	125.000 €
Überschuss Jahr 3	120.000 €
Überschuss Jahr 4	120.000 €
Überschuss Jahr 5	115.000 €

Lösung zu 136: Interner Zinsfuß (II)

Schritt 1: Komponenten für die Interner-Zinsfuß-Formel festlegen. Dabei sollten eine geeignete untere und eine geeignete obere Zinsgrenze gewählt werden. Untere und obere Zinsgrenze werden folgend mit 2 % und 10 % festgelegt.

Komponenten der Formel:
Untere Zinsgrenze: 2 %
Obere Zinsgrenze: 10 %

Schritt 2: Berechnen der Kapitalwerte zur unteren (2 %) und oberen Zinsgrenze (10 %)

	Barwert 2 %	Barwert 10 %
Überschuss Jahr 1	122.549,02 €	113.636,36 €
Überschuss Jahr 2	120.146,10 €	103.305,79 €
Überschuss Jahr 3	113.078,68 €	90.157,78 €
Überschuss Jahr 4	110.861,45 €	81.961,61 €
Überschuss Jahr 5	104.159,04 €	71.405,95 €
Summe Barwerte	**570.794,29 €**	**460.467,49 €**
- Bereitstellungskosten	X	X
= Kapitalwert	**570.794,29 € - X**	**460.467,49 € - X**

Schritt 3: Anwendung der Formel und nach „X" auflösen

$$\text{Interner Zinsfuß} = 0,02 - (X - 570.794,29) \cdot \frac{0,10 - 0,02}{(460.467,49 - X) - (570.794,29 - X)} = 0,06$$

Rechenschritte:

1. $0,06 = 0,02 - (X - 570.794,29) \cdot \dfrac{0,10 - 0,02}{-110.326,80}$

2. $0,04 = - (X - 570.794,29) \cdot \dfrac{0,08}{-110.326,80}$

3. $0,04 \cdot \dfrac{-110.326,80}{0,08} = - (X - 570.794,29)$

4. $X = 0,04 \cdot \dfrac{110.326,80}{0,08} + 570.794,29 = 625.957,69$

Die Bereitstellungskosten für den Solarpark dürften also höchstens **625.957,69 €** betragen.

Lösung zu 137: Dynamische Amortisationsrechnung (I)

Vorgehen: Zahlungsreihe aufbauen und kumulieren. Die Investition ist dann amortisiert, wenn ein Kapitalwert (der Zahlungsreihe) einen positiven Wert aufweist (genau genommen „Null" ist).

Achtung: Es ist das „Jahr Null", indem die Investition getätigt wird, zusätzlich zu betrachten.

	Barwert	Kapitalwert kumuliert
Überschuss Jahr 0 (€)	- 408.000,00	-408.000,00	-408.000,00
Überschuss Jahr 1 (€)	125.000,00	117.924,53	-290.075,47
Überschuss Jahr 2 (€)	125.000,00	111.249,56	-178.825,91
Überschuss Jahr 3 (€)	120.000,00	100.754,31	-78.071,60
Überschuss Jahr 4 (€)	120.000,00	95.051,24	+ 16.979,64
Überschuss Jahr 5 (€)	115.000,00	85.934,69	+102.914,33

Die Investition ist also nach vier Jahren amortisiert.

Lösung zu 138: Dynamische Amortisationsrechnung (II)

Vorgehen: Zahlungsreihe mit der Unbekannten X (= Investitionsbetrag) aufbauen und kumulieren. Die Investition ist dann amortisiert, wenn ein Kapitalwert (der Zahlungsreihe) einen positiven Wert aufweist (genau genommen „Null" ist).

Nach vier Jahren (= $2/3$ von 6 Jahren) soll die Investition amortisiert sein. Folglich müssen die Barwerte der ersten vier Jahre kumuliert werden. Genau dieser Betrag wäre dann die Investitionssumme.

	Barwert	Kapitalwert kumuliert
Überschuss Jahr 0 (€)	- X	- X	- X
Überschuss Jahr 1 (€)	230.000,00	207.207,21	- X + 207.207,21
Überschuss Jahr 2 (€)	240.000,00	194.789,38	- X + 401.996,59
Überschuss Jahr 3 (€)	250.000,00	182.797,85	- X + 584.794,44
Überschuss Jahr 4 (€)	250.000,00	164.682,74	- X + 749.477,18
Überschuss Jahr 5 (€)	250.000,00	148.362,83	...
Überschuss Jahr 6 (€)	230.000,00	122.967,39	...

Formal: $-X + 749.477,18 = 0 \rightarrow X = 749.477,18$

Die Maschine darf höchstens 749.477,18 € kosten.

3.3 Balanced Scorecard

Lösung zu 139: Beschreibung der Balanced Scorecard

Die Balanced Scorecard (ausgewogener Berichtsbogen) betrachtet die Unternehmung hinsichtlich vier unterschiedlicher Perspektiven:

► Entwicklungsperspektive

► Prozessperspektive

► Kundenperspektive

► Finanzperspektive.

Die Betrachtung erfolgt also nicht nur hinsichtlich der Finanzperspektive.

Ausgehend von den strategischen Zielen werden für jede einzelne Perspektive schlüssige Kennzahlen zur Steuerung gesucht. Dabei werden den Planwerten die Istdaten gegenübergestellt, Abweichungen analysiert und entsprechende Korrekturmaßnahmen bei Abweichungen eingeleitet

Anschließend wird ein Ursache-Wirkungs-Zusammenhang zwischen den Perspektiven erstellt, um festzustellen, ob die Steuerungsgrößen schlüssig ineinandergreifen.

Die Balanced Scorecard (BSC) dient als Bindeglied zwischen dem strategischen und dem operativen Controlling, da ausgehend von der Strategie die Steuerungsgrößen entwickelt und anschließend in ihrer Ausprägung konkretisiert und somit operationale Zielvorgaben abgeleitet werden. Sie wird zugleich häufig als monatliches Reporting-Instrument verwendet. Hierbei werden auch auf hierarchischen Ebenen die jeweiligen Balanced Scorecards ausgehend von den obersten Unternehmens- oder Konzern-Scorecards sowie deren Zielen abgeleitet. Auch hier ist wieder auf Ursache-Wirkungs-Beziehungen zwischen den Hierarchieebenen zu achten.

3.4 Erfahrungskurvenkonzept

Lösung zu 140: Fragestellungen im Rahmen der Erfahrungskurven-
analyse

Strategische Fragestellungen:

► Wie hoch muss die kumulierte Produktionsmenge bzw. Absatzmenge sein, um konkurrenzfähige Kosten zu erreichen?

► Sind die Chancen für ein Absatzwachstum groß genug, um bei begrenzter Marktlebensdauer des Produktes rechtzeitig Gewinn erwirtschaften zu können?

Operative Fragestellung:

► Wurde das Kostensenkungspotenzial genutzt?

Lösung zu 141: Erfahrungskurve

Vorgehen:
Zunächst je „grober" Verdoppelung (muss nicht mit den Perioden übereinstimmen!) prüfen, ob die Stückkosten um mindestens 17 % reduziert werden konnten. Dann insgesamt (Startjahr bis 2014) sehen, ob letztendlich ein Kostensenkungspotenzial von 17 % je Verdoppelung der kumulierten Produktionsmenge eingehalten worden ist.

Anmerkung: Die Verdoppelungen sind nicht exakt zu treffen. Eine Näherung reicht aus.

Schritt 1: Kostensenkungspotenziale der einzelnen Entwicklungsschritte betrachten (in Euro):

Erste Verdoppelung (Start - 2011) $120,00 \cdot 0,83 = 99,60 >$ Ist (94,40) $\rightarrow$ OK
Zweite Verdoppelung (2011 - 2012) $94,40 \cdot 0,83 = 78,35 >$ Ist (76,20) $\rightarrow$ OK
Dritte Verdoppelung (2012 - 2013) $76,20 \cdot 0,83 = 63,24 <$ Ist (64,80) $\rightarrow$ Nicht OK
Vierte Verdoppelung (2013 - 2014) $64,80 \cdot 0,83 = 53,78 <$ Ist (55,60) $\rightarrow$ Nicht OK

Zwischenfazit:
Das Kostensenkungspotenzial konnte zweimal (2012 - 2013, 2013 - 2014) knapp nicht eingehalten werden. Da die Abgrenzung nicht exakt verläuft, kann man anmerken, dass das Kostensenkungspotenzial letztendlich eingehalten werden konnte.

Schritt 2: Kostensenkungspotenziale insgesamt (Anfang - Ende) betrachten (in Euro)

Insgesamt: $120 \cdot 0,83^4 = 56,95$

Bei einem Kostensenkungspotenzial von 17 % hätten nach vier Verdoppelungen der kumulierten Ausbringungsmenge Stückkosten von 56,95 € erreicht werden müssen. Der Istwert ist mit 55,60 € sogar noch besser. Das Potenzial konnte also genutzt werden.

Lösung zu 142: Fixkostendegression und Lernkurve

Fixkostendegression:
Bei der Fixkostendegression werden die gesamten Fixkosten der Periode auf die produzierte oder verkaufte Stückzahl verteilt. Die Fixkosten pro Stück nehmen mit der Anzahl der produzierten oder verkauften Produkte ab; die gesamten Fixkosten bleiben jedoch gleich. Es handelt sich hier um eine Verteilung.

Lernkurve:
Das Lernkurvenmodell geht davon aus, dass aufgrund von Lerneffekten mit zunehmender Zahl der produzierten Einheiten die Produktionszeiten und der Ausschuss absolut sinken. Damit gehen sinkende Materialkosten und Lohnkosten sowie eine bessere Maschinenauslastung einher. Demnach sinken die Gesamtkosten sowie die Stückkosten, da hier die variablen Kosten abnehmen. Es handelt sich also nicht um eine Verteilung der Kosten auf eine größere Stückzahl, sondern um eine echte Kostenreduktion.

3.5 ABC-Analyse

Lösung zu 143: ABC-Analyse

Schritt 1: Mengen- und wertmäßige Umsatzanteile der jeweiligen Produkte berechnen

Artikel	Mengenmäßiger Umsatzanteil[1]	Wertmäßiger Umsatzanteil[1]
Unterwäsche Damen	0,26	0,09
Unterwäsche Herren	0,14	0,04
Jeans Damen	0,06	0,14
Jeans Herren	0,09	0,19
Oberbekleidung Damen	0,05	0,06
T-Shirts Herren	0,28	0,14
Sneaker Herren	0,03	0,08
Sneaker Damen	0,02	0,07
Kleider	0,02	0,10
Sweatshirts Herren	0,04	0,09

Schritt 2: Rangfolge nach dem wertmäßigen Umsatzanteil bilden:

Rang	Artikel	Mengenmäßiger Umsatzanteil	Wertmäßiger Umsatzanteil
1	Jeans Herren	0,09	0,19
2	Jeans Damen	0,06	0,14
3	T-Shirts Herren	0,28	0,14
4	Kleider	0,02	0,10
5	Sweatshirts Herren	0,04	0,09
6	Unterwäsche Damen	0,26	0,09
7	Sneaker Herren	0,03	0,08
8	Sneaker Damen	0,02	0,07
9	Oberbekleidung Damen	0,05	0,06
10	Unterwäsche Herren	0,14	0,04

Schritt 3: in Rangfolge die wertmäßigen Umsatzanteile kumulieren

Rang	Artikel	Mengenmäßiger Umsatzanteil	Wertmäßiger Umsatzanteil	Wertmäßiger Umsatzanteil kumuliert
1	Jeans Herren	0,09	0,19	0,19
2	Jeans Damen	0,06	0,14	0,34

---
[1] jeweils Anteil am Gesamtumsatz

Rang	Artikel	Mengenmäßiger Umsatzanteil	Wertmäßiger Umsatzanteil	Wertmäßiger Umsatzanteil kumuliert
3	T-Shirts Herren	0,28	0,14	0,47
4	Kleider	0,02	0,10	0,57
5	Sweatshirts Herren	0,04	0,09	0,66
6	Unterwäsche Damen	0,26	0,09	0,75
7	Sneaker Herren	0,03	0,08	0,83
8	Sneaker Damen	0,02	0,07	0,90
9	Oberbekleidung Damen	0,05	0,06	0,96
10	Unterwäsche Herren	0,14	0,04	1,00

Schritt 4: Klassifikation vornehmen: Die ersten ca. 70 - 80 % wertmäßigen Umsatzanteil sind A-Produkte, weitere 10 - 15 % sind B-Produkte und der Rest C-Produkte.

Rang	Artikel	Mengenmäßiger Umsatzanteil	Wertmäßiger Umsatzanteil	Wertmäßiger Umsatzanteil kumuliert	
1	Jeans Herren	0,09	0,19	0,19	
2	Jeans Damen	0,06	0,14	0,34	
3	T-Shirts Herren	0,28	0,14	0,47	A-Produkte
4	Kleider	0,02	0,10	0,57	
5	Sweatshirts Herren	0,04	0,09	0,66	
6	Unterwäsche Damen	0,26	0,09	0,75	
7	Sneaker Herren	0,03	0,08	0,83	B-Produkte
8	Sneaker Damen	0,02	0,07	0,90	
9	Oberbekleidung Damen	0,05	0,06	0,96	C-Produkte
10	Unterwäsche Herren	0,14	0,04	1,00	

Lösung zu 144: ABC/XYZ-Analyse

a) Bildung der Reihenfolge über den jeweiligen Wertanteil anhand des Beschaffungswerts

Artikel-ID	Durchschn. Verbrauchsmenge pro Periode	Standardabweichung	Einkaufspreis (€/Stück)	Durchschn. Beschaffungswert je Periode (€)	Wertanteil[1]	Rang
1	200	78,00	10,00	2.000,00	0,46 %	10
2	900	188,00	20,00	18.000,00	4,12 %	6
3	100	25,50	210,00	21.000,00	4,81 %	4
4	500	8,00	20,00	10.000,00	2,29 %	7

---

[1] jeweils Anteil am gesamten Beschaffungsvolumen

5	1.000	500,00	4,00	4.000,00	0,92 %	9
6	2.000	98,00	100,00	200.000,00	45,83 %	1
7	600	48,00	10,00	6.000,00	1,37 %	8
8	800	3,50	38,00	30.400,00	6,97 %	3
9	400	65,00	50,00	20.000,00	4,58 %	5
10	5.000	465,00	25,00	125.000,00	28,64 %	2
				436.400,00	100 %	

Sortierung anhand der Rangfolge; Bildung des kumulierten Wertanteils und Zuordnung zu den Klassen A, B und C anhand der Vorgabegrenzen

Arti-kel-ID	Durchschn. Verbrauchs-menge pro Periode	Standard-abwei-chung	Einkaufs-preis (€/Stück)	Durchschn. Beschaf-fungswert je Periode (€)	Wert-anteil	Rang	Wert-anteil kumu-liert	Klasse
6	2.000		100	200.000	45,83 %	1	45,83 %	A
10	5.000		25	125.000	28,64 %	2	74,47 %	A
8	800		38	30.400	6,97 %	3	81,44 %	A
3	100		210	21.000	4,81 %	4	86,25 %	B
9	400		50	20.000	4,58 %	5	90,83 %	B
2	900		20	18.000	4,12 %	6	94,95 %	B
4	500		20	10.000	2,29 %	7	97,24 %	C
7	600		10	6.000	1,37 %	8	98,61 %	C
5	1.000		4	4.000	0,92 %	9	99,53 %	C
1	200		10	2.000	0,46 %	10	100,00 %	C
				436.400	100 %			

b) Berechnung des Streugrades durch Division der Standardabweichung mit der Verbrauchsmenge pro Artikel; Verteilung von Rangzahlen für den Streugrad von klein nach groß

Artikel-ID	Durchschn. Ver-brauchsmenge pro Periode	Standard-abweichung	Einkaufs-preis (€/Stück)	Durchschn. Beschaffungswert je Periode (€)	Streu-grad	Rang
1	200	78,00	10	2.000	39,0 %	9
2	900	188,00	20	18.000	20,9 %	7
3	100	25,50	210	21.000	25,5 %	8
4	500	8,00	20	10.000	1,6 %	2
5	1.000	500,00	4	4.000	50,0 %	10
6	2.000	98,00	100	200.000	4,9 %	3
7	600	48,00	10	6.000	8,0 %	4
8	800	3,50	38	30.400	0,4 %	1
9	400	65,00	50	20.000	16,3 %	6
10	5.000	465,00	25	125.000	9,3 %	5

Sortierung anhand der Rangfolge und Zuordnung zu den Klassen X, Y und Z anhand der Vorgabegrenzen

Arti-kel-ID	Durchschn. Ver-brauchsmenge pro Periode	Standard-abweichung	Einkaufs-preis (€/Stück)	Durchschn. Be-schaffungswert je Periode (€)	Streu-grad	Rang-folge	Klas-se
8	800	3,50	38	30.4000	0,4 %	1	X
4	500	8,00	20	10.000	1,6 %	2	X
6	2.000	98,00	100	200.000	4,9 %	3	X
7	600	48,00	10	6.000	8,0 %	4	X
10	5.000	465,00	25	125.000	9,3 %	5	X
9	400	65,00	50	20.000	16,3 %	6	Y
2	900	188,00	20	18.000	20,9 %	7	Y
3	100	25,50	210	21.000	25,5 %	8	Z
1	200	78,00	10	2.000	39,0 %	9	Z
5	1.000	500,00	4	4.000	50,0 %	10	Z

c) Zuordnung Artikel-ID zu den Klassen A, B und C

Artikel-ID	Klasse
6	A
10	A
8	A
3	B
9	B
2	B
4	C
7	C
5	C
1	C

Zuordnung Artikel-ID zu den Klassen X, Y und Z

Artikel-ID	Klasse
8	X
4	X
6	X
7	X
10	X
9	Y
2	Y
3	Z
1	Z
5	Z

Artikel-ID in der Matrix

	A	B	C
X	6; 8; 10		4; 7
Y		2; 9	
Z		3	1; 5

3.6 Benchmarking

Lösung zu 145: Arten des Benchmarking

- internes Benchmarking (in der eigenen Organisation)
- Wettbewerbsbenchmarking (gleiche Branche)
- funktionales Benchmarking (funktionale Bereiche verschiedener Unternehmen wie beispielsweise Logistikbereiche)
- generisches Benchmarking oder Best Practice Benchmarking

Lösung zu 146: Phasen des Benchmarking

1. Zielsetzungs-/Vorbereitungsphase:
   - Problemdefinition (Festlegung des Benchmarking-Objektes) und interne Voranalyse
   - Suche und Auswahl des Benchmarking-Partners und Nominierung des Benchmarking-Teams
2. Vergleichsphase (quantitatives Benchmarking):
   - Festlegung von Kennzahlen zur Leistungsermittlung
   - Erhebung von Daten
   - Analyse und Beurteilung der erhobenen Daten
   - Positionierung in Form von Rankings
   - Ermittlung des Best Practice
3. Analysephase (qualitatives Benchmarking)
   - Analysieren der Prozesse oder besten Strategie
   - Ableiten der Best Practices
4. Verbesserung und Implementierung
   - Aufstellen von Verbesserungsmaßnahmen
   - Implementierung der Verbesserungsmaßnahmen
   - Ergebnis- und Fortschrittskontrolle

3.7 Gemeinkostenwertanalyse

Lösung zu 147: Gemeinkostenwertanalyse (GWA)

- ► Entwicklung in den 70er-Jahren des 20. Jahrhunderts durch *MC Kinsey*
- ► Einsatz in Krisensituationen zur Rationalisierung, insbesondere zur Kosteneinsparung in den Gemeinkostenbereichen
- ► Kosteneinsparungen oder Werterhöhungen:
  - Können bei gleichen Leistungen Kosten gespart werden?
  - Werden Leistungen wirklich gebraucht oder können sie vermindert oder sogar ganz darauf verzichtet werden?
  - Können zusätzlich Leistungen ohne zusätzliche Kosten erzeugt werden?
- ► geforderte Kosteneinsparungen bis zu 40 %
- ► Maßnahmen: Straffen der Prozesse, Vereinheitlichung von Prozessen, Aufgabe von Doppelarbeit, EDV-Einsatz, Schulung von Mitarbeitern, Investitionen, bessere Kapazitätsauslastung, Einsatz von „billigen" Arbeitskräften, Verlagerung, Zentralisierung, Dezentralisierung, Fremdvergabe etc.
- ► Prozess:
  1. Vorbereitungsphase
     - Ziele und Zeithorizont festlegen
     - Untersuchungsbereich und -einheiten festlegen
     - Projektgruppe und Steering Commitee festlegen
     - eventuell unterstützende Berater engagieren
  2. Analysephase
     - Aufnahme Istzustand
     - Kosten-Nutzen-Analyse
     - Rationalisierungspotenziale erarbeiten und bewerten
     - Umsetzung planen: Festlegung von Maßnahmen, Festlegung des dazugehörigen Zeitplans, Dokumentation der Ergebnisse
     - Vorstellung der Ergebnisse beim Management und Entscheidung des Managements
  3. Umsetzungsphase
     - Umsetzung der Maßnahmen durch die betroffenen Bereiche

Vorteile:

- ► Ansetzen im Gemeinkostenbereich
- ► Befreien von unnötigen Prozessen und Tätigkeiten
- ► keine Doppelarbeit mehr
- ► Abwägen von Kosten und Nutzen
- ► Kosteneinsparung

Nachteile:

- Die Methode greift hauptsächlich an Personalkosten und deren Einsparung an.
- Die Bekanntheit der Methode führt heute häufig zu frühzeitigem „Gegenarbeiten", wodurch die Wirksamkeit der Methode eingeschränkt ist.

3.8 Verrechnungspreise (inkl. Shared Services)

Lösung zu 148: Under- und Overpricing

Gründe für Underpricing:

- hohe Zolltarife
- niedrigere Unternehmenssteuern als im Land des Mutterunternehmens
- signifikanter Wettbewerb
- Wettbewerbsposition im Markt bedarf Verbesserung
- niedriges politisches und ökonomisches Risiko
- Beschränkungen hinsichtlich des Wertes der Produkte, die importiert werden können
- Exportsubventionen oder Steuererleichterung auf Exportwert
- niedrige Inflationsrate
- langfristige Investitionsstrategie im ausländischen Markt

Gründe für Overpricing:

- niedrige Zolltarife
- hohe Unternehmenssteuern
- lokaler Marktanteil sicher und zufriedenstellend
- Erfordernis, Kapital aus dem Land zu bringen
- Beschränkungen bei Überweisung von Profiten/Dividenden
- politische Instabilität, hohes politisches und ökonomisches Risiko
- Produktpreis durch Regierung kontrolliert (Basis: Produktionskosten)
- Profitabilität der Tochtergesellschaft gegenüber Wettbewerbern tarnen
- hohe Inflationsrate
- kurzfristige Investitionsstrategie
- Druck der Belegschaft auf größeren Anteil am Unternehmensgewinn
- politischer Druck zur Nationalisierung oder Verstaatlichung hochprofitabler ausländischer Firmen

Quelle: *Hoffjahn (2009, S. 126)*

Lösung zu 149: Steuerliche Ermittlungsmethoden

Steuerlich wird die Festsetzung von Verrechnungspreisen bestimmt durch „Dealing at Arm's Length Principle" (Fremdvergleichsgrundsatz).

Transaktionsbezogene Ermittlungsmethoden:

► Preisvergleichsmethode: vergleichbare Geschäfte mit oder zwischen Dritten

► Wiederverkaufsmethode: marktüblicher Preis abzgl. Handelsspanne (oft im Vertrieb)

► Nettomargenmethode: Vergleich Nettogewinn zu Bezugsbasis (konzernexterner Kennzahlenvergleich)

Gewinnbezogene Ermittlungsmethoden:

► Kostenaufschlagsmethode: Kosten zuzüglich Gewinnaufschlag

► Gewinnaufteilungsmethode: Profit-Split-Methode (im angelsächsischen Raum gebräuchlich), wenn einzelne Transaktion nicht beurteilbar, da zu verwoben

Quelle: *Weber/Schäffler (2014, S. 219)*

Lösung zu 150: Verrechnungspreise – Beispiel: Kufen AG

a) Zusätzlicher Gewinn: Umsatz - variable Kosten - Fixkosten =

10.000 Stück • 80 €/Stück - 10.000 Stück • 60 €/Stück - 100.000 € =

800.000 € - 600.000 € - 100.000 € = 100.000 €

Es lohnt sich folglich die Eröffnung einer neuen Vertriebsgesellschaft.

b) Bei 60 €/Stück liegt die Untergrenze für die Kufen AG, da dies ihre variablen Kosten für die Herstellung sind. Ansonsten würde die Kufen AG Verlust machen. Die Vertriebsgesellschaft kann nur bei einem Verrechnungspreis von höchstens 70 €/Stück und der Menge von 10.000 Stück ihre Fixkosten decken und damit einen Verlust vermeiden. Das Intervall liegt damit zwischen 60 € - 70 €/ Stück.

c) Da 100.000 Stück am „alten" Markt (Deutschland, Österreich, Schweiz) zu einem höheren Preis verkauft werden, verbleiben für den tschechischen Markt lediglich 6.000 Stück.

Gewinn = 6.000 Stück • Preis/Stück - 6.000 Stück • variable Kosten/Stück - Fixkosten

6.000 • 80 € - 6.000 • 60 € - 100.000 € = 20.000 €

Es verbleibt ein zusätzlicher Gewinn von 20.000 €.

d) Ab welcher Menge werden die Fixkosten der Tochtergesellschaft in Tschechien nicht mehr gedeckt und der Gewinn ist null:

Menge • (Preis - variable Kosten pro Stück) - Fixkosten = 0

$X \cdot (80 € - 60 €) - 100.000 € = 0$

$20 X - 100.000 € = 0$

$X = 5.000$ Stück

Lösung zu 151: Aufgabe Verrechnungspreise – Beispiel: Bleche

a) - c)

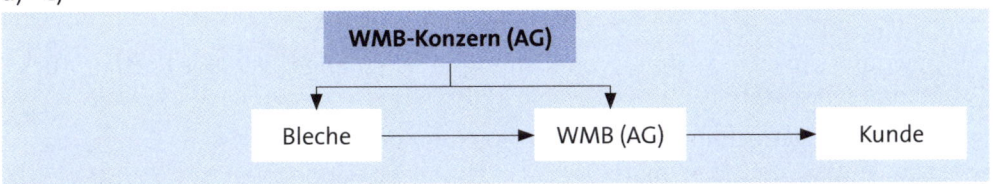

Werte in €	Bleche		WMB
Stückzahl	200.000		200.000
Transportkosten/Stück			50
var. Kosten/Stück	3.500		7.950
Fixkosten	100.000.000		800.000.000
Fixkosten/Stück	500		4.000
Verkaufspreis/Stück netto			20.000
Steuersatz	20 %		30 %
Lösung			
Intervall		4.000 < VP < 8.000	bei dem keiner Verlust macht
VP opt. 8.000			dann bleibt in dem Land mit dem niedrigeren Steuersatz möglichst viel Gewinn, ohne dass der Andere Verlust macht
Gewinn vor Steuer	800.000.000		0
Steuer	160.000.000		0
Gewinn nach Steuer	640.000.000		0
Steuerbelastung gesamt		160.000.000	
VP 5.000			
Gewinn vor Steuer	200.000.000		600.000.000
Steuer	40.000.000		180.000.000
Gewinn nach Steuer	160.000.000		420.000.000
Steuerbelastung gesamt		220.000.000	
Steuerersparnis bei optimalem Preis		-60.000.000	

d)

in T€	Preis (€/Stk.)	Menge (Stk.)	Umsatz Konzern	Kosten Bleche	Umsatz Bleche	Gewinn Bleche	Kosten WMB Montage	Gewinn Montage	Gewinn Konzern
Alternative A	20	200	4.000.000	800.000	1.000.000	200.000	3.400.000	600.000	800.000
Alternative B	19	220	4.180.000	870.000	1.100.000	230.000	3.660.000	520.000	750.000

	Preis · Menge		VP · Menge	Umsatz - Kosten		Umsatz Konzern - Kosten Montage
		Fixkosten + var. Kosten				Gewinn Bleche + Gewinn WMB
				Fixkosten + Var. Kosten + VP · Menge		

Lösung zu 152: Verrechnungspreise – Beispiel: Vorprodukte Österreich

a) **Mindestpreis von Gesellschaft A:** (damit diese keinen Verlust macht)

Gewinn = 0

Gewinn = Umsatz - Kosten = Verrechnungspreis • Menge - variable Kosten/Stück • Menge - Fixkosten

200.000 € • Verrechnungspreis = 150.000 € + 2.000.000 €

Verrechnungspreis = 10,75 €

Höchstpreis von Gesellschaft B: (damit diese keinen Verlust macht)

Gewinn = 0

Gewinn = Umsatz - Kosten = Verkaufspreis • Menge - variable Kosten/Stück • Menge - Verrechnungspreis • Menge - Fixkosten

200.000 • 50 = 200.000 + 200.000 • 6 + 200.000 • Verkaufspreis

10.000.000 = 1.400.000 + 200.000 • Verkaufspreis

Verrechnungspreis = 8.600.000 : 200.000 = 43 €

b)

Verkaufs-preis (€)	Menge	Umsatz Konzern (€)	Kosten Konzern (€)	Gewinn Konzern (€)	Gewinn A (€)
50	200.000	10.000.000	3.550.000	6.450.000	2.850.000
55	180.000	9.900.000	3.230.000	6.670.000	2.550.000
60	150.000	9.000.000	2.750.000	6.250.000	2.100.000

Verkaufspreis • Menge   Umsatz - Kosten   VP = 25

K = 350.000 + 16 • Menge   G = 25 • x - 10 • x - 150.000

c) Verrechnungspreis (VP) =

Optimaler Verrechnungspreis = 43 €
Steuer bei Verrechnungspreis = 25 €
Optimaler Verrechnungspreis = 43 € (wg. dem niedrigen Steuersatz bei A)

Steuer A	570.000 €	1.290.000 €	
Steuer B	1.440.000 €	0 €	
Gesamtsteuer	2.010.000 €	1.290.000 €	Ersparnis: 720.000 €

Beim optimalen Verrechnungspreis von 43 € ist der:

Gewinn A   6.450.000 €
Gewinn B   0 €

Probe: G = 200.000 • 43 - 150.000 - 10 • 200.000 = 6.450.000 €

Der Gewinn von B ergibt sich aus Gewinn Konzern - Gewinn A.

Bei einem Verkaufspreis von 43 € macht B keinen Gewinn mehr.

Lösung zu 153: Verrechnungspreise – Beispiel: Motoren

a) Da Flot den niedrigeren Steuersatz hat, wird der mögliche Verrechnungspreis von 2.000 €/Stück gewählt.

b) Gewinn M:

2.000 €/Stück (Verrechnungspreis) - 2.000 €/Stück (Selbstkosten) = 0 €/Stück

Steuern: 0

Gewinn Flot: 10.000 €/Stück (Verkaufspreis) - 7.000 €/Stück (Kosten) = 3.000 €/Stück

3.000 €/Stück · 200.000 Stück = 600 Mio. €

Steuern: 600 Mio. € · 25 % = 150 Mio. €

Gesamtsteuerbelastung: 150 Mio. €

c) Steuern bei einem Verrechnungspreis von 2.500 €:

Gewinn M: 2.500 €/Stück (VP) - 2.000 €/Stück (SK) = 500 €/Stück

500 €/Stück · 200.000 Stück = 100 Mio. €

Steuern: 100 Mio. € · 30 % = 30 Mio. €

Gewinn Flot: 10.000 €/Stück (Verkaufspreis) - 2.500 €/Stück (VP) - 5.000 €/Stück (Kosten) = 2.500 €/Stück

2.500 €/Stück · 200.000 Stück = 500 Mio. €

Steuern: 500 Mio. € · 25 % = 125 Mio. €

Gesamtsteuerbelastung: 155 Mio. €

Lösung zu 154: Shared Service Center und Verrechnung

Definition Shared Service Center:
Zentralisierung (Zusammenfassen) von gleichartigen Dienstleistungsprozessen einer Organisation für mehrere

- Gesellschaften eines Landes oder mehrerer Länder
- Standorte
- Bereiche wie z. B. Produktion, Verwaltung, Holding, Vertrieb, Beschaffung
- Shared Service Center = Anbieter
- in Anspruch nehmender Bereich = Kunde

Vorteile/Zwecke:

1. Synergien
2. Kosteneinsparungen
3. Aufbau von Kompetenzcentern
4. Zwang zu unternehmerischen Handeln
5. Kostentransparenz für alle Beteiligten

Schwierigkeiten:

1. räumliche Entfernung der Kunden

2. verschiedene EDV-Systeme

3. unterschiedliche Prozesse: Vertrieb, Produktion erfordern andere Prozesse

4. unterschiedliche Länder mit unterschiedlicher Gesetzgebung, z. B. bei Jahresabschlüssen und Steuervorschriften, wenn die Bereiche (Kunden des Service Centers) international sind

5. fehlende Kundennähe, Abstimmungsaufwand, da die Kunden des Service Centers oft räumlich entfernt liegen

6. verursachungsgerechte Kostenverteilung auf die Kunden

Verrechnung der durchgeführten Leistungen:

1. reine Kostenverrechnung über Schlüssel oder Bezugsgrößen, zu denen die Kosten des Shared Service Centers proportional anfallen

   Nachteile:

   - steuerlich nur anerkannt, wenn Service Center nur für ein Land tätig ist

   - kein Anreiz zur Kosteneinsparung

   - Planungsunsicherheit bei empfangender Einheit

2. Verrechnung von festgelegten Sätzen pro Leistungseinheit = feste Verrechnungssätze

   Vorteile:

   - Service Center kann Gewinn und Verlust machen

   - Anreiz zur Verbesserung im Service Center

   - Planungssicherheit und Nachvollziehbarkeit für empfangende Leistungseinheit anhand Inanspruchnahme und Verrechnungssatz

Ziel: Möglichst verursachungsgerechte Verrechnung von Leistungen. Verrechnung sollte aber auch einfach zu handhaben und nachzuvollziehen sein.

Ergebnis: Am besten ist nicht die Verteilung der Kosten über Schlüssel oder Bezugsgrößen, sondern die Verwendung eines allgemeingültigen, festen Verrechnungssatzes pro Leistungseinheit, der den Hauptzweck des Service Centers darstellt.

3.9 Risk Management

Lösung zu 155: Risikomanagementprozess

Vier Phasen des Risikomanagementprozesses:

- ▶ Identifikation von Risiken (Erfassung und Gliederung)
- ▶ Bewertung/Messung von Risiken (Analysephase)
- ▶ Steuerung vom Risiken (Maßnahmen und Steuerungsinstrumente)
- ▶ Controlling, Monitoring, Dokumentation und Reporting

Lösung zu 156: Risikoarten

Leistungswirtschaftliche Risiken

- ▶ Betriebsrisiken
  - interne Betriebsrisiken
    - · Personen (Betrug, Diebstahl, Geheimnisverrat, Ausfall eines wichtigen Mitarbeiters, Weggang zur Konkurrenz, mangelnde Qualifizierung, Knowhow-Verlust)
    - · Prozesse (Produktfehler, Rückruf, wichtige Maschine fällt langfristig aus)
    - · Systeme (Viren, Datensicherheit, Ausfall Hard- und Software)
  - externe Betriebsrisiken (Naturrisiken wie Erdbeben, Überschwemmungen, Rechtsrisiken, Gesetzesänderungen, politische Umwälzungen, Betrug)
- ▶ Marktrisiken
  - **Beschaffungsrisiken (Ausfall Lieferant, nicht Verfügbarkeit von Einsatzstoffen)**
  - **Absatzrisiken (Kunde fällt weg, neue Konkurrenten)**

Finanzwirtschaftliche Risiken

- ▶ Anlagerisiken
- ▶ Überschuldung
- ▶ Kreditrisiken
- ▶ Ausfallrisiken
- ▶ Liquiditätsrisiken

Lösung zu 157: Risikostrategien

Risikovermeidung
Eine vollständige Vermeidung von Risiken ist nicht Ziel des Risikomanagements und kann nur erreicht werden, indem man die risikobehaftete Aktivität unterlässt, wodurch aber gleichzeitig auch Chancen wegfallen. Sinnvoll ist dies nur bei bestandsgefährdenden Risiken.

Risikoverminderung
Die Verminderung von Risiken setzt darauf, Risikopotenziale nicht — wie bei der Risikovermeidung — auszuschließen, sondern auf ein akzeptables Maß zu reduzieren.

Risikobegrenzung

Die Risikobegrenzung gliedert sich auf in zwei Teilbereiche: die Risikostreuung und die Risikolimitierung. Bei der Risikostreuung wird das Risiko auf verschiedene Möglichkeiten verteilt, wodurch die Wahrscheinlichkeit, dass alle Risiken gleichzeitig auftreten, reduziert wird. Bei der Risikolimitierung werden Obergrenzen für das Eintreten der Risiken definiert.

Risikoüberwälzung

Bei der Risikoüberwälzung wird das Risiko durch faktische oder vertragliche, teilweise oder völlige Überwälzung an Dritte übertragen. Die Übertragung steht in Verbindung mit einem zusätzlichen Geschäft, das das Risiko vollständig oder zu wesentlichen Teilen an Dritte weitergibt. Das Risiko wird hierbei nicht beseitigt, sondern wechselt den Risikoträger. Unterschieden werden kann zwischen der Überwälzung auf Versicherungsunternehmen und auf Vertragspartner.

Risikoakzeptanz

Die Verminderung, Begrenzung und Überwälzung von Risiken kann diese nicht vollständig ausschließen. Das verbleibende Restrisiko muss das Unternehmen akzeptieren und selbst tragen. Die Akzeptanz von Risiken sollte dann gewählt werden, wenn die vorstehend beschriebenen Wege in keiner positiven Aufwand-Nutzen-Relation stehen würden, d. h. die Eintrittswahrscheinlichkeit sehr gering oder die Überwälzung zu teuer ist. Die Risiken sollten aber dennoch dauerhaft und regelmäßig beobachtet werden.

Insgesamt können mehrere Steuerungsmaßnahmen auch gleichzeitig eintreten. Beispielsweise kann ein Risiko limitiert werden und nach dem Limit überwälzt werden wie bei einer Versicherung mit Selbstbeteiligung.

Lösung zu 158: Konkrete Maßnahmen für Strategien

Risikovermeidung	Risikoakzeptanz	Risikoverminderung
Verzicht auf Investition	Krieg	Wahrscheinlichkeit des Eintritts herabsenken durch Sicherungsmaßnahme (z. B. Anschaffung einer zweiten Maschine)
Verzicht auf Internationalisierung	Erdbeben	Höhe des Risikos herabsetzen durch Begrenzungsfaktoren (Lieferlimit bei überschreiten offener Posten)
Verzicht auf neue Kunden durch Strategieänderung	Konjunktureinbruch	neue Arbeitssicherheitsmaßnahmen gegen das Unfallrisiko
Verzicht auf neue Produkte, deren Erfolg unsicher ist		

Risikobegrenzung	Risikoüberwälzung
Limits für Forderungen, ab denen nicht mehr geliefert wird	Versicherungen abschließen
Versicherung mit Selbstbeteiligung	Gefahrenübergang bei Lieferungen ex works
Kursabsicherung	Ausgliederung von Funktionen (Make-or-Buy)
	Leasing
	Factoring bei Forderungen

Beispielhafte Kategorisierung von Risikosteuerungsinstrumenten
Quelle: *Reichmann (2014, S. 636)*

Lösung zu 159: Sarbanes Oxley Act

Allgemeines:

► Reaktion auf die Bilanzskandale von Emron und Worldcom zur Jahrtausendwende

► US-Bundesgesetz über Berichterstattung, Verantwortlichkeiten und Aufsichtsprozesse von Unternehmen

► Ziel des Gesetzes ist es, das Vertrauen der Anleger in die Richtigkeit und Verlässlichkeit der veröffentlichten Daten von Unternehmen wiederherzustellen.

► Das Gesetz gilt für US-amerikanische und ausländische Unternehmen, deren Wertpapiere an US-Börsen (National Securities Exchanges) gehandelt werden, deren Wert-

papiere mit Eigenkapitalcharakter (Equity Securities) in den USA außerbörslich gehandelt werden oder deren Wertpapiere in den USA öffentlich angeboten werden
(Public Offering) sowie für deren Tochterunternehmen.

Bestandteile:

► **Persönliche Haftung**
CEO/CFO haften für Richtigkeit der Quartals- und Jahresberichte.

► **Bildung eines Audit-Commitee = PCAOB**
Ernennung und Überwachung der Unternehmen durch unabhängige Wirtschaftsprüfer (die nicht gleichzeitig einen Beraterauftrag haben dürfen)

► **Einrichtung der Public Company Accounting Oversight Board (PCAOB)**
Bildung einer Non-Profit Gesellschaft zur Überwachung der Wirtschaftsprüfer

► **Sicherung der Unabhängigkeit der Wirtschaftsprüfer**
keine Revisionen, Unternehmensberatung, Rechtsberatung, Finanzdienstleistungen

► **SEC Security and Exchange Commission =**
Amerikanische Börsenaufsicht, bei der die Jahresabschlüsse der Unternehmen einge-
reicht werden müssen

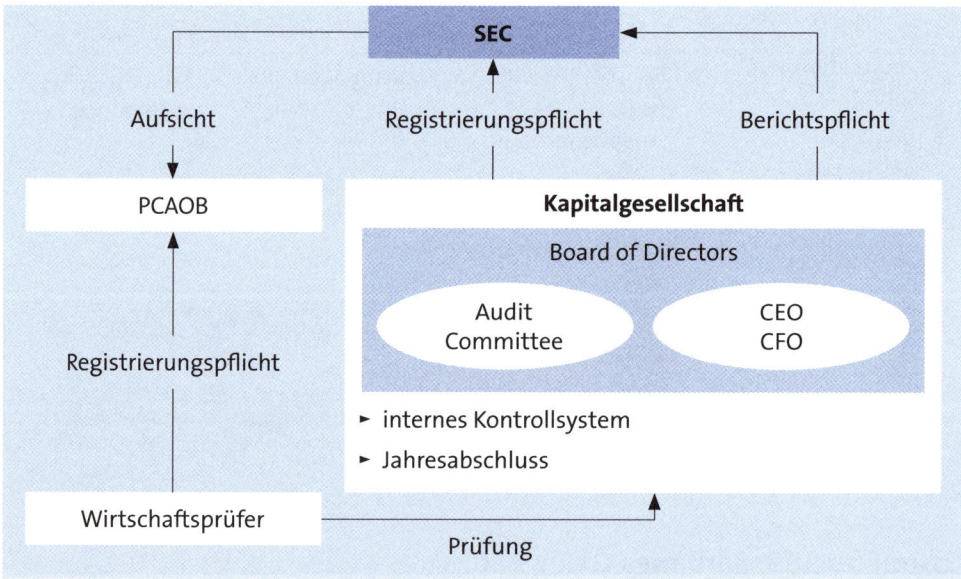

Quelle: in Anlehnung an *Dietrichs (2004, S. 301)*

Lösung zu 160: Compliance und Sanktionen

Drei Beispiele für Compliance relevante Tatbestände und mögliche Sanktionen:

► **Korruption**
Regelwidrige Zuwendung von Vorteilen. Zur Korruption gehören stets eine Person, die
besticht, und eine Person, die sich bestechen lässt. Beide machen sich strafbar.

► **Produkthaftung**
Hersteller haften für Sachbeschädigungen, Personenschäden und Körperverletzungen als Folge von Produktfehlern. Verhinderung durch Qualitätsmanagement und ggf. Rückrufaktionen der Produkte.

► **Wettbewerbsrecht/Kartellrecht**
Absprachen etwa von Preisen oder sonstige Vereinbarungen zur Ausschaltung des Wettbewerbs sind verboten und können zu erheblichen Sanktionen in Form von Geldbußen und Strafen führen.

► **Geldwäsche**
Geldwäsche bedeutet, Gelder aus kriminellen Geschäften durch erlaubte Folgetransaktionen zu legalisieren und damit die Herkunft des Geldes zu verschleiern. Bei Finanztransaktionen ist vorgeschrieben, sich über die Identität von Geschäftspartnern zu vergewissern.

► **Diskriminierungsverbot**
Alle Unternehmen sind dazu verpflichtet, ihre Mitarbeiterinnen und Mitarbeiter vor Ungleichbehandlungen und Benachteiligungen zu schützen. Hautfarbe, Geschlecht und Religion dürfen nicht zu Ungleichbehandlungen führen.

Mögliche Folgen für das Unternehmen:

► Geldbußen, Strafen

► Abschöpfung des durch den Rechtsverstoß erlangten Gewinns

► Umsatzeinbußen durch Auftragssperre oder Kundenverlust

► Schadensersatzverpflichtungen, z. B. gegenüber Kunden oder Wettbewerbern

► Belastung des Geschäftsbetriebs durch Durchsuchungen, Beschlagnahmungen, Zeugenaussagen

► Widerruf von behördlichen Genehmigungen, bis hin zur behördlichen Einstellung des Geschäftsbetriebs

► Rufschädigung des Unternehmens

Mögliche Folgen für den Mitarbeiter:

► Geldbußen, Strafen

► Freiheits- und Geldstrafen

► zivilrechtliche Schadensersatzpflicht

► Verlust des Arbeitsplatzes

► persönliche Rufschädigung

3.10 Gründung versus Akquisition

3.10.1 Internationalisierung

Lösung zu 161: Internationalisierungsstrategien

	Globale Strategie	Transnationale Strategie
hoch	**Globale Strategie** ► Weltweite Vereinheitlichung der Produkte und Prozesse ► Sehr hoher Standardisierungsgrad im Controlling	**Transnationale Strategie** ► „Mischstrategie" lokaler Anpassung und globaler Standardisierung ► Niedriger Standardisierungsgrad im Controlling
niedrig	**Internationale Strategie** ► Geringe Auslandtätigkeit, zumeist nur Export ► Hoher Standardisierungsgrad im Controlling	**Multinationale Strategie** ► Differenziertes Leistungsangebot mit nationalen Anpassungen ► Sehr niedriger Standardisierungsgrad im Controlling

(Vertikale Achse: Globalisierungs- bzw. Standardisierungsgrad)

niedrig	hoch

Lokalisierungs- bzw. Differenzierungsvorteile

Quelle: *Hoffjan (2009, S. 283)*

Lösung zu 162: Besonderheiten internationaler Unternehmungen

a) Besonderheiten in internationalen Unternehmungen:

- ► Sprache
- ► kulturelle Unterschiede
- ► unterschiedliche Methoden (betriebswirtschaftliche Methoden in manchen Ländern nicht üblich oder bekannt)
- ► eigene Unternehmenskultur
- ► Gesetzgebungen in den jeweiligen Ländern müssen bekannt sein
- ► Traditionen
- ► Religion (unterschiedliche Religionen führen zu unterschiedlichen Sitten)

b) Auswirkungen

- ► kulturübergreifende Vision, Mission, Leitsätze
- ► Handbuch
- ► Mindeststandards für bestimmte Themen (Berichtswesen)
- ► Verrechnungspreise
- ► Internet als Plattform
- ► Konzernsprache
- ► Konzernabschluss
- ► Berücksichtigung nationaler gesetzlicher Regelungen
- ► Preisdifferenzierung (Aufbau neuer regionaler Märkte)
- ► internationaler (weltweiter) Handel
- ► Einsatz von Distributeuren in kleinen Ländern oder eigene Vertriebsgesellschaften oder Kooperationen
- ► weltweite Produktionsstandorte
- ► Make-or-Buy-Entscheidungen weltweit unter Berücksichtigung von Kosten- und Standortvorteilen sowie Logistikkosten
- ► eventuell Preisdifferenzierungsstrategie notwendig

Lösung zu 163: Rahmenbedingungen für internationale Unternehmungen

Politisch-rechtliche Rahmenbedingungen

- ► politische Stabilität
- ► wirtschaftliche Regelungen
- ► Zoll- und Investitionspolitik

Ökonomische Rahmenbedingungen

- ► Einkommensentwicklung und Lebenshaltungskosten
- ► Wettbewerbsintensität
- ► Faktorpreise und Produktivität
- ► Ausbildungsstand der Mitarbeiter
- ► Inflations- und Währungsentwicklung
- ► Rohstoffe
- ► Infrastruktur

Soziokulturelle Rahmenbedingungen

- nationenspezifische Normen
- Verhaltensregeln
- Sitten und Gebräuche
- Sprache

Lösung zu 164: Möglichkeiten der Internationalisierung

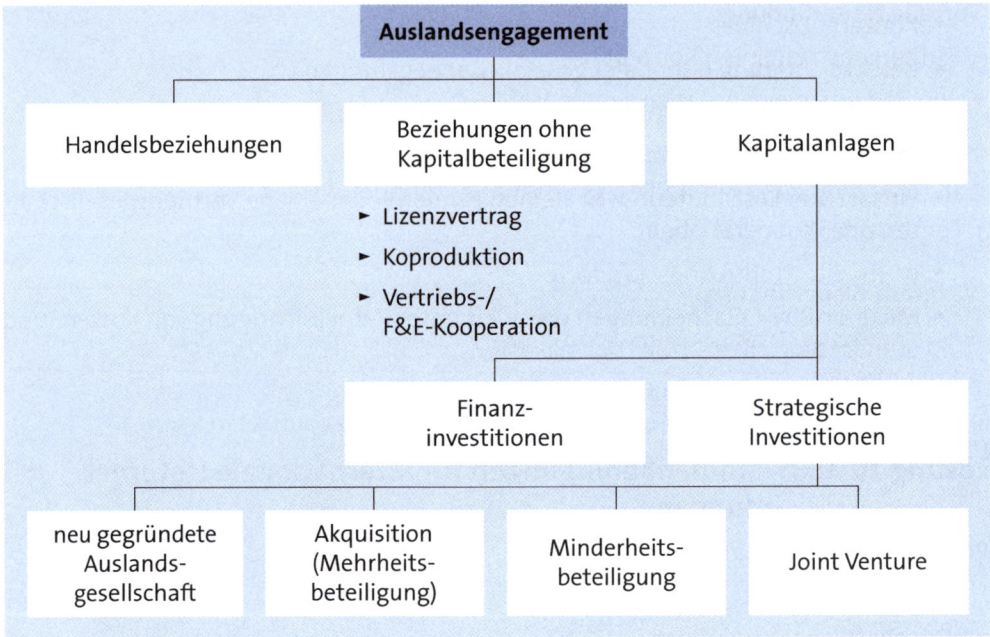

Lösung zu 165: Aufgaben bei Neugründung

- Standortwahl
- Geschäftsführung
- Gesellschaftsform
- Kapitalausstattung
- Kauf/Miete
- Personal
- Anmeldungen (Handelsregistereintragung etc.)
- Briefkopf/Logo
- EDV-System
- Buchhaltungssystem
- Werbung

- Personaleinstellung
- Erstausstattung (Büro- und Geschäftsausstattung, Produktionsmittel)
- Kapitaleinlage
- Geschäftsplan
- Kontakte mit Lieferanten/Distributeuren/Handel etc.

Lösung zu 166: Neugründung versus Akquisition

Vorteile Neugründung:

- Aufbau nach eigenem Konzept
- von Beginn an eigene Unternehmenskultur
- keine Altlasten
- hohe Bindung und Identifikation seitens der Mitarbeiter
- tendenziell kostengünstiger

Nachteile Neugründung:

- zunächst Markterschließung notwendig
- hohes Risiko
- größerer Zeitaufwand, bis das Unternehmen am Markt auftreten kann
- schwieriger Neueintritt auf dem Markt
- Kultur und Traditionen des Landes nicht unbedingt bekannt

Vorteile Akquisition:

- kurzfristiger, schneller Marktzugang
- aktuell funktionierendes System
- erschlossene Märkte
  - **Stand/Image**
  - **Kunden und Vertriebsstrukturen**
  - **Ansprechpartner**
  - **Marktkenntnisse vorhanden**
- geringerer Wettbewerbsdruck
- Kultur und Traditionen des Landes bekannt

Nachteile Akquisition:

- „gekauft wie gesehen"
- Infrastruktur muss übernommen werden, auch wenn nicht optimal
- eventuell Altlasten

- eigene EDV eventuell nicht kompatibel
- eigene Unternehmenskultur vorhanden
- tendenziell teurer

3.10.2 Ablauf Akquisition

Lösung zu 167: Prozessablauf einer Akquisition

- Auswahl geeigneter Kandidaten
- erste Kontakte
- Letter of Intent (Absichtserklärung)
- erste Unterlagen
- Übernahmeverhandlung
- Vertragsgestaltung und Kaufpreisfestlegung
- Vertragsunterzeichnung
- Due Diligence-Prüfung (sorgfältig durchgeführte Risikoprüfung)
- Closing (Vertrag wird endgültig abgeschlossen)
- Integrationsphase

Lösung zu 168: Share Deal versus Asset Deal

- In den meisten Fällen vollzieht sich eine Unternehmensübernahme im Wege des Unternehmenskaufs, d. h. ein Unternehmen erwirbt eine Mehrheit der Anteile an einem anderen Unternehmen. Dies wird auch als **Share Deal** bezeichnet. Der Unternehmenskauf kann durch eine feindliche oder freundliche Übernahme erfolgen. In erstem Fall übernimmt ein Unternehmen ein anderes Unternehmen ohne dessen Zustimmung, z. B. durch Erwerb der Mehrheit der Unternehmensaktien

- Des Weiteren gibt es den **Asset Deal**, bei dem sämtliche oder wesentliche Teile der Vermögensgegenstände (engl.: Assets) eines Unternehmens erworben werden. Ein Asset Deal erfolgt normalerweise als freundliche Übernahme, d. h. Käufer und Verkäufer verhandeln gemeinsam die Übernahmemodalitäten sowie den Kaufpreis und gestalten die Verträge. Ein derivativer Firmenwert entsteht nur beim Asset Deal.

Lösung zu 169: Probleme der Integrationsphase

Schwierigkeiten/Probleme nach der Akquisition in der Integrationsphase:

- Geschäftsplan zu optimistisch
- Erwartungen waren zu hoch
- eigene (andere) Unternehmenskultur
- fehlende Daten, die vom Käufer benötigt werden
- Systeme nicht kompatibel

- Umsatz und Kunden fallen weg
- Kosten höher als erwartet
- Know-how springt ab (Mitarbeiterfluktuation)
- Controllingaufwand höher als gedacht
- Verträge undurchsichtig
- Patente erfüllen nicht die Erwartungen
- Betriebs- und Geschäftsausstattung erweist sich als marode

3.10.3 Derivativer Firmenwert

Lösung zu 170: Entstehung und bilanzielle Behandlung des Firmenwerts

a) Es gibt den originären und den derivativen Firmenwert.

Originärer Firmenwert:

- wird im Unternehmen selbst geschaffen
- entspricht dem Wert des eigenen Unternehmens
- keine identifizierbare Ressource (d. h. weder separierbar noch aus vertraglichen oder gesetzlichen Rechten entstanden)
- zudem: keine verlässliche Bewertung (Reliable Measurement)
  - → Aktivierungsverbot

Derivativer Firmenwert:

- entsteht beim Kauf eines Unternehmens
- nur bei Asset Deal
- Käufer zahlt mehr als er laut offizieller Bilanz bekommt
- derivativer (erworbener) Geschäftswert

  = Kaufpreis - Zeitwert des Eigenkapitals

  = Kaufpreis - (Summe der Zeitwerte übernommener bilanzierungsfähiger Vermögensgegenstände abzüglich Schulden)
- Asset-Definition und Ansatzvoraussetzungen erfüllt
  - → Aktivierungspflicht nach HGB und IFRS

b) Gründe dafür, dass bei einer Akquisition der Käufer bereit ist, mehr zu bezahlen als den Wert des Eigenkapitals des zu kaufenden Unternehmens (= derivativer Firmenwert):

- Das Sachanlagevermögen ist unterbewertet, insbesondere alte Grundstücke und Gebäude.
- Die Lizenzen sind unterbewertet, ebenso die Patente (nur mit den Entwicklungskosten angesetzt, eventuell noch zur Herstellkostenuntergrenze).
- Die selbsterstellten Patente sind gar nicht bilanziert.

- Die Erzeugnisse sind nur mit der Herstellungskostenuntergrenze angesetzt.
- Die Rückstellungen sind zu hoch bewertet (insbesondere Garantien).
- Die Maschinen sind bereits abgeschrieben.
- In der Entwicklung befindliche Projekte sind noch gar nicht in der Bilanz berücksichtigt.
- Das Image, der eigene Unternehmenswert und die eigene Marke dürfen nicht ausgewiesen werden.
- Eigene Kundenlisten dürfen nicht bilanziert werden.
- Das Know-how der Mitarbeiter und des Managements sind nicht erfasst.
- Der Auftragsbestand wurde nicht berücksichtigt.
- Abnahmeverträge und weitere Verträge wurden nicht gezeigt.
- Standortfaktoren sind nicht Teil der Bilanz.

Standortfaktoren:

- Verkehrsanbindung an:
  - Bahn
  - Flughafen
  - Schifffahrt
  - Autobahnen
- Mitarbeiter und Fachkräfteverfügbarkeit
- Attraktivität des Standortes für Mitarbeiter
  - Freizeit, Geselligkeit (Nachtleben, Kneipen, Restaurants, Bundesligavereine)
  - Kulturangebot (Veranstaltungen, Museen etc.)
  - Bildung
  - Einkaufsmöglichkeiten
  - Sportangebot
  - Landschaftsattraktivität
  - Preise
- Nähe zu
  - Kunden
  - Lieferanten
  - Rohstoffen
  - Forschungseinrichtungen (Hochschulen, Forschungsinstitute)
- Mieten, Grundstückspreise
- Lohnniveau
- Wettbewerber vor Ort

c) Bilanzielle Behandlung eines Firmenwertes

Erstbewertung: Der derivative Firmenwert stellt eigentlich keinen Vermögensgegenstand dar. Jedoch gilt nach § 246 Abs. 1 S. 4 HGB ein derivativer Firmenwert als Vermögensgegenstands-Fiktion und damit als zeitlich begrenzt nutzbarer Vermögensgegenstand. Nach HGB und IRFS ergibt sich damit eine Aktivierungspflicht.

Folgebewertung:

HGB:

► planmäßige Abschreibung über voraussichtliche Nutzungsdauer (bei einer Nutzungsdauer von mehr als fünf Jahren ist eine Begründung im Anhang erforderlich – siehe § 285 Nr. 13 HGB)

► außerplanmäßige Abschreibung bei voraussichtlich dauernder Wertminderung

► Wertaufholungsverbot nach § 253 Abs. 5 S. 2 HGB

► Grund: Wertaufholung würde ggf. Aktivierung eines selbst geschaffenen Geschäfts-/Firmenwerts darstellen, die jedoch verboten ist.

IFRS:

► planmäßige Abschreibung: keine

► außerplanmäßige Abschreibung: vorzunehmen, wenn die jährlich durchzuführende spezielle Werthaltigkeitsprüfung (Impairment-Test) eine Wertminderung ergibt

Lösung zu 171: Derivativer Firmenwert – Beispiel: Softeis AG

a) Geschäfts- oder Firmenwert:

Der derivative Geschäfts- oder Firmenwert ist rechnerisch die positive Differenz zwischen Kaufpreis und Zeitwert des Nettovermögens (= Vermögensgegenstände - Schulden):

1.500.000 € - (1.800.000 € - 900.000 €) = 600.000 €

b) Behandlung des erworbenen Firmenwertes im Jahresabschluss nach HGB und IFRS:

Der im Rahmen eines Unternehmenskaufes erworbene (derivative) Geschäfts- oder Firmenwert ist gemäß § 246 Abs. 1 S. 4 HGB zu aktivieren und nach § 253 HGB planmäßig abzuschreiben – laut HGB normalerweise fünf Jahre, d. h. in diesem Fall 120.000 €/Jahr und 60.000 €/Halbjahr. Nach IFRS gilt ein Abschreibungsverbot.

c) Sowohl im Jahresabschluss nach HGB als auch im Jahresabschluss nach IFRS ist eine außerplanmäßige Afa auf 200.000 € vorzunehmen.

Lösung zu 172: Derivativer Firmenwert – Beispiel: Nixneahnung KG

a)

AKTIVA	Nixneahnung KG		PASSIVA	
	in Mio. €			in Mio. €
Lizenzen	1	EK		21,5
Grundstücke	3			
Gebäude	4			
Maschinen	8	Pensionsücksتellungen	5	
Fuhrpark/BuG	0,5	Rückstellungen für		
		Gewährleistung	1,2	
RHB	1			
UE/FE	0,8	Verbindlichkeiten ggü.		
Forderungen	1,5	Kreditinstituten	3	
Kasse	4	Verbindlichkeiten aus LuL	2,1	
Bank	9			
Summe	32,8	Summe	11,3	32,8

AKTIVA	Ruckzuckbischhi OHG		PASSIVA	
	in Mio. €			in Mio. €
Patente	1,3	EK		6,5
Grundstücke	2			
Gebäude	1,4			
Maschinen	3	Rückstellungen für		
BuG	0,2	Gewährleistung	1,5	
Vorräte	0,6	Verbindlichkeiten ggü.		
Forderungen	1	Kreditinstituten	1	
Kasse	0,2	Verbindlichkeiten aus LuL	0,7	
Summe	9,7	Summe	3,2	9,7

b) Derivativer Firmenwert = Kaufpreis - Vermögensgegenstände + Schulden

oder

Kaufpreis - Eigenkapital

Derivativer Firmenwert = 12 Mio. € - 9,7 Mio. € + 3,2 Mio. € = 5,5 Mio. €

Der Käufer ist bereit, als Kaufpreis 5,5 Mio. € mehr zu entrichten als der Wert der Vermögensgegenstände abzüglich der Schulden der offiziellen Bilanz. Dies liegt daran, dass in der offiziellen Bilanz aufgrund des Vorsichtsprinzips und des Anschaffungskostenprinzips Vermögensgegenstände eher unterbewertet und Schulden eher überbewertet sind. Ferner sind durch gesetzlich geregelte Aktivierungsverbote oder Wahlrechte bestimmte Vermögensgegenstände gar nicht ausgewiesen (z. B. selbst erstellte Patente, Know-how, Standortvorteile, Kundenlisten, eigene Marke).

c)

AKTIVA		Nixneahnung KG neu		PASSIVA
	in Mio. €			in Mio. €
Lizenzen/Patente	2,3	EK		21,5
Firmenwert	5,5			
Grundstücke	5			
Gebäude	5,4	Pensionsrückstellungen	5	
Maschinen	11	Rückstellungen für		
Fuhrpark/BuG	0,7	Gewährleistung	2,7	
Vorräte	2,4	Verbindlichkeiten ggü.		
Forderungen	2,5	Kreditinstituten	4	
Kasse	0,2	Verbindlichkeiten aus LuL	2,8	
Bank	1			
Summe	36	Summe	14,5	36

Basis für die neue, konsolidierte Bilanz nach Kauf ist die alte Bilanz der Nixneahnung KG.

Aus deren Kasse oder von deren Bankkonto ist der Kaufpreis zu entrichten. Daher wird aus der Summe von Kasse und Bank der beiden alten Bilanzen noch der Kaufpreis abgezogen. Sind nicht genügend flüssige Mittel vorhanden, muss ein Kredit aufgenommen werden.

Danach werden die Vermögensgegenstände und Schulden der Ruckzuckbischhi OHG dazugerechnet. Der Firmenwert erscheint im Anlagevermögen bei den immateriellen Vermögensgegenständen. Die neue Bilanzsumme kann nun ermittelt werden, wobei das Eigenkapital so hoch sein muss wie vor dem Kauf.

Lösung zu 173: Derivativer Firmenwert – Beispiel: Plastik KG

a)

AKTIVA		Plastik KG		PASSIVA
	in Mio. €			in Mio. €
Lizenzen	2	EK		18,5
Grundstücke	4			
Gebäude	3			
Maschinen	5	Pensionsückstellungen	4	
Fuhrpark/BuG	1	Rückstellungen für		
		Gewährleistung	1	
RHB	2			
UE/FE	1	Verbindlichkeiten ggü.		
Forderungen	1,5	Kreditinstituten	3	
Kasse	4	Verbindlichkeiten aus LuL	2	
Bank	5			
Summe	28,5	Summe	10	28,5

AKTIVA	Video OHG		PASSIVA
	in Mio. €		in Mio. €
Patente	3	EK	5
Grundstücke	1		
Gebäude	1		
Maschinen	2	Rückstellungen für	
BuG	0,5	Gewährleistung	1
Vorräte	0,5	Verbindlichkeiten ggü.	
Forderungen	0,5	Kreditinstituten	1,5
Kasse	0	Verbindlichkeiten aus LuL	1
Summe	8,5	Summe	3,5 8,5

b) Derivativer Firmenwert = Kaufpreis - Vermögensgegenstände + Schulden

oder

Kaufpreis - Eigenkapital

Derivativer Firmenwert = 10 Mio. € - 8,5 Mio. € + 3,5 Mio. € = 5 Mio. €

Der Käufer ist bereit, als Kaufpreis 5 Mio. € mehr zu entrichten als der Wert der Vermögensgegenstände abzüglich der Schulden der offiziellen Bilanz. Dies liegt daran, dass in der offiziellen Bilanz aufgrund des Vorsichtsprinzips und des Anschaffungskostenprinzips Vermögensgegenstände eher unterbewertet und Schulden eher überbewertet sind. Ferner sind durch gesetzlich geregelte Aktivierungsverbote oder Wahlrechte bestimmte Vermögensgegenstände gar nicht ausgewiesen (z. B. selbst erstellte Patente, Know-how, Standortvorteile, Kundenlisten, eigene Marke).

c)

AKTIVA	Plastik KG neu		PASSIVA
	in Mio. €		in Mio. €
Lizenzen/Patente	5	EK	18,5
Firmenwert	5		
Grundstücke	5		
Gebäude	4	Pensionsrückstellungen	4
Maschinen	7	Rückstellungen für	
Fuhrpark/BuG	1,5	Gewährleistung	2
Vorräte	3,5	Verbindlichkeiten ggü.	
Forderungen	2	Kreditinstituten	6,5[1]
Kasse	0	Verbindlichkeiten aus LuL	3
Bank	1		
Summe	34	Summe	15,5 34

---

[1] inkl. 2 Mio. € für ein neues Darlehen

Die Bank wäre bereit, ein Darlehen bis zu 2 Mio. € zu finanzieren. Dies bedeutet eine Erhöhung der Verbindlichkeiten gegenüber Kreditinstituten um 2 Mio. € zur Entrichtung des Kaufpreises.

Basis für die neue, konsolidierte Bilanz nach Kauf ist die alte Bilanz der Plastik KG.

Aus deren Kasse oder von deren Bankkonto ist der Kaufpreis zu entrichten. Sind nicht genügend flüssige Mittel vorhanden, muss ein Kredit aufgenommen werden.

Danach werden die Vermögensgegenstände und Schulden der Video OHG dazugerechnet.

Der Firmenwert erscheint im Anlagevermögen bei den immateriellen Vermögensgegenständen. Die neue Bilanzsumme kann nun ermittelt werden, wobei das Eigenkapital so hoch sein muss wie vor dem Kauf.

Lösung zu 174: Derivativer Firmenwert – Beispiel: Pleite GmbH

a)

AKTIVA		Pleite GmbH		PASSIVA
	in Mio. €			in Mio. €
Lizenzen	1,5	EK		23,4
Grundstücke	4			
Gebäude	3			
Maschinen	6	Pensionsückstellungen	4,3	
Fuhrpark/BuG	1	Rückstellungen für		
		Gewährleistung	1,1	
RHB	1,2			
UE/FE	0,6	Verbindlichkeiten ggü.		
Forderungen	1,7	Kreditinstituten	2,5	
Kasse	5,9	Verbindlichkeiten aus LuL	2,3	
Bank	8,7			
Summe	33,6	Summe	10,2	33,6

AKTIVA		Keineverbindung OHG		PASSIVA
	in Mio. €			in Mio. €
Patente	1,6	EK		5,3
Grundstücke	2,8			
Gebäude	1,9			
Maschinen	2,1	Rückstellungen für		
BuG	0,3	Gewährleistung	1,5	
Vorräte	0,7	Verbindlichkeiten ggü.		
Forderungen	0,8	Kreditinstituten	2,5	
Bank	0,3	Verbindlichkeiten aus LuL	1,2	
Summe	10,5	Summe	5,2	10,5

b) Derivativer Firmenwert = Kaufpreis - Vermögensgegenstände + Schulden
$$= 14 \text{ Mio. } € - 10,5 \text{ Mio. } € + 5,2 \text{ Mio. } € = 8,7 \text{ Mio. } €$$
$$= 8,7 \text{ Mio. } €$$

Der Käufer ist bereit, als Kaufpreis 8,7 Mio. € mehr zu entrichten als der Wert der Vermögensgegenstände abzüglich der Schulden der offiziellen Bilanz. Dies liegt daran, dass in der offiziellen Bilanz aufgrund des Vorsichtsprinzips und des Anschaffungskostenprinzips Vermögensgegenstände eher unterbewertet und Schulden eher überbewertet sind. Ferner sind durch gesetzlich geregelte Aktivierungsverbote oder Wahlrechte bestimmte Vermögensgegenstände gar nicht ausgewiesen (z. B. selbst erstellte Patente, Know-how, Standortvorteile, Kundenlisten, eigene Marke).

c)

AKTIVA	Pleite GmbH neu		PASSIVA
	in Mio. €		in Mio. €
Lizenzen/Patente	3,1	EK	23,4
Firmenwert	8,7		
Grundstücke	6,8		
Gebäude	4,9	Pensionsrückstellungen	4,3
Maschinen	8,1	Rückstellungen für	
Fuhrpark/BuG	1,3	Gewährleistung	2,6
Vorräte	2,5	Verbindlichkeiten ggü.	
Forderungen	2,5	Kreditinstituten	5
Kasse		Verbindlichkeiten aus LuL	3,5
Bank	0,9		
Summe	38,8	Summe	15,4 38,8

Basis für die neue, konsolidierte Bilanz nach Kauf ist die alte Bilanz der Pleite GmbH.

Aus deren Kasse oder von deren Bankkonto ist der Kaufpreis zu entrichten. Sind nicht genügend flüssige Mittel vorhanden, muss ein Kredit aufgenommen werden. Danach werden die Vermögensgegenstände und Schulden der Keineverbindung OHG dazugerechnet.

Der Firmenwert erscheint im Anlagevermögen bei den immateriellen Vermögensgegenständen. Die neue Bilanzsumme kann nun ermittelt werden, wobei das Eigenkapital so hoch sein muss wie vor dem Kauf.

3.10.4 Unternehmensbewertungsverfahren

Lösung zu 175: Substanzwert, Ertragswert, Discounted-Cashflow

Die **DCF-Methode** basiert auf den im Rahmen einer Unternehmensplanung ermittelten zukünftigen Zahlungsüberschüssen, dargestellt als Free Cashflow nach Investitionen. Zuweilen wird auch der operative Cashflow herangezogen. Diese Cashflows der jeweiligen Periode werden mithilfe von Kapitalkosten auf den Bewertungsstichtag abgezinst. Dabei werden zu zahlende Steuern, wie die Einkommensteuer, mit in die Bewertung einbezogen. Die Summe der Barwerte inklusive der Anschaffungsauszahlung zum heutigen Zeitpunkt entspricht dem DCF-Wert. Dieser ist nichts anderes als der Kapitalwert der Investition. Normalerweise werden die zukünftigen Zahlungsrückflüsse in zwei Phasen unterteilt: Die erste Phase währt fünf bis zehn Jahre, für die folgende zweite Phase wird eine ewige Rente angesetzt. Die Kapitalkosten werden in der Praxis sehr häufig mithilfe des WACC (Weighted Average Cost of Capital) ermittelt.

Das **Ertragswertverfahren** dient der Ermittlung des Wertes von Renditeobjekten durch Kapitalisierung der Netto-Erträge, die mit diesen Objekten voraussichtlich erwirtschaftet werden, auf den heutigen Zeitpunkt. Der Ertragswert stellt den Barwert der zukünftigen Überschüsse aus Erträgen und Aufwendungen dar. Dazu werden entweder die durchschnittlichen Erträge der Vergangenheit durch den Kapitalisierungszinssatz dividiert (einfache Methode, die aber nur auf Vergangenheitswerten basiert) oder die Erträge eines Geschäftsplanes auf den heutigen Zeitpunkt mithilfe des Kapitalisierungszinssatzes abgezinst (bessere, aber aufwändigere Methode). Wird zusätzlich noch für den Zeitraum nach dem Ende des Geschäftsplanes eine ewige Rente angesetzt, so nähert sich der Ertragswert dem Discounted-Cashflow, soweit Erträge und Free Cashflow sich nicht zu sehr unterscheiden (dies ist dann der Fall, wenn dauerhaft in Höhe der Abschreibungen investiert wird).

Der **Substanzwert** ist ein betriebswirtschaftlicher Begriff aus dem Bereich Unternehmensbewertung. Er bezeichnet einen Wertansatz, der sich hauptsächlich aus der Bilanz ergibt. Dazu werden die Aktiva des Unternehmens anhand von Kriterien wie z. B. deren Marktwert, Wiederbeschaffungswert oder Liquidationswert bewertet. Die Wertsumme der Aktiva wird um Rückstellungen und Verbindlichkeiten vermindert. Zuweilen können auch nicht bilanzierungsfähige Vermögensgegenstände einbezogen werden (Kundenlisten etc.). Unterbewertete Vermögensgegenstände werden durch den Marktwert korrigiert. Jedoch ist der Substanzwert vergangenheitsorientiert und enthält keinerlei Werte, die auf dem Unternehmenserfolg basieren.

Lösung zu 176: Substanzwert – Beispiel: Nixneahnung KG
Substanzwert

AKTIVA	Ruckzuckbischhi OHG		PASSIVA
	in Mio. €		in Mio. €
Patente	2,6	EK	12,4
Grundstücke	3,0		
Gebäude	3,0		
Maschinen	3,0	Rückstellungen für	
BuG	0,2	Gewährleistung	2,0
Vorräte	0,6	Verbindlichkeiten ggü.	
Forderungen	0,5	Kreditinstituten	1,0
Kasse	0,2	Verbindlichkeiten aus LuL	0,7
Kundenliste	3,0		
Summe	16,1	Summe	3,7 16,1

Der Substanzwert entspricht dem Eigenkapital nach Anpassung der Bilanzpositionen. Er beträgt 12,4 Mio. €

Eine genauere Untersuchung durch den Chefcontroller der Nixneahnung hat ergeben, dass

1. die Patente wohl das doppelte Wert sind und damit **2,6 Mio. €.**

2. der Verkehrswert der Gebäude bei rund 3 Mio. € liegen dürfte, die Grundstücke ebenfalls rund 50 % mehr Wert sein dürften. Das heißt, der Wert der Gebäude sowie der Wert der Grundstücke beträgt **jeweils 3 Mio. €.**

3. die Rückstellungen für Gewährleistungen aufgrund erwarteter Reklamationen eher 0,5 Mio. € zu niedrig sind. Ihr Wert entspricht also rund **2 Mio. €.**

4. die Ruckzuckbischhi einen schnellen Eintritt in den Markt der Tablets erlaubt. Alleine die Kundenliste der Ruckzuckbischhi wird auf einen Wert von rund **3 Mio. €** geschätzt, weitere Verbundeffekte nicht inbegriffen.

5. bei den Forderungen die Gefahr eines Forderungsausfalls in Höhe von 0,5 Mio. € besteht, der wohl noch nicht berücksichtigt wurde. Die neuen Forderungen betragen somit **0,5 Mio. €.** Die neue Bilanzsumme beträgt **16,1 Mio. €** und das Eigenkapital **12,4 Mio. €.**

Lösung zu 177: Cash Zahlungsreihe

Gegeben seien die freien Cashflows eines Unternehmens laut Plan für die Jahre 2014 - 2018:

in T€	2014 IST	2015 vorauss.	2016 Plan	2017 Plan	2018 Plan	
Free Cashflow	1.500	2.000	2.200	2.100	2.000	
2015 abgezinst	1.905					• 1/1,05
2016 abgezinst	1.814					• 1/1,05/1,05
2017 abgezinst	1.814					• 1/1,05/1,05/1,05
2018 abgezinst	1.645					• 1/1,05/1,05/1,05/1,05
Summe	8.678					
Ewige Rente abgezinst	32.908				40.000	Wert der ewigen Rente = R/i= 2.000/0,05
						• 1/1,05/1,05/1,05/1,05
Summe gesamt	41.586					
= Unternehmenswert						

Lösung zu 178: Unternehmensbewertung – Beispiel: Maultaschen OHG

Geschäftsplan der Maultaschen OHG
aktuelles Jahr 2013

In €	2013 voraus- sichtlich	2014 Plan	2015 Plan	2016 Plan	2017 Plan	2018 Plan
Umsatz	10.500.000	11.550.000	12.705.000	13.975.500	15.373.050	16.910.355
Zahlungsbedingte Aufwendungen	9.200.000	10.120.000	11.132.000	12.245.200	13.469.720	14.816.692
Sonstige Erträge (ordentlich, zahlungsorientiert)	200.000	170.000	180.000	100.000	100.000	100.000
Abschreibungen	900.000	810.000	1.100.000	1.100.000	1.200.000	1.000.000
Betriebsgewinn vor Steuern	600.000	790.000	653.000	730.300	803.330	1.193.663
Steuern	150.000	197.500	163.250	182.575	200.833	298.416
Betriebsgewinn nach Steuern	450.000	592.500	489.750	547.725	602.498	895.247
Operativer Cashflow	1.350.000	1.402.500	1.589.750	1.647.725	1.802.498	1.895.247
Investitionen	1.000.000	900.000	1.100.000	1.100.000	1.200.000	1.000.000
Veränderungen Working Capital	120.000	-170.000	0	0	0	0
Free Cashflow	230.000	672.500	489.750	547.725	602.498	895.247

Folgende Bilanz wies das Unternehmen aus:

AKTIVA		Bilanz 2013 voraussichtlich	PASSIVA
	in €		in €
Patente	2.000.000	EK ohne Gewinn	
Gebäude	6.000.000	der Periode	5.850.000
Grundstücke	500.000	Gewinn der Periode	450.000
Maschinen	4.000.000		
Sonstiges AV	1.500.000	Rückstellungen	600.000
		Darlehen	2.100.000
UV	5.000.000	Verbindlichkeiten aus LuL	10.000.000
	19.000.000		19.000.000

a) Betriebsgewinn 2013 - 2018: 3.128.775 €

Barwert der Gewinne nach Steuern

$$= 450.000 + \frac{592.500}{1,05} + \frac{489.750}{(1,05)^2} + \frac{547.725}{(1,05)^3} + \frac{602.497}{(1,05)^4} + \frac{895.247}{(1,05)^5}$$

$$= 450.000 + 564.286 + 444.218 + 473.145 + 495.676 + 701.449$$

b) 730.000 : 3 = 243.333 €

243.333 : 5 % = **4.866.660 € Ertragswert**

c) Barwert 2013 - 2018: 2.984.965 €

Barwert ewige Rente: 14.028.993 €

Summe: 17.013.958 €

d)

AKTIVA		Bilanz 2013 voraussichtlich	PASSIVA
	in €		in €
Patente	2.000.000	EK ohne Gewinn	
Gebäude	6.000.000	der Periode	5.850.000
Grundstücke	500.000	Gewinn der Periode	450.000
Maschinen	4.000.000		
Sonstiges AV	1.500.000	Rückstellungen	600.000
		Darlehen	2.100.000
UV	5.000.000	Verbindlichkeiten aus LuL	10.000.000
	19.000.000		19.000.000

AKTIVA	Bilanz 2013 bereinigt		PASSIVA
	in €		in €
Patente	3.000.000	EK ohne Gewinn	
Gebäude	8.000.000	der Periode	10.410.000
Grundstücke	1.000.000	Gewinn der Periode	450.000
Maschinen	5.000.000		
Sonstiges AV	1.500.000	Rückstellungen	540.000
		Darlehen	2.100.000
UV	5.000.000	Verbindlichkeiten aus LuL	10.000.000
	23.500.000		23.500.000

Substanzwert = 10.860.000 € (EK + Gewinn der Periode lt. Bilanz 2013 bereinigt)

e) Ertragswert = 243.333 : 10 % = 2.433.330 €

Lösung zu 179: Unternehmensbewertung – Beispiel: Pleite OHG

a) Betriebsgewinn 2011 - 2016: 5.563.562 €

	2011 IST	vor. 2012	Plan 2013	Plan 2014	Plan 2015	Plan 2016
Bereinigter Betriebsgewinn	900.000	870.000	854.000	1.214.400	1.370.840	2.122.924
Diskontiert	900.000	790.909	705.785	912.397	936.303	1.318.169

b) Ertragswert = 2.570.000 : 3 = 856.667

= 856.667 : 10 % = **8.566.670 €**

c) Cashflow 2012 - 2016:

	vor. 2012	Plan 2013	Plan 2014	Plan 2015	Plan 2016
Bereinigter Cashflow	1.230.000	1.250.000	1.650.000	1.850.000	2.650.000
Diskontiert	1.230.000	1.136.364	1.363.636	1.389.932	1.809.986
Kum. diskontiert	1.230.000	2.366.364	3.730.000	5.119.932	6.929.918
Barwert 2012 - 2016	6.929.918				
Barwert ewige Rente	18.099.857[1]	Summe 25.029.775			

---

[1] $= 2.650.000/0{,}1/(1{,}1)^4$

d)

AKTIVA		Bilanz 2011 IST		PASSIVA
	in €			in €
Patente	1.000.000	EK		5.000.000
Gebäude	3.000.000			
Maschinen	2.000.000	Rückstellungen		2.000.000
Sonstiges AV	500.000	Verbindlichkeiten		3.500.000
UV	4.000.000			
	10.500.000			10.500.000

AKTIVA		Bilanz 2011 bereinigt		PASSIVA
	in €			in €
Patente	1.200.000	EK		8.600.000
Gebäude	5.000.000			
Maschinen	3.000.000	Rückstellungen		1.600.000
Sonstiges AV	500.000	Verbindlichkeiten		3.500.000
UV	4.000.000			
	13.700.000			13.700.000

Ergebnis: Substanzwert = 8.600.000 € (= Wert des EK der bereinigten Bilanz)

e) Aufgrund der ewigen Rente und des hohen Cashflow im letzten Jahr ist der Wert der DCF-Methode bei weitem am höchsten (Hockey Stick-Effekt).

Lösung zu 180: Unternehmensbewertung – Beispiel: Putzfimmel KG

Geschäftsplan der Putzfimmel KG
aktuelles Jahr 2014

a) Barwert Betriebsgewinn 2014 - 2019: 972.354 €

In €	2013	2014	2015	2016	2017	2018	2019
Umsatz	4.500.000	4.950.000	5.445.000	5.989.500	6.588.450	7.247.295	7.972.025
Zahlungsbedingte Aufwendungen	4.100.000	4.510.000	4.961.000	5.457.100	6.002.810	6.603.091	7.263.400
Sonstige Erträge (zahlungsorientiert)	150.000	80.000	180.000	100.000	100.000	100.000	100.000
Veränderung der Pensionsrückstellungen	150.000	160.000	180.000	198.000	217.800	239.580	263.538
Abschreibungen	150.000	160.000	180.000	198.000	217.800	239.580	263.538
Gewinn vor Steuern	250.000	200.000	304.000	236.400	250.040	265.044	281.548
Steuern	50.000	40.000	60.800	47.280	50.008	53.009	56.310
Gewinn nach Steuern	200.000	160.000	243.200	189.120	200.032	212.035	225.239

Operativer Cashflow	500.000	480.000	603.200	585.120	635.632	691.195	752.315
Investitionen	300.000	315.000	330.750	347.288	364.652	382.884	402.029
Veränderung Working Capital	10.000	-10.000	12.000	13.200	14.520	15.972	17.569
Free Cashflow	190.000	175.000	260.450	224.633	256.460	292.339	332.717

Folgende Bilanz wies das Unternehmen aus:

AKTIVA		Bilanz 2014 IST		PASSIVA
		in €		in €
Patente	2.000.000	EK (inkl. Gewinn)		500.000
Gebäude	5.000.000			
Maschinen	5.500.000	Rückstellungen		2.000.000
Sonstiges AV	500.000	Verbindlichkeiten		12.500.000
UV	2.000.000			
	15.000.000			15.000.000

	2014	2015	2016	2017	2018	2019
Betriebsgewinn nach Steuern	160.000	243.200	189.120	200.032	212.035	225.239
Diskontiert	160.000	221.091	156.298	150.287	144.823	139.856
Kum. diskontiert	160.000	381.091	537.388	687.675	832.498	972.354

b) Ertragswert = 360.000 : 2 = 180.000 €
= 180.000 : 10 % = **1.800.000 €**

c) Barwert 2014 - 2019: 1.196.364 €

Barwert ewige Rente: 2.065.910 €

Summe: 3.262.274 €

Cashflow 2014 - 2016:

	2014	2015	2016	2017	2018	2019
Freier Cashflow	175.000	260.450	224.633	256.460	292.339	332.717
Diskontiert	175.000	236.773	185.647	192.682	199.671	206.591
Kum. diskontiert	175.000	411.773	597.419	790.102	989.773	1.196.364
Barwert 2012 - 2016	1.196.364					
Barwert ewige Rente	2.065.910[1]			Summe 3.262.274		

---
[1] = 332.717/0,1/(1,1)^5

d)

AKTIVA		Bilanz 2014 IST		PASSIVA
		in €		in €
Patente		2.000.000	EK	500.000
Gebäude		5.000.000		
Maschinen		5.500.000	Rückstellungen	2.000.000
Sonstiges AV		500.000	Verbindlichkeiten	12.500.000
UV		2.000.000		15.000.000
		15.000.000		

AKTIVA		Bilanz 2014 bereinigt		PASSIVA
		in €		in €
Patente		2.400.000	EK	4.900.000
Gebäude		7.000.000		
Maschinen		6.500.000	Rückstellungen	1.000.000
Sonstiges AV		500.000	Verbindlichkeiten	12.500.000
UV		2.000.000		18.400.000
		18.400.000		

Ergebnis: Substanzwert = 4.900.000 € (= Wert der bereinigten Bilanz)

e) Firmenwert = Kaufpreis - Eigenkapital (der Istbilanz) = 3.262.274 - 500.000

Firmenwert = 2.762.274

f) Der Wert der DCF-Methode ist bei weitem am höchsten, wobei alleine die ewige Rente höher ist als der Ertragswert (Hockey Stick-Effekt).

Lösung zu 181: Weitere Methoden der Unternehmensbewertung

Marktwertmethode:

► Ein weiterer Ansatz zur Wertermittlung ist der Marktwert, der sich letztlich aus dem Zusammenspiel von Angebot und Nachfrage als Gleichgewichtspreis ergibt.

► Bei börsennotierten Unternehmen ist dies der Börsenwert.

► Bei anderen Unternehmen können börsennotierte Unternehmen – oder in jüngster Vergangenheit übertragene Unternehmen – Anhaltspunkte für die vergleichsorientierte Wertermittlung geben.

Mittelwertmethode:

- Die Mittelwertmethode berechnet den Unternehmenswert als arithmetisches Mittel aus Ertrags- und Substanzwert

- Sie wird meist nur dann angewendet, wenn der Ertragswert größer ist als der Substanzwert.

- Sie wird auch häufig als Praktikerverfahren bezeichnet.

Stuttgarter Verfahren:

- Das Stuttgarter Verfahren ist ein von der Finanzverwaltung verwendetes Bewertungsverfahren, das häufig bei der Auseinandersetzung von Gesellschaftern angewendet wird. Vereinfacht gesagt, ermittelt es den Unternehmenswert aus der Summe von $^7/_{10}$ des Substanzwertes und dem Fünffachen des Ertragsprozentsatzes: W = 0,7 (Substanzwert + 5 · Ertragsprozentsatz).

- Die Umrechnung des Ertrags in einen Prozentsatz erfolgt, indem der ermittelte gewichtete Jahresertrag auf das Nennkapital der Gesellschaft bezogen wird. Er muss mindestens 0 % betragen, außer wenn objektiv ein baldiger Zusammenbruch des Unternehmens zu erwarten ist.

- Das Stuttgarter Verfahren ist damit ein Unterfall der Mittelwertmethode und wegen seiner Berechnungsweise nicht sehr praxisgeeignet.

Multiplikatorverfahren:

- Der Unternehmenswert ergibt sich aus der Multiplikation einer Kennzahl (z. B. EBIT) mit einem Multiplikator.

- Die Höhe des Multiplikators ergibt sich durch Marktpreise, vor allem aus vergleichbaren Transaktionen.

- Stark wachsende Unternehmen werden i. d. R. mit höheren Multiplikatoren bewertet als Unternehmen mit schwachem, stagnierendem Wachstum.

- Vorteil: begrenzter Aufwand für erste Abschätzung

- Nachteil: Die Bezeichnung Multiplikator*verfahren* ist missverständlich, denn es findet kein Verfahren im eigentlichen Sinne satt. Die Bewertung erfolgt willkürlich.

4. Lösungen zu den Probeklausuren

4.1 Probeklausur 1

Lösung zu 1: Kennzahlen

(alle Werte in T€)

a) **Gewinn nach Steuer** = Gewinn vor Steuer - Steuer = 70.000 - 0,2 • 70.000 = 56.000

b) **Eigenkapitalrentabilität** = $\dfrac{\text{Gewinn}}{\text{EK}} = \dfrac{56.000}{250.000} = 22{,}4\,\%$

   Anmerkung: Alternativ kann auch der Gewinn vor Steuer verwendet werden.

c) **Gesamtkapitalrentabilität** = Gewinn + $\dfrac{\text{Zinsen}}{\text{Gesamtkapital}}$

   $= 56.000 + 0{,}05 \cdot \dfrac{650.000}{(250.000 + 650.000)} = 8{,}83\,\%$

d) **Cashflow** = Gewinn nach Steuer + Abschreibungen + Veränderung Pensionsrückstellungen = 78.000 (indirekte Berechnung)

e) **Free Cashflow** = Cashflow - Investitionen - Veränderung Working Capital
   = 78.000 - 25.000 - 3.000 = 50.000

f) **EBIT** = Gewinn vor Steuer und vor Zinsen = 70.000 + 0,05 • 650.000 = 102.500

g) **EBITDA** = Gewinn vor Steuer und vor Zinsen und vor Abschreibung = EBIT + Abschreibung = 102.500 + 8.000 = 110.500

h) **WACC** = $0{,}1 \cdot \dfrac{250.000}{900.000} + 0{,}05 \cdot \dfrac{650.000}{900.000} = 6{,}39\,\%$

i) **Kapitalkosten** = WACC • Eingesetztes Kapital = 0,0639 • 900.000 = 57.510

j) **EVA** = NOPAT - WACC • NOA = Gewinn vor Zinsen und nach Steuern (NOPAT) - Kapitalkosten = 56.000 + 0,05 • 650.000 - 57.510 = 30.990

k) **Eigenkapital-Quote** = $\dfrac{250.000}{900.000} = 27{,}78\,\%$

l) **Umsatzrendite** = $\dfrac{56.000}{800.000} = 7\,\%$

   Anmerkung: Alternativ kann auch der Gewinn vor Steuer verwendet werden.

Lösung zu 2: Target-Costing

a) + b)

Kundenwunsch	Gewichtung	Komponenten				
		Motor	Gestell	Sitz	Reifen	Bremse
Fahreigenschaft	40 %	70	10	5	15	0
Design	10 %	15	60	10	10	5
Sicherheit	30 %	15	15	5	25	40
Komfort	20 %	15	20	50	10	5

Teilnutzen	100 %	37 %	19 %	15 %	17 %	14 %
Allowable Costs	1.500,00 €	555,00 €	277,50 €	217,50 €	247,50 €	202,50 €
Drifting Costs laut Einzelkalkulation (HK)	1.800,00 €	720,00 €	500,00 €	150,00 €	250,00 €	180,00 €
Kostenanteil		40 %	28 %	8 %	14 %	10 %
Zielkostenindex		0,93	0,67	1,74	1,19	1,35

- Zielkostenindex = 1: Komponente hat den richtigen Kostenanteil.
- Zielkostenindex > 1: Komponente aus Sicht des Kunden zu einfach.
- Zielkostenindex < 1: Komponenten zu teuer.
- Maßnahmen:
  - Änderung der Materialien und Fertigungsprozesse
  - Prüfung der F&E- und VuV-Kosten
  - Prüfung, ob Lernprozesse und Degressionseffekte ausreichend berücksichtigt

c) **Vorteile:**
  - Markt- und Kundenorientierung (außer bei Out of Company)
  - klare Zielvorgaben (v. a. bei Komponenten- und Funktionsmethode)
  - zielgerichtete, wertanalytische Produktgestaltung (auch für Komponenten, Verbindung der einzelnen Unternehmensbereiche)
  - Anwendung bereits in der frühen Phase der Entwicklung, in welcher ein Großteil der später anfallenden Kosten festgelegt wird
  - strategisches Hilfsmittel zum Kostenmanagement, aktive Kostenplanung und -kontrolle über den gesamten Lebenszyklus hinweg
  - setzt insbesondere bei der Kontrolle und Steuerung der Einzelkosten an (durch die Funktionsanalyse und Nutzenanalyse)
  - schafft Kostenbewusstsein auch im Ingenieurs- und Entwicklungsbereich

  Nachteile:
  - schwierige Bestimmung von Marktpreisen bei Neuprodukten
  - subjektive Zuordnung und Gewichtung von Nutzen- und Kostenanteilen
  - Bewertung der Bedeutung von Funktionen und Komponenten für den Kunden schwierig
  - Vollkostendenken trotz der Langfristigkeit des Verfahrens birgt Gefahren (z. B. Ansatz Unternehmerlohn oder langfristige Afa). Die meisten Kosten sind auch langfristig nicht beeinflussbar und damit nicht entscheidungsrelevant.

Lösung zu 3: Abweichungsanalyse

Verrechnete Plankosten: 450.000 €

Sollkosten: 300.000 € + 100.000 € = 400.000 €

Verrechnungssätze: Plankostensatz 300 €/h; proportionaler Plankostensatz 200 €/h

Preisabweichung: 10.000 €

Mengenabweichung: 30.000 €

Verbrauchsabweichung: 80.000 € (Mehrverbrauch)

Beschäftigungsabweichung: -50.000 € (zu viel verrechnete Fixkosten)

Gesamtabweichung: 40.000 €

Erläuterung:

Verrechnete Plankosten = Plankostenverrechnungssatz · Istbeschäftigung

= 300 €/h · 1.500 h = 450.000 €

Sollkosten = Fixkosten + proportionaler Verrechnungssatz · Istbeschäftigung

= 100.000 € + 200 €/h · 1.500 h = 300.000 € + 100.000 € = 400.000 €

$$\text{Proportionaler Verrechnungssatz} = \frac{\text{Proportionale Kosten}}{\text{Planbeschäftigung}}$$

$$= \frac{200.000\ \text{€}}{1.000\ \text{h}} = 200\ \text{€/h}$$

$$\text{Plankostenverrechnungssatz} = \frac{\text{Plankosten}}{\text{Planbeschäftigung}}$$

$$= \frac{300.000\ \text{€}}{1.000\ \text{h}} = 300\ \text{€/h}$$

$$\text{Preisabweichung} = \frac{\text{Istkosten i. S. der}}{\text{Istkostenrechnung}} - \frac{\text{Istkosten i. S. der}}{\text{Plankostenrechnung}}$$

= Istmenge · Istpreis - Istmenge · Planpreis

= 490.000 € - 480.000 € = 10.000 €

Gesamtabweichung = Istkosten (IKR) - verrechnete Plankosten

= 490.000 € - 450.000 € = 40.000 €

Mengenabweichung = Istkosten (PKR) - verrechnete Plankosten

= 480.000 € - 450.000 € = 30.000 €

> Verbrauchsabweichung = Istkosten (PKR) - Sollkosten

=480.000 € - 400.000 € = 80.000 € (Mehrverbrauch)

> Beschäftigungsabweichung = Sollkosten - verrechnete Plankosten

= 400.000 € - 450.000 € = -50.000 € (zu viel verrechnete Fixkosten)

Lösung zu 4: Make-or-Buy

Relevant sind kurzfristig nur die variablen Kosten bei Eigenfertigung; die fixen Kosten fallen in beiden Alternativen kurzfristig an.

Variable MGK = (2 • 6) • 0,5 • 0,5 = 3 €

Variable FGK = (2 • 3) • 2 • 0,4 = 4,8 €

Variable HK = 12 + 3 + 6 + 4,8 = 25,8 € < Preis des externen Angebots (= 30 €) → MAKE

Lösung zu 5: Prozesskostenrechnung

a) Einzelkosten = 32.900 € → Gemeinkosten : Einzelkosten = 62.020 : 32.900 = 1,89 €

   Kategorie A: 20 • 1,89 = 37,8 €

   Kategorie B: 40 • 1,89 = 75,6 €

   Kategorie C: 55 • 1,89 = 103,95 €

   Kategorie D: 75 • 1,89 = 141,75 €

b) Euro je Service → Gemeinkosten : Service-Beanspruchungen
   = 62.020 : (350 • 2 + 250 • 5 + 180 • 8 + 80 • 13) = 62.020 : 4.430 = 14 €

   Kategorie A: 2 • 14 = 28 €

   Kategorie B: 5 • 14 = 70 €

   Kategorie C: 8 • 14 = 112 €

   Kategorie D: 13 • 14 = 182 €

Lösung zu 6: Budgetierung Handys

a)

Produkt	Absatz-menge (ME)	Absatzpreis (€/ME)	Umsatz (€)	Erwarteter Endbe-stand 2016	Produktion/ Beschaffung (ME)	(€)
Handy P	4.800	500	2.400.000	1.000	3.800	
Handy M	5.500	380	2.090.000	1.000	5.300	
Handy B	7.200	200	1.440.000	1.000	7.900	1.422.000

Summe: 5.930.000 €
Vorjahr: 5.400.000 €
Anstieg: + 9,8 %

b)   Personalplan, Investitionsplan, Werbebudget, F&E-Budget

4.2 Probeklausur 2

Lösung zu 1: Kennzahlen

a)   Umsatzrendite   15 %
Eigenkapitalrentabilität   25 %
Gesamtkapitalrentabilität   12 %
Cashflow   26.000 €
Free Cashflow   27.000 €
EBIT   34.600 €
EBITDA   38.600 €
WACC   8 %

b)   Die Gesamtkapitalrentabilität übertrifft die Kapitalkosten (WACC). Es wird Wert geschaffen; es lohnt sich die Unternehmung und die Investition darin.

Lösung zu 2: Target-Costing

a) + b)

Kundenwunsch	Gewichtung	Komponenten			
		Artistic	Essen	Trinken	Show/Gesang
Geschmack	50 %	0	70	30	0
Erlebnis	20 %	40	20	0	40
Atmosphäre	10 %	30	20	10	40
Unterhaltung	20 %	30	25	10	35
Teilnutzen	100 %	17 %	46 %	18 %	19 %
Allowable Costs	80,00 €	13,60 €	36,80 €	14,40 €	15,20 €
Drifting Costs laut Einzelkalkulation (HK)	95,00 €	20,00 €	50,00 €	10,00 €	15,00 €
Kostenanteil		21 %	53 %	11 %	16 %
Zielkostenindex (Basis %)		0,81	0,87	1,71	1,20
Zielkostenindex (Basis €)		0,68	0,74	1,44	1,01

► Zielkostenindex = 1: Komponente hat den richtigen Kostenanteil

► Zielkostenindex > 1: Komponente aus Sicht des Kunden zu einfach

► Zielkostenindex < 1: Komponenten zu teuer

Maßnahmen:

- Änderung der Materialien und Fertigungsprozesse

- Prüfung der F&E- und VuV-Kosten

- Prüfung, ob Lernprozesse und Degressionseffekte ausreichend berücksichtigt

Lösung zu 3: Prozesskostenrechnung

a)

Prozess	Cost Driver	Plan-prozess-menge	Plan-prozess-kosten (€)	Plan-prozess-kostensatz (lmi in €)	Umlage-satz (lmn in €)	Gesamt-prozess-kostensatz (€)
Ein- und Auslagern	Anzahl Lagerungen	100.000	1.350.000	13,5	1,10	14,6
Kommis-sionieren	Anzahl Verpackungs-einheiten	40.000	500.000	12,5	1,02	13,52
Lkw beladen	Anzahl Lkw	4.000	600.000	150	12,24	162,24
Abteilung leiten			200.000			

Umlagesatz = lmn/lmi = 200.000 : (1.350.000 + 500.000 + 600.000) = 0,08163

b)

	Prozesskosten	Effekt
Produkt A	720 €	600 €
Produkt B	240 €	- 480 €
Produkt C	540 €	360 €

c) Ein Beispiel für einen leistungsunabhängigen Prozess wäre die Abteilungsleitung.

Lösung zu 4: Deckungsbeitragsrechnung

a) Da alle Produkte einen positiven Deckungsbeitrag aufweisen, sollten alle Produkte in der jeweils geplanten Absatzmenge hergestellt werden.

b) Durch den Engpass muss eine Programmoptimierung nach dem relativen Deckungsbeitrag zur Gewinnsteuerung vorgenommen werden.

Fixkosten = 585.000 €

Produkt	Stückdeckungs-beitrag (€)	Engpassbelastung (Min.)	Relativer Deckungsbeitrag (€/Min.)	(Rang)
1	700	35	20	(3)
2	450	20	22,5	(2)
3	450	15	30	(1)
4	700	50	14	(4)

Zu fertigende Mengen (bei 600 h = 36.000 Min. Engpasszeit):

Produkt	Zu fertigende Mengen (Stück)	Benötigte Engpasszeit (Min.)	
3	800	12.000	
2	600	12.000	
1	342	12.000	Kapazität ausgeschöpft
4	0	0	

c) Der Erfolg verringert sich um den nicht realisierten Deckungsbeitrag von 58 Stück von Produkt 1 und 300 Stück von Produkt 4.

Dies entspricht einem Wert in Euro von: 58 • 700 + 300 • 700 = **250.600 €**

Lösung zu 5: Strategisches Controlling/Balanced Scorecard

a)

	Operativ	Strategisch
1. Fristigkeit	kurzfristig	langfristig
2. Zielstellung	Gewinnsteuerung	Existenzsicherung
3. Betrachtungsebene	einzelne Funktionsbereiche	Unternehmung als Ganzes
4. Instrumente (beispielhaft)	Abweichungsanalyse Budgetierung	SWOT-Analyse Portfolio-Analyse
5. Zielausprägung	konkrete Messgrößen	verbale Zielbestimmung und konkrete Zielgrößen

b) Die Balanced Scorecard betrachtet die Unternehmung hinsichtlich vier unterschiedlicher Perspektiven:

► Entwicklungsperspektive

► Prozessperspektive

► Kundenperspektive

► Finanzperspektive.

Ausgehend von den strategischen Zielen werden für jede einzelne Perspektive schlüssige Kennzahlen zur Steuerung gesucht. Anschließend wird ein Ursache-Wirkungs-Zusammenhang zwischen den Perspektiven erstellt, um festzustellen, ob die Steuerungsgrößen schlüssig ineinandergreifen.

Die Balanced Scorecard dient als Bindeglied zwischen dem strategischen und dem operativen Controlling, da ausgehend von der Strategie die Steuerungsgrößen entwickelt und anschließend konkretisiert werden in ihrer Ausprägung. Somit werden operationale Zielvorgaben abgeleitet.

Lösung zu 6: Break-even

a) Umsatz - variable Kosten - Fixkosten = Gewinn

400.000 • 500 € - 90 Mio. € - 400.000 • 200 € = 30 Mio. €

b) Break-even = Gewinn von 0

$0 = 500 \cdot x - 200 \cdot x - 90$ Mio.

$X = 90$ Mio. €$/300$ €

$X = 300.000$ Stück

4.3 Probeklausur 3

Lösung zu 1: Währungsverluste

a)

	lfd. Jahr TUS-$	Vorjahr TUS-$	Abweichung TUS-$	Kurs aktuell 1 US-$ = 0,8 €	Kurs Vorjahr 1 US-$ = 1,2 €	lfd. Jahr in T€	Vorjahr in T€	Abweichung in T€	zu Kurs Vorjahr in T€	Kurseffekt in T€	Abweichung zu Vorjahr zu Vorjahreskursen in T€
Umsatz	700	720	-20	0,8	1,2	560	864	-304	840	280	-24
Betriebs-ergebnis	90	80	10	0,8	1,2	72	96	-24	108	36	12

b) Möglichkeiten zur Steuerung der Tochtergesellschaft im nicht europäischen Ausland:

Die Tochtergesellschaften können bewertet werden:

1. Messung in Euro

2. Messung in Landeswährung

Wann werden Sie welche Möglichkeit wählen?

1. Wenn die Tochtergesellschaft eher als Finanzinvestition angesehen wird, die eine Dividende zu erzielen hat, interessiert den Shareholder nur, welche Dividende in Euro letztlich „abgeliefert" wird.

2. Wenn die Tochtergesellschaft als strategisches Geschäft gesehen wird, misst man den Erfolg in der Landeswährung, da dies der Teil ist, welcher von der lokalen Geschäftsführung beeinflussbar ist.

Lösung zu 2: Unternehmensbewertung

a) Substanzwert = 11,5 Mio. €

Ertragswert = 600.000 : 0,05 = 12 Mio. €

b) Ausgehend vom Geschäftsplan für die nächsten fünf bis sechs Jahre wird ein bereinigter (Netto-)Cashflow errechnet. Dieser wird für jedes Jahr auf den heutigen Zeitpunkt mit dem jeweiligen Kalkulationszins abgezinst.

Die Barwerte werden aufsummiert und die ewige Rente wird hinzugerechnet.

Der Cashflow für letzte Periode wird als ewige Rente durch den Zins dividiert und auf heute abgezinst.

Vorteile:

Es zählen Cash-Werte, also die tatsächlichen Zahlungsströme, genau genommen der Netto-Cash aus den Geschäften.

Diese Cash-Werte werden abgezinst und fließen als Barwerte ein, was eine realistische Bewertung fördert.

Das Unternehmen muss sich mit der Zukunft auseinandersetzen und einen Geschäftsplan erstellen.

Zukünftige Rückflüsse aus gegenwärtigen Investitionen werden berücksichtigt.

Verbundeffekte aus Synergien mit dem Basisunternehmen und nicht bilanzielle Werte (nicht bilanzierungsfähige Werte wie bspw. Kundenlisten) können berücksichtigt werden.

Nachteile:

Die ewige Rente ist oft viel zu hoch. Damit ist die Bewertung letztendlich zu hoch.

Hockey Stick-Effekt: Die nahe Planung wird eher pessimistisch, die Planung für zukünftige Perioden eher zu optimistisch angesehen. Die Bewertung fällt in diesem Fall zu hoch aus.

Geschäftspläne sind oft zu optimistisch. Werte werden oft zu hoch angesetzt.

Die Bewertung ist stark abhängig vom gewählten Zinsfuß.

c) Firmenwert = Kaufpreis - Vermögenswerte + Schulden = 12,5 Mio. € - 15 Mio. € + 11,5 Mio. € = 9 Mio. €

d) Nach HGB und IFRS ist der Firmenwert im immateriellen Anlagevermögen zu aktivieren. Nach HGB ist dieser planmäßig über normal 5 Jahre abzuschreiben, nach IFRS nur als außerplanmäßige Abschreibung.

e) Standortvorteile, Know-how, Patente, unterbewertetes Anlagevermögen und Umlaufvermögen, überbewertete Rückstellungen, Markenwert, Kundenliste etc.

f) Due Diligence bedeutet sorgfältige Prüfung und betrifft bei einem Unternehmenskauf die Phase nach Vertragsunterschrift bis zum Closing. Due Diligence ist die systematische und detaillierte Erhebung, Prüfung und Analyse von Daten der gekauften Gesellschaft bei folgenden Anlässen: Gesellschafter scheidet aus Firma aus, Festsetzung der Höhe einer Abfindungssumme, Fusionsplanung, Kauf/Verkauf eines Unternehmens, Börsengang, Eigenkapitalaufnahme bei Dritten, Fremdkapitalaufnahme bei Banken, Privatisierung.

Analyseschwerpunkte aus der Sicht **strategischer Investoren**:

- ▸ Qualifikation der Mitarbeiter und ihre Veränderungsbereitschaft
- ▸ Vorhandensein klarer Ziele des Unternehmens
- ▸ klare Verteilung von Budgets
- ▸ geschlossene oder offene Informationspolitik und Unternehmenskommunikation im Hause
- ▸ dokumentierte Ablaufprozesse und Prozessorientierung
- ▸ Grad der Kundenzufriedenheit
- ▸ Höhe der Mitarbeiterzufriedenheit und Vorhandensein einer Mitarbeiterbefragung
- ▸ Bewertung der Ergebnisse und Bilanzen des Unternehmens
- ▸ Zukunftspläne und Aussichten

Analyseschwerpunkte aus der Sicht von **Finanzinvestoren**:

- ▸ Qualität des Managements und der Führungspersonen
- ▸ Bewertung der gesellschaftlichen und sozialen Verantwortung/Image des Unternehmens in der Öffentlichkeit
- ▸ Richtigkeit der Ergebnisse, des Working Capital und der Cashflows
- ▸ Nettoverschuldung unter Berücksichtigung von Risiken, Eventualverbindlichkeiten, Unterbewertung von Finanzverbindlichkeiten oder Überbewertung von Vermögensgegenständen
- ▸ Bewertung des Qualitätsmanagements im Hause
- ▸ Analyse und Beurteilung der rechtlichen, insbesondere steuer-, arbeits- und gesellschaftsrechtlichen Unternehmensstrukturen auf Risiken und Potenziale

Lösung zu 3: GKR/ROI und Wertzuwachs

a)

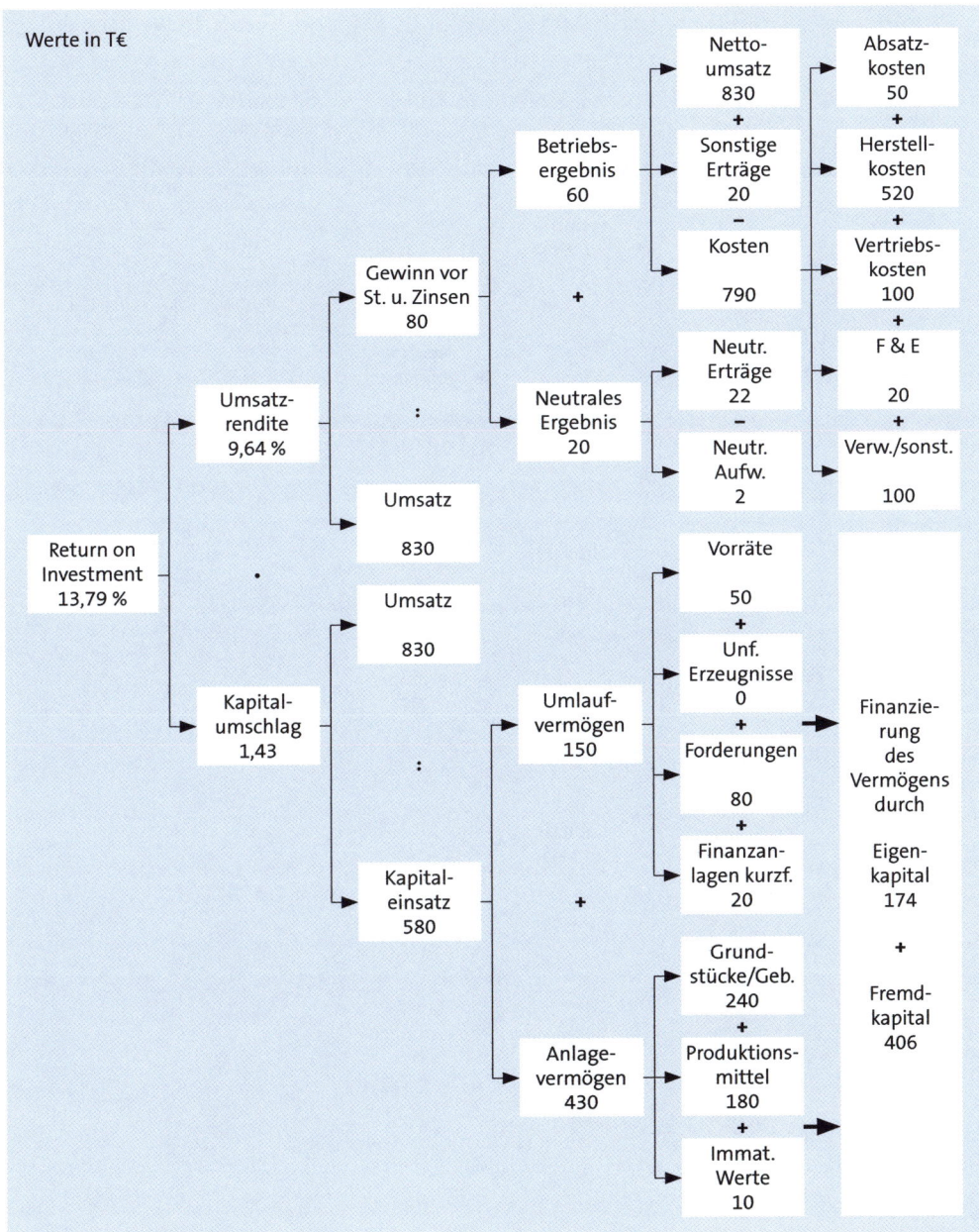

Werte in T€

Bilanzsumme: 580 T€
EK-Quote: 30 %

b)

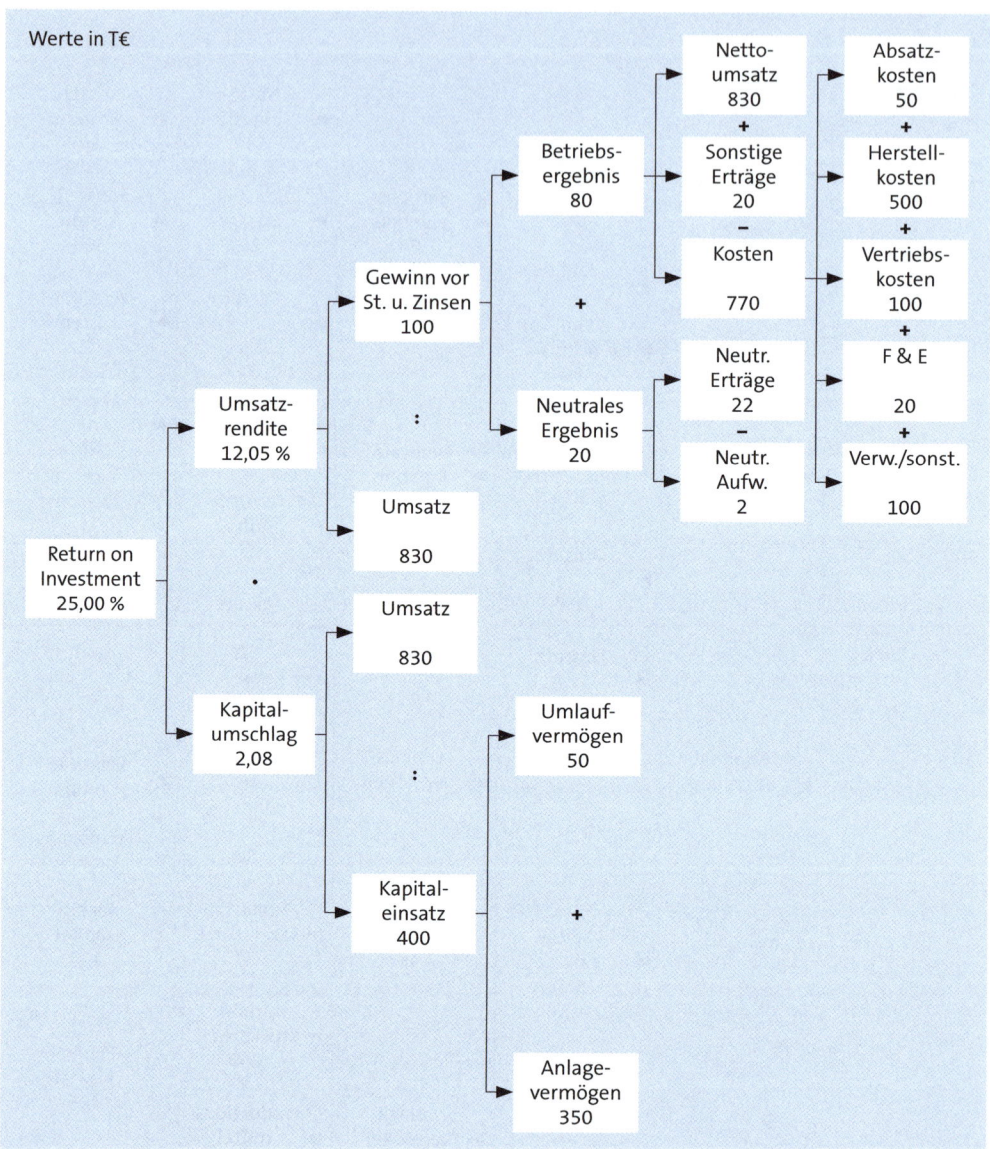

Kapitalumschlag: 2,08

Kapitaleinsatz: 400 T€

Umlaufvermögen: 50 T€

Reduzierung des Umlaufvermögens um 100 T€

c)
- ► Jahresüberschuss   37.500
- ► Net Operating Profit after Tax   75.500
- ► NOPAT in Prozent vom Kapital   4,9 %
- ► WACC   5,2 %
- ► gesamte Kapitalkosten   80.000
- ► EVA   -4.500

Der EVA gibt Auskunft über eine Wertsteigerung, d. h. in diesem Fall eine Wertvernichtung. Eine Anlage an der Bank wäre hier folglich besser gewesen.

Lösung zu 4: Verrechnungspreise

a) **Mindestpreis von A:**
Gewinn = 0
500.000 € · VP = 550.000 + 15.000.000
VP = 31,1 €

Höchstpreis von B:
Gewinn = 0
500.000 · 100 = 400.000 + 500.000 · 25 + 500.000 · VP
50.000.000 = 12.900.000 + 500.000 · VP

VP = 37.100.000 : 500.000
VP = 74,2 €

b)

Verkaufs-preis (€)	Menge	Umsatz Konzern (€)	Kosten Konzern (€)	Gewinn Konzern (€)	Gewinn A (€)	Gewinn D (€)
100	500.000	50.000.000	28.450.000	21.550.000	9.450.000	12.100.000
110	450.000	49.500.000	25.700.000	23.800.000	8.450.000	15.350.000
130	320.000	41.600.000	18.550.000	23.050.000	5.850.000	17.200.000

K = 950.000 + 55 · Menge   G = 50 · x - 30 · x - 550.000

c) Alle Werte in Euro

Optimal VP = 74,2   Probe:

Gewinn A	21.550.000
Gewinn B	0

G = 500.000 · 74,2 - 550.000 - 30
   · 500.000 = 21.550.00

	VP = 50	Optimal VP = 74,2	
Steuer A	2.835.000	6.465.000	
Steuer B	4.840.000	0	
Gesamtsteuer	7.675.000	6.465.000	Ersparnis: 1.210.000

Lösung zu 5: Budgetierung

a) **Umsatzbudget**

	Preis netto (€)	Absatzmenge (Stück)	Umsatz (€)
Bulli	200	15.000	3.000.000
Rustikal	300	20.000	6.000.000
Summe			**9.000.000**

Produktionsaktionsplan

	Anfangsbestand (Stück)	Endbestand (Stück)	Absatzmenge (Stück)	Produktions-menge (Stück)
Bulli	500	1.000	15.000	15.500
Rustikal	1.000	1.000	20.000	20.000

Herstellkostenbudget

	Produktions-menge (Stück)	Material kosten (€/Stück)	Fertigungs-kosten (€/Stück)	Herstell-kosten (€/Stück)	Herstell-kosten (€)
Bulli	15.500	80	60	140	2.170.000
Rustikal	20.000	120	120	240	4.800.000
Summe					**6.970.000**

b)

	in Euro
Umsatz	9.000.000
+ Bestandserhöhung	70.000
− HK	6.970.000
− Versandkosten	900.000
− Verwaltungs- u. Vertriebskosten	1.000.000
= **Ergebnis vor Steuern**	**200.000**
− Steuern	60.000
= **Jahresüberschuss**	**140.000**
+ Afa	200.000
= Cashflow	340.000

c) **Kalkulation Bulli** in Euro/Stück

Umsatz/Preis	200
− HK	140
= DB	60
− Direkte Versandkosten	20
− VuV-Aufschlag (auf HK)	20,3
= Stückgewinn	19,7

Kalkulation Rustikal in Euro/Stück

+	Umsatz/Preis	300
-	HK	240
=	DB	60
-	Direkte Versandkosten	30
-	VuV-Aufschlag (auf HK)	34,8
=	Stückgewinn	-4,8

Nebenrechnung: VuV-Aufschlag:

VuV/HK gesamt (hergestellte Menge) = 1.000.000 : (4.800.000 + 2.100.000)
= 1.000.0000 : 6.900.000 = 14,5 %

Fazit: Rustikal ist langfristig zu teuer, d. h. die Kosten für Rustikal sind langfristig zu hoch oder der Preis ist zu niedrig.

d) **Schwachstellen der traditionellen Budgetierung:**

Starre Fixierung auf die Geschäftsperiode: Keine ausreichende Vorausschau in die Zukunft; die Verknüpfung mit strategischen Zielen bleibt auf der Strecke; Vergangenheitsorientierung statt Zukunftsorientierung.

Ungünstige Aufwand/Nutzen-Relation: Umständliche und langwierige Abstimmungsprozesse und ein hoher Detaillierungsgrad erzwingen einen hohen Einsatz an personellen Ressourcen nicht nur im Controlling, sondern auch in den beteiligten Fachabteilungen. Planung beginnt häufig schon kurz nach dem Jahresabschluss und dauert ein dreiviertel Jahr.

Schnelle Veralterung der Planung: Kurz nach der Verabschiedung, zuweilen schon davor, ist die Planung veraltet; oft setzt die Planung auf den erwarteten Vorjahresdaten auf. Sind diese nicht mehr zu erreichen, ist der Plan für das Folgejahr erst recht nicht realisierbar.

Anreizprobleme: Der Planungsprozess führt zu „politischen Spielen" mit dem Ziel einer persönlichen Bonusmaximierung als Budgetierungsprämissen; Planerfüllung anstelle von Reaktion auf Marktentwicklungen; Vernachlässigung nicht monetärer Größen. Unrealistische Erwartungen der Geschäftsleitung führen zu Frustration, da Pläne nicht erreichbar sind.

Verbesserungsmaßnahmen der traditionellen Planung:

- Beschleunigung des Budgetierungsprozesses
- Verbesserung der Aussagekraft der Budgetierung
- Strategieorientierung
- rollierende Planung
- Forecasting
- Zero Based Budgeting
- Activity Based Budgeting

Neuere Ansätze:

- ► Better Budgeting
- ► Zero Based Budgeting
- ► Activity Based Budgeting
- ► Advanced Budgeting
- ► Beyond Budgeting

Lösung zu 6: Unternehmenskauf

Asset Deal: Kauf eines gesamten Unternehmens (alle Vermögensgegenstände und Schulden), meist bei Nicht-Kapitalgesellschaften

Share Deal: Kauf nur von Anteilen (z. B. Aktien oder Gesellschafteranteile)

Feindliche Übernahme: Anteile werden gesammelt und gekauft, meist ohne Wissen des gekauften Unternehmens; keine Verhandlungen.

Freundliche Übernahme: Kauf des Unternehmens erfolgt auf Wunsch beider Parteien und mit Wissen. Verhandlungen finden statt.

Lösung zu 7: Reporting

- ► **Kenngrößen:** Umsatz, Betriebsergebnis, Working Capital, Personal, Auftragseingang, Intercompany-Umsätze, Bestände, Cashflow, Auftragsbestand
- ► **Kategorien:** Istwerte Monat, kumulierte Werte, Vorjahresdaten, Planwerte, Abweichung zu Plan, Abweichung zu Vorjahr, neueste Vorschau Gesamtjahr, Forecast nächster und übernächster Monat, Plan für das Gesamtjahr

Lösung zu 8: Investitionsrechnung

a)

	Alternative A	Alternative B
Anschaffungskosten (€)	2.000.000	3.500.000
Nutzungsdauer (Jahre)	5	10
Kapazität (Stück/Jahr)	30.000	50.000
Restwert (€)		300.000
Durchschnittlich gebundenes Kapital (€)	1.000.000	1.900.000
Abschreibungen (€/Jahr)	400.000	320.000
Zinsen (€/Jahr)	60.000	114.000
Gehälter (€/Jahr)	200.000	320.000
Sonstige Fixkosten (€/Jahr)	100.000	150.000
Summe Fixkosten (€)	**760.000**	**904.000**
Variable Löhne/Stück (€/Stück)	10	8
Sonstige variable Kosten/Stück (€/Stück)	3	2
Summe variable Kosten/Stück	**13**	**10**

b)

20.000 Stück	Alternative A	Alternative B
Fixkosten	760.000 €	904.000 €
Variable Kosten	260.000 €	200.000 €
Gesamtkosten	1.020.000 €	1.104.000 €

Alternative A ist zu wählen.

30.000 Stück	Alternative A	Alternative B
Fixkosten	760.000 €	904.000 €
Variable Kosten	390.000 €	300.000 €
Gesamtkosten	1.150.000 €	1.204.000 €

Alternative B ist zu wählen.

c)   Fixkosten A + variable Kosten A je Stück · x = Fixkosten B + variable Kosten B je Stück · x

760.000 € + 13 €/Stück · x = 904.000 € + 10 €/Stück · x

3 €/Stück · x = 144.000 €

x = 48.000 Stück

d)

30.000 Stück	Alternative A	Alternative B
Durchschnittlich gebundenes Kapital	1.000.000 €	1.900.000 €
Umsatz	1.350.000 €	1.350.000 €
Gewinn vor Steuern	200.000 €	146.000 €
Gewinn nach Steuern	140.000 €	102.200 €
Rentabilität	14 %	5 %

Alternative A ist zu wählen.

e)

30.000 Stück	Alternative A	Alternative B
Kapitaleinsatz	2.000.000 €	3.200.000 €
Gewinn nach Steuern	140.000 €	102.200 €
Abschreibung	400.000 €	320.000 €
Rückfluss	540.000 €	422.200 €
Stat. Amortisation in Jahren	3,70	7,58

Alternative A ist zu wählen.

f) Nachteile von statischen Investitionsrechnungen:

  ► keine Zinseszins-Berücksichtigung

  ► keine Berücksichtigung unterschiedlicher Zeitpunkte

g)

t0	t1	t2	t3	t4
- 200.000 €	40.000 €	30.000 €	80.000 €	70.000 €

  37.736 €

  26.700 €

  67.170 €

  55.447 €
  _____

C_0 = -12.947 €

Die Investition ist nicht vorteilhaft.

h) Investitionsarten:

  ► Kapazitätserweiterung

  ► neue Produkte

  ► Rationalisierung

  ► Umweltschutz, Arbeitsschutz

  ► Ersatzinvestition

  ► Akquisition

  ► Finanzinvestition (inkl. Spekulation)

Diederichs, M., Risikomanagement und Risikocontrolling, München 2004

Fischer/Möller/Schultze, Controlling – Grundlagen, Instrumente und Entwicklungsperspektiven, Stuttgart 2012

Haberstock, L., Kostenrechnung II, 10. Auflage, Berlin 2008

Hauff, S., Konzeptionen der Früherkennung, Diskussionspapiere des Schwerpunktes Unternehmensführung am Fachbereich BWL der Univ. Hamburg, Hamburg 2009

Hoffjahn, A., Internationales Controlling, Stuttgart 2009

Joos-Sachse, T., Controlling, Kostenrechnung und Kostenmanagement, Wiesbaden 2006

Krystek/Müller, Frühaufklärungssysteme, in: Controlling, Heft 4/5, München 1999

Reichmann, T., Controlling mit Kennzahlen, 7. Auflage, München 2006

Weber/Schäffer, Einführung in das Controlling, 14. Auflage, Stuttgart 2014